POSITIVA MENTE IRRACIONAL

Outras obras de Dan Ariely

Previsivelmente Irracional: As Forças Invisíveis que Nos Levam a Tomar Decisões Erradas

DAN ARIELY

Economista comportamental e autor best-seller do New York Times

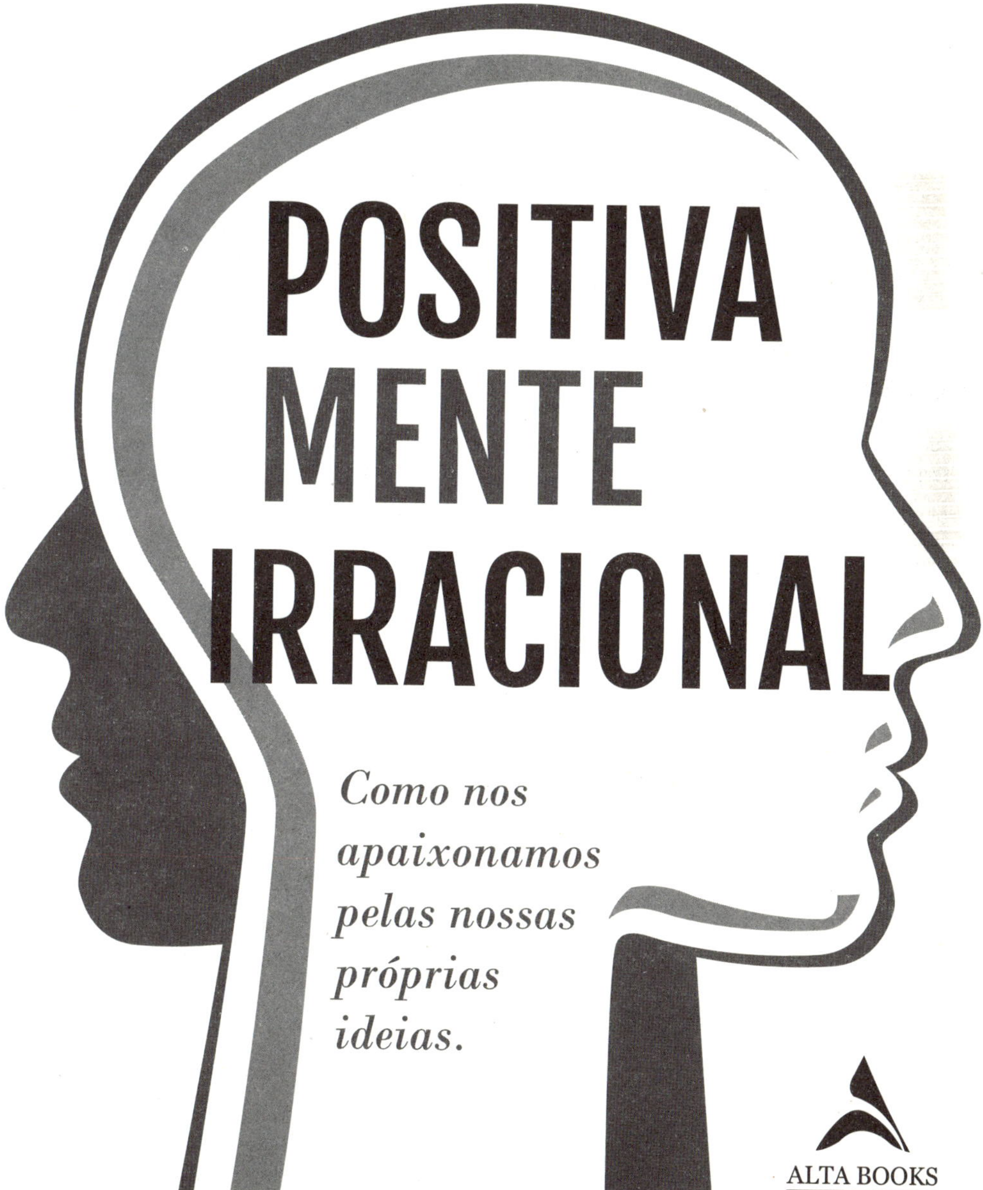

POSITIVA MENTE IRRACIONAL

Como nos apaixonamos pelas nossas próprias ideias.

ALTA BOOKS
EDITORA
Rio de Janeiro, 2022

Positivamente Irracional

ISBN: 978-65-5520-701-9

Impresso no Brasil — 1ª Edição, 2022 — Edição revisada conforme o Acordo Ortográfico da Língua Portuguesa de 2009.

Dados Internacionais de Catalogação na Publicação (CIP) de acordo com ISBD

A698p Ariely, Dan

Positivamente irracional: como nos apaixonamos pelas nossas próprias ideias / Dan Ariely ; traduzido por Bernardo Kalina. – Rio de Janeiro : Alta Books, 2022.
352 p. ; 16cm x 23cm.

Tradução de: The Upside of Irrationality
Inclui bibliografia e índice.
ISBN: 978-65-5520-701-9

1. Lógica. 2. Razão. I. Kalina, Bernardo. II. Título.

2022-1268 CDD 160
CDU 16

Elaborado por Odilio Hilario Moreira Junior - CRB-8/9949

Índice para catálogo sistemático:
1. Lógica 160
2. Lógica 16

Produção Editorial
Editora Alta Books

Diretor Editorial
Anderson Vieira
anderson.vieira@altabooks.com.br

Editor
José Ruggeri
j.ruggeri@altabooks.com.br

Gerência Comercial
Claudio Lima
claudio@altabooks.com.br

Gerência Marketing
Andrea Guatiello
marketing@altabooks.com.br

Coordenação Comercial
Thiago Biaggi

Coordenação de Eventos
Viviane Paiva
comercial@altabooks.com.br

Coordenação ADM/Finc.
Solange Souza

Direitos Autorais
Raquel Porto
rights@altabooks.com.br

Produtor da Obra
Thales Silva

Produtores Editoriais
Illysabelle Trajano
Maria de Lourdes Borges
Paulo Gomes
Thiê Alves

Equipe Comercial
Adriana Baricelli
Daiana Costa
Fillipe Amorim
Heber Garcia
Kaique Luiz
Maira Conceição

Equipe Editorial
Beatriz de Assis
Betânia Santos
Brenda Rodrigues
Caroline David
Gabriela Paiva
Henrique Waldez
Kelry Oliveira
Marcelli Ferreira
Mariana Portugal
Matheus Mello

Marketing Editorial
Jessica Nogueira
Livia Carvalho
Marcelo Santos
Pedro Guimarães
Thiago Brito

Atuaram na edição desta obra:

Tradução
Bernardo Kalina

Copidesque
Daniel Salgado

Revisão Gramatical
Cintia Sales
Fernanda Lutfi

Diagramação
Lucia Quaresma

Capa
Marcelli Ferreira

Editora **afiliada à:**

ABDR ASSOCIAÇÃO BRASILEIRA DE DIREITOS REPROGRÁFICOS

ASSOCIADO CBL Câmara Brasileira do Livro

ALTA BOOKS EDITORA

Rua Viúva Cláudio, 291 — Bairro Industrial do Jacaré
CEP: 20.970-031 — Rio de Janeiro (RJ)
Tels.: (21) 3278-8069 / 3278-8419
www.altabooks.com.br — altabooks@altabooks.com.br
Ouvidoria: ouvidoria@altabooks.com.br

Aos meus professores, colaboradores e alunos, por tornarem o ato da pesquisa mais divertido e empolgante.

E a todos aqueles que participaram dos nossos experimentos ao longo dos anos — vocês são o motor desta pesquisa, e sou profundamente grato por toda a sua ajuda.

Sumário

INTRODUÇÃO

Lições da Procrastinação e Alguns Efeitos Colaterais Médicos

Hepatite e procrastinação... O tratamento cinematográfico... O que deveríamos fazer e economia comportamental... Da comida aos designs incompatíveis... Levando a irracionalidade em consideração

1

Parte I

FORMAS INESPERADAS DE DESAFIAR A LÓGICA NO TRABALHO

CAPÍTULO 1

Pagando Mais por Menos: Por que as Grandes Bonificações Nem Sempre Funcionam

Sobre ratos e humanos, ou como altas apostas afetam ratos e banqueiros... Medindo os efeitos de um bônus à la CEO na Índia... Aversão à perda: porque bônus não são, realmente, bônus... Trabalhando sob estresse: quão clutch são os jogadores "clutch" da NBA?... O medo da plateia e o lado social das apostas altas... Fazendo a compensação funcionar socialmente

17

CAPÍTULO 2

O Sentido do Trabalho: O Que Legos Podem nos Ensinar sobre a Alegria do Trabalho

Você é o que faz: identidade e trabalho... As dores do trabalho desperdiçado... Lições de um papagaio — e de alguns ratos famintos... Buscar significado enquanto brinca com Legos... Fazer o trabalho importar novamente

55

CAPÍTULO 3

O Efeito IKEA: Por que Nós Superestimamos o Que Fazemos

Por que a IKEA nos faz corar (de orgulho)... Aulas de culinária: encontrar um equilíbrio entre acrescentar água e assar uma torta de maçã a partir do zero... O valor real de mil garças e sapos de origami... Personalize!... Por que o "quase pronto" não faz muito pela gente... Por que precisamos amar nossos trabalhos
87

CAPÍTULO 4

A Tendência do "Não Inventado Aqui":
Por que as "Minhas" Ideias São Melhores Que as "Suas"

Mark Twain descreve uma forma universal de estupidez... "Tudo o que você sabe fazer, eu sei fazer melhor": por que favorecemos nossas próprias ideias... A teoria da escova de dente... O que podemos aprender com o erro de Edison
111

CAPÍTULO 5

Em Defesa da Vingança: O Que Nos Faz Buscar Justiça?

Os prazeres da vingança... Resgates e quilos de carne... A jornada de vingança de um homem contra a Audi... A etiqueta da vingança... Empresas, cuidado: quando os consumidores vão a público... Usos e abusos de vingança... Fazendo as pazes
129

Parte II

FORMAS INESPERADAS DE DESAFIAR A LÓGICA EM CASA

CAPÍTULO 6

Sobre Adaptação: Por que Nos Acostumamos com as Coisas
(Mas Nem Todas, e Nem Sempre)

Rãs: ferver ou não ferver? Eis a questão... Adaptando-se a pistas visuais e limiares de dor... Adaptação hedônica: de casas a cônjuges, e além... Como a esteira hedônica nos mantém consumindo — e cada vez mais... Como podemos quebrar e aprimorar a adaptação... Fazendo nossa adaptabilidade trabalhar para nós
165

CAPÍTULO 7

Atraente ou Não?: Adaptação, Acasalamento Preferencial e o Mercado de Beleza

Uma adaptação pessoal... Quando mente e corpo se dissociam... Ficar com o nosso tipo (mais ou menos atraente) de pretendente: nos acomodamos, ou nos adaptamos?... Perguntemos à internet: sites de encontro e critérios amorosos... How I Met Your Mother

201

CAPÍTULO 8

Quando um Mercado Falha: Um Exemplo de Encontro Virtual

A função do(a) yenta... O disfuncional mercado de solteiros (como se você ainda não soubesse disso)... A diferença entre o seu encontro e uma câmera digital... Uma falha exemplar no namoro... Como sites de encontros distorcem nossa percepção... Ideias para um futuro melhor para os namoros

223

CAPÍTULO 9

Sobre Empatia e Emoção: Por que Ajudamos Uma Pessoa Que Precisa de Ajuda, Mas Não Muitas Delas

Baby Jessica versus Ruanda... A diferença entre um indivíduo e uma estatística... Identificação: mais necessária que comprar cerveja... Como a American Cancer Society (ACS) consegue nos convencer... Os efeitos da racionalidade em atos de caridade... Superando a nossa incapacidade de enfrentar grandes problemas

247

CAPÍTULO 10

Os Efeitos a Longo Prazo de Emoções a Curto Prazo: Por que Não Devemos Agir A Partir de Sentimentos Negativos

Não se meta comigo: meu colega aprende uma lição sobre grosseria... O lado obscuro dos impulsos... Decidir sob a influência (das emoções)... A importância das emoções "irrelevantes"... O que uma simples canoa pode te dizer sobre sua vida amorosa

269

INTRODUÇÃO

Lições da Procrastinação e Alguns Efeitos Colaterais Médicos

Não sei quanto a você, mas eu nunca conheci alguém que jamais tenha procrastinado. Postergar tarefas desagradáveis é um problema de cunho praticamente universal — e algo incrivelmente difícil de controlar, não importa o quanto tentemos exercer nossa força de vontade e autocontrole, ou quantas vezes resolvemos mudar o nosso comportamento.

Permita-me contar uma história pessoal sobre como eu aprendi a lidar com a minha tendência à procrastinação. Há muitos anos, eu sofri um acidente terrível. Uma grande chama de magnésio explodiu ao meu lado e acabou deixando 70% do meu corpo coberto por queimaduras de terceiro grau (uma experiência sobre a qual escrevi em *Previsivelmente Irracional**). Para piorar a situação, também contraí hepatite em uma transfusão de sangue infectado depois de três semanas no hospital. Obviamente, não existe um bom momento para se contrair uma doença virulenta no fígado, mas esse foi particularmente infeliz, pois eu já estava em um péssimo estado. A doença aumentou o risco de complicações, atrasou meu tratamento e fez

* Os leitores de *Previsivelmente Irracional* com uma memória particularmente boa poderão relembrar parte dessa história.

com que o meu corpo rejeitasse muitos transplantes de pele. Para piorar as coisas, os médicos não sabiam que tipo de doença hepática eu tinha. Eles sabiam que não se tratava de hepatite A ou B, mas não conseguiam identificar a cepa. Depois de um tempo, a doença finalmente cedeu, mas continuou retardando minha recuperação, irrompendo de vez em quando e causando outros estragos ao meu organismo.

Oito anos depois, quando eu estava na pós-graduação, tive uma crise. Fui internado no hospital universitário e, depois de muitos exames de sangue, o médico me deu um diagnóstico: hepatite C, que havia sido isolada e identificada recentemente. Mesmo me sentindo péssimo, recebi isso como uma boa notícia. Primeiramente, eu passei a saber o que tinha; segundo, um novo medicamento experimental promissor, chamado Interferon, parecia eficaz para o tratamento desse tipo de hepatite. O médico me perguntou se eu consideraria fazer parte de um estudo experimental para testar a sua eficácia. Diante dos riscos de uma fibrose hepática e de uma cirrose, e até mesmo de uma morte prematura, participar desse estudo claramente me pareceu o melhor caminho.

O protocolo inicial previa autoinjeções de Interferon três vezes por semana. Os médicos me disseram que, após cada injeção, eu sentiria sintomas semelhantes aos da gripe, incluindo febre, náuseas, dores de cabeça e vômitos — o que rapidamente descobri ser verdadeiro. Mas eu estava tão determinado a derrotar a doença que, em todas as segundas, quartas e sextas-feiras à noite, durante os próximos 18 meses, realizei o seguinte ritual: ao chegar em casa, pegava uma agulha no armário de remédios, abria a geladeira, preenchia a seringa com a dose prescrita de Interferon, enfiava a agulha na coxa e injetava o líquido. Então, deitava em uma rede grande — o único objeto realmente interessante na mobília do meu loft de estudante —, de onde eu tinha uma visão perfeita da televisão. Eu sempre mantinha um balde ao alcance da mão para o vômito, que inevitavelmente viria, e um cobertor para afastar os tremores. Cerca de uma hora depois, as náuseas, os calafrios e a dor de cabeça começavam a aparecer e, em algum momento, eu adormecia. Ao meio-dia do dia seguinte, eu voltava para as minhas aulas e pesquisas, mais ou menos recuperado.

Junto aos outros pacientes que participaram do estudo, eu precisei lutar não apenas com essa sensação constante de enjoo, mas também com o problema básico da procrastinação e do autocontrole. Cada dia de injeção era terrível, pois envolvia ter que encarar a perspectiva de aplicar em mim mesmo uma injeção à qual se seguia uma crise de náuseas que durava até 16 horas, na esperança de que o tratamento a longo prazo me curasse. Tive de suportar o que os psicólogos chamam de "efeito negativo imediato" em prol de um "efeito positivo de longo prazo". Esse é o tipo de problema que todos nós experimentamos quando deixamos de realizar tarefas de curto prazo que serão positivas para nós mais à frente. Apesar dos estímulos conscientes, muitas vezes acabamos preferindo evitar de fazer algo desagradável agora (praticar exercícios, trabalhar em um projeto entediante, limpar a garagem) em prol de um futuro melhor (ser mais saudável, ser promovido, obter a gratidão do cônjuge).

Ao final dos 18 meses, os médicos me disseram que o tratamento fora bem-sucedido, e que eu havia sido o único paciente protocolar a tomar o Interferon conforme a prescrição. Todos os outros participantes do estudo pularam a medicação inúmeras vezes — o que não é surpreendente, dado todo o desconforto envolvido. (A falta de conformidade médica é, de fato, um problema muito comum.)

Mas como eu pude atravessar todos aqueles meses angustiantes? Será que eu tinha nervos de aço? Como todas as pessoas que caminham pela terra, eu também tenho problemas de autocontrole; a cada dia de injeção, o que eu mais queria era evitar o procedimento. Mas eu tinha um truque para tornar o tratamento mais suportável: filmes. Eu sou apaixonado por filmes e, se tivesse tempo, assistiria pelo menos um por dia. Quando os médicos me alertaram sobre o que estava por vir, eu decidi que usaria os filmes para me motivar. De qualquer maneira, não haveria muito mais que eu pudesse fazer, devido aos efeitos colaterais.

Todos os dias em que houvesse injeção, eu pararia na locadora a caminho da universidade e alugaria alguns filmes. Então, ao longo do dia, ficava pensando o quanto gostaria de assisti-los mais tarde. Ao chegar em casa, aplicava a injeção e imediatamente pulava na minha rede, me acomodando e iniciando um minifestival de filmes. Assim, eu aprendi a associar o ato da injeção à experiência gratificante de assistir a um bom filme. Eventualmente, é claro, os efeitos colaterais começavam, e eu deixava de me sentir confortável. Todavia, planejar as noites dessa forma me ajudou a associar a injeção à diversão de assistir filmes, mais do que ao desconforto dos efeitos colaterais, propriamente, e isso me ajudou a seguir firme no tratamento. (Eu também tive sorte, nesse caso, de ter uma memória relativamente fraca, o que significava que eu poderia assistir aos mesmos filmes várias vezes.)

A MORAL da história? Bem, todos nós temos tarefas importantes que preferiríamos evitar, principalmente quando o clima lá fora está convidativo. Todos nós detestamos rever faturas enquanto pagamos nossos impostos, assim como detestamos limpar o quintal, seguir uma dieta, economizar para a aposentadoria ou — no meu caso — passar por um tratamento ou uma terapia desagradável. Claro, em um mundo perfeitamente racional, a procrastinação nunca seria um problema. Simplesmente calcularíamos os valores dos nossos objetivos de longo prazo, os compararíamos com nossos prazeres de curto prazo e entenderíamos que temos mais a ganhar no longo prazo sofrendo um pouco mais no curto. Se pudéssemos fazer isso, conseguiríamos manter um foco firme no que realmente importa para nós. Faríamos nosso trabalho tendo em mente a satisfação de terminá-lo.

Apertaríamos um pouco mais o cinto e desfrutaríamos de uma saúde melhor no futuro. Tomaríamos nossos remédios na hora certa para, um dia, chegarmos ao médico e ouvi-lo dizer: "Não há mais nenhum vestígio da doença em seu organismo."

Entretanto, e infelizmente, a maioria de nós costuma preferir experiências gratificantes de curto prazo do que objetivos de longo prazo.* Periodicamente, nos comportamos como se, em algum momento no futuro, viéssemos a ter mais tempo e dinheiro, menos cansaço e estresse. "Mais tarde" parece um momento perfeito para fazer todas as coisas desagradáveis da vida, ainda que adiá-las signifique encarar um mato ainda mais alto no quintal, uma multa fiscal, a incapacidade de se aposentar confortavelmente, ou um tratamento médico malsucedido. No fim das contas, não precisamos olhar muito além dos nossos próprios narizes para perceber com que frequência deixamos de fazer sacrifícios de curto prazo tendo em vista os nossos objetivos de longo prazo.

E O QUE ISSO tem a ver com a temática deste livro? Bem, de um modo geral, quase tudo.

A partir de uma perspectiva racional, nós deveríamos apenas tomar decisões de nosso interesse ("dever" é a palavra-chave aqui). Devemos ser capazes de discernir entre todas as opções disponíveis e calcular com precisão os seus respectivos valores — não apenas no curto prazo, mas também no longo —, escolhendo aquelas que potencializam os nossos maiores interesses. Ao nos depararmos com um dilema de qualquer tipo, devemos ser capazes de observar a situação com clareza e sem sermos tendenciosos, para então avaliar os prós e os contras, tão objetivamente como

* Se você acha que nunca sacrifica benefícios de longo prazo por satisfações de curto prazo, pergunte ao seu parceiro ou aos seus amigos o que eles acham disso. Sem dúvida, eles poderão apontar um ou dois exemplos para você.

se estivéssemos comparando tipos diferentes de notebooks. Se estivermos padecendo de uma doença e houver um tratamento promissor, devemos cumprir integralmente as ordens do médico. Se estivermos acima do peso, devemos trabalhar duro, caminhar vários quilômetros por dia e viver de peixe grelhado, vegetais e água. Se fumamos, devemos parar — sem justificativas, sem "e se..." ou "mas...".

É claro que seria muito bom se fôssemos mais racionais e lúcidos quanto aos nossos "deveres". Mas, infelizmente, não somos. De que outra forma você explicaria por que milhões de inscrições em academias caem em desuso, ou por que as pessoas arriscam a própria vida e as dos outros para escrever uma mensagem de texto enquanto dirigem, ou por que... (coloque seu exemplo favorito aqui)?

É AGORA QUE a economia comportamental entra em cena. Nessa área, nós não presumimos que as pessoas sejam máquinas de calcular perfeitamente sensatas. Em vez disso, observamos como elas realmente se comportam, e, muitas vezes, chegamos à conclusão de que os seres humanos são irracionais.

Para termos certeza, há muito a se aprender com a racionalidade econômica, mas algumas de suas suposições — que as pessoas sempre tomam as melhores decisões, que erros são menos propícios quando essas decisões envolvem muito dinheiro, ou que o mercado é autocorretivo — podem levar claramente a consequências desastrosas.

Para se ter uma ideia mais definida de como pode ser perigoso pressupor uma racionalidade perfeita, pense no ato de dirigir. Os transportes locomotivos, tal como os mercados financeiros, são sistemas feitos pelo homem, e nós não precisamos ir longe para ver pessoas cometendo erros terríveis e custosos (graças a um outro aspecto da nossa visão parcial de mundo, é preciso um esforço a mais para enxergarmos os nossos próprios erros). Geralmente, os fabricantes de automóveis e projetistas de rodovias compreendem que as pessoas nem sempre exercem o seu bom senso ao dirigir; tendo isso em mente, eles constroem veículos e estradas com o objetivo de preservar a segurança dos motoristas e passageiros. Os designers e engenheiros de automóveis tentam compensar a nossa capacidade humana limitada instalando cintos de segurança, sistemas antibloqueio de frenagem, espelhos retrovisores, air bags, luzes de halogênio, sensores de distância e muito mais. Da mesma forma, os projetistas de estradas colocam margens de segurança ao longo das rodovias, algumas com cortes que emitem um som de *brrrrrr* quando se dirige sobre elas. Ainda assim, e apesar de todas essas medidas de segurança, os seres humanos persistem em cometer todo tipo de erro enquanto dirigem (incluindo consumir bebidas alcoólicas e enviar mensagens pelo celular), causando acidentes, lesões e até mesmo mortes como resultado.

Agora pense na implosão de Wall Street, em 2008, e seu respectivo impacto na economia. Dadas as nossas fraquezas humanas, por que diabos consideraríamos não precisar tomar quaisquer medidas externas para tentar prevenir ou lidar com erros sistemáticos de avaliação dos mercados financeiros criados por nós mesmos? Por que não criar medidas de segurança para ajudar a evitar que alguém que esteja gerenciando bilhões de dólares e impulsionando esse investimento venha a cometer erros extremamente dispendiosos?

Os DESENVOLVIMENTOS TECNOLÓGICOS estão agravando ainda mais esse problema básico dos erros humanos, que são muito úteis a princípio, mas também podem ser um obstáculo para nós nos comportarmos de uma tal maneira que realmente potencialize os nossos interesses. Consideremos o telefone celular: é um aparelho útil, que permite não apenas ligar, mas também enviar mensagens de texto e e-mails para os seus amigos. Se você enviar uma mensagem de texto enquanto caminha, pode olhar para o telefone em vez da calçada, correndo o risco de bater em um poste ou em outra pessoa. Isso seria constrangedor, mas dificilmente fatal. Permitir que a sua atenção se desvie enquanto você caminha não é tão ruim assim, afinal; mas acrescente um carro a essa equação e você terá uma receita completa para um desastre.

Do mesmo modo, pense sobre como os avanços tecnológicos na agricultura contribuíram para uma epidemia de obesidade. Há milhares de anos, quando queimávamos calorias caçando e procurando alimentos nas planícies e selvas, nós precisávamos armazenar cada grama possível de energia. Sempre que algum alimento contendo gordura ou açúcar era encontrado, precisávamos consumir a maior quantidade possível. Além disso, a natureza nos deu um mecanismo interno extremamente útil: um intervalo de cerca de vinte minutos entre o momento em que consumimos calorias suficientes e o momento em que nos sentimos satisfeitos. Isso nos permitiu acumular um pouco de gordura, o que se mostrou útil para determinadas situações, como quando falhávamos em capturar um cervo.

Agora, avance alguns milhares de anos. Nos países industrializados, passamos a maior parte do tempo sentados em cadeiras e olhando para telas, em vez de correr atrás de animais. No lugar de plantar, nutrir e colher o milho e a soja nós mesmos, temos a agricultura comercial para fazê-lo por nós. Os produtores de alimentos, então, transformam esse milho em produtos açucarados e gordurosos que compramos em restaurantes de fast-food e supermercados. Neste mundo de biscoitos recheados, a paixão por açúcar e gordura nos permite consumir milhares de calorias muito rapidamente. E depois de devorarmos um hambúrguer com bacon, ovo e queijo no café da manhã, o intervalo de vinte minutos entre ter comido o suficiente e perceber que se está satisfeito ainda nos permite adicionar uma dose extra de calorias na forma de um *frappuccino* acompanhado de meia dúzia de rosquinhas cobertas com açúcar de confeiteiro.

Essencialmente, os mecanismos que desenvolvemos durante os nossos primeiros anos evolutivos faziam todo o sentido. Contudo, dada a incompatibilidade entre a velocidade dos avanços tecnológicos e a evolução humana, aqueles mesmos instintos e habilidades que uma vez nos ajudaram tendem, atualmente, a nos atrapalhar. Maus comportamentos referentes à capacidade de tomar decisões, que se manifestavam como meros inconvenientes em tempos passados, podem, hoje em dia, afetar severamente as nossas vidas de uma maneira crucial.

Quando designers de tecnologias modernas não compreendem a nossa falibilidade, eles projetam sistemas novos e aprimorados para o mercado de ações, a previdência, a educação, a agricultura ou a assistência médica, que por sua vez não levam em consideração as nossas limitações (gosto muito do termo "tecnologias incompatíveis com seres humanos" — elas estão por toda parte). Como consequência inevitável, nós acabamos cometendo erros, e às vezes falhamos de forma magnífica.

ESSA PERSPECTIVA SOBRE a natureza humana pode parecer um pouco deprimente na superfície, mas não precisa ser assim. Os economistas comportamentais desejam compreender a fragilidade humana e, assim, encontrar maneiras mais compassivas, realistas e eficazes para que as pessoas possam evitar as tentações, exercer maior autocontrole e, por fim, alcançar seus objetivos de longo prazo. É algo extremamente proveitoso e benéfico que, enquanto sociedade, possamos entender como e quando falhamos, além de podermos projetar, inventar e criar novas maneiras de superar nossos erros. À medida que adquirimos algum entendimento sobre o que realmente impulsiona os nossos comportamentos e o que nos induz ao erro — indo de decisões administrativas sobre bonificações e motivações até os aspectos mais pessoais da vida, como as relações amorosas e a felicidade —, podemos obter maior controle sobre o nosso dinheiro, nossos relacionamentos e recursos, além da nossa segurança e saúde, tanto como indivíduos como enquanto sociedade.

Este é o verdadeiro objetivo da economia comportamental: tentar entender a maneira como realmente funcionamos para podermos observar melhor os nossos próprios preconceitos, estando mais cientes das suas influências sobre nós e, com sorte, podendo tomar decisões melhores a partir disso. Embora eu não consiga imaginar que algum dia venhamos a nos tornar perfeitos tomadores de decisão, estou convicto de que um melhor entendimento das múltiplas forças irracionais que nos influenciam poderia ser um primeiro passo extremamente útil rumo a essa direção. E não precisamos parar por aí. Inventores, legisladores e empresas podem dar os passos adicionais para redesenhar os nossos ambientes de trabalho e de vida, de maneiras naturalmente mais compatíveis com o que podemos e o que não podemos fazer.

E é disso que trata, afinal, a economia comportamental — descobrir as forças ocultas que moldam nossas decisões nos domínios mais variados, e encontrar soluções para problemas comuns que afetam a nossa vida pessoal, profissional e pública.

Como você verá nas páginas que se seguem, cada capítulo deste livro é baseado em experimentos que realizei ao longo dos anos com alguns colegas incríveis (no fim da obra, incluí pequenas biografias desses maravilhosos colaboradores). Em cada um desses capítulos, tentei lançar uma luz sobre algumas das manias que afetam nossas decisões em diversos domínios, do local de trabalho à felicidade pessoal.

Por que, você pode se perguntar, eu e meus colegas investimos tanto tempo, dinheiro e energia em experimentos? Ora, para cientistas sociais, esses experimentos são como microscópios ou luzes estroboscópicas, ampliando e iluminando as múltiplas e complexas forças que exercem, simultaneamente, sua influência sobre nós. São eles que nos ajudam a desacelerar o comportamento humano para obter uma narração quadro a quadro dos eventos, isolando as forças individuais para examiná-las cuidadosamente, nos mínimos detalhes. Eles também nos permitem testar direta e inequivocamente o que de fato motiva os seres humanos, além de fornecer uma compreensão mais profunda das características e nuances das nossas tendências.*

Há outro ponto que desejo enfatizar: se as lições aprendidas em qualquer experimento fossem limitadas ao ambiente restrito daquele estudo específico, seu valor também seria limitado. Em vez disso, convido você a pensar sobre esses experimentos como uma ilustração de princípios gerais, que oferecem uma perspectiva sobre como nós pensamos e tomamos decisões nas várias situações da vida. Minha esperança é que, uma vez que você compreenda a maneira como nossa natureza humana realmente opera, você possa decidir como aplicar esse conhecimento à sua vida profissional e pessoal.

Em cada capítulo, também tentei extrapolar algumas implicações possíveis para a vida, os negócios e as políticas públicas, focando o que podemos fazer para superar nossos pontos cegos e irracionais. Claro, essas implicações são apenas esboços parciais. Para extrair algum valor real deste livro, e das ciências sociais em geral, é importante que você, leitor, dedique algum tempo para refletir sobre como os princípios do comportamento humano se aplicam à sua vida, além de considerar o que você poderia fazer diferente, dado o seu novo entendimento da natureza humana. É aí que está a verdadeira aventura.

---

* Às vezes, os experimentos revelam descobertas surpreendentes e contraintuitivas; em outras, eles confirmam intuições que muitos de nós já temos. Mas vale lembrar que intuição não é o mesmo que evidência, e somente conduzindo experimentos minuciosos é que podemos descobrir se os nossos palpites sobre determinada fraqueza humana estão certos ou errados.

Os leitores familiarizados com *Previsivelmente Irracional* podem querer saber em que este livro difere de seu predecessor. Em *Previsivelmente Irracional*, nós examinamos uma série de tendências que nos levam — especialmente como consumidores — a tomar decisões imprudentes. O livro que você tem nas mãos é diferente de três maneiras.

Em primeiro lugar — e mais obviamente —, no título. Tal como seu predecessor, ele é baseado em experimentos que examinam como tomamos as decisões que tomamos; porém, sua visão sobre a irracionalidade é um pouco diferente. Na maioria dos casos, a palavra "irracionalidade" detém uma conotação negativa, podendo significar um equívoco, e até mesmo loucura. Se fôssemos encarregados de criar seres humanos, provavelmente trabalharíamos o máximo possível para deixar a irracionalidade de fora da equação; em *Previsivelmente Irracional*, explorei o lado negativo das nossas tendências humanas. Mas há um outro lado da irracionalidade que, na verdade, é bastante positivo. Às vezes, por exemplo, temos sorte com as nossas habilidades irracionais porque, entre outras coisas, elas nos permitem a adaptação a novos ambientes, confiar em outras pessoas, gostar de despender esforços, e até mesmo amar nossos filhos. Esses tipos de força são parte integrante da nossa maravilhosa, surpreendente e inata — e, não obstante, irracional — natureza humana (com efeito, as pessoas que não têm a capacidade de se adaptar, de confiar ou de desfrutar do seu trabalho podem ser extremamente infelizes). Além disso, essas forças irracionais nos ajudam a alcançar grandes feitos e a viver bem dentro de uma estrutura social. O título *Positivamente Irracional* é, portanto, uma tentativa de capturar a complexidade das nossas irracionalidades — tanto as partes que preferiríamos viver sem quanto aquelas que gostaríamos de manter se fôssemos os criadores da natureza humana. Acredito que seja importante compreender e discernir as nossas peculiaridades benéficas das desvantajosas, já que somente assim poderemos começar a eliminar o que é ruim e a desenvolver o que é bom.

Em segundo lugar, você notará que este livro está dividido em duas partes distintas. Na primeira parte, examinaremos mais de perto nosso comportamento no mundo do trabalho, no qual passamos grande parte das nossas vidas despertas. Vamos questionar nossos relacionamentos — não apenas com outras pessoas, mas também com os nossos ambientes e com nós mesmos. Qual é a relação que estabelecemos com os nossos salários, chefes, as coisas que produzimos, nossas ideias e nossos sentimentos quando somos injustiçados? O que realmente nos motiva a ter um bom desempenho? O que nos traz um senso de propósito? Por que a famosa tendência do "Não Inventado Aqui" tem tanto apoio no ambiente de trabalho? Por que reagimos com tanta convicção diante da injustiça e da deslealdade?

Na segunda parte, iremos além do mundo do trabalho para investigar como nos comportamos em nossas relações interpessoais. Qual é a relação que estabelecemos com os nossos arredores e com os nossos corpos? Como nos relacionamos com as pessoas que encontramos, com aqueles que amamos e com os estranhos que possam vir a precisar da nossa ajuda? E como nos relacionamos com as nossas próprias emoções? Vamos examinar as maneiras pelas quais nos adaptamos a novas condições, ambientes e relações amorosas; como o mundo dos namoros online funciona (ou não); quais forças determinam nossa resposta às tragédias humanas; e como nossas reações às emoções em um determinado momento podem vir a influenciar os padrões de comportamento por muito tempo no futuro.

Positivamente Irracional também é muito diferente de *Previsivelmente Irracional* por ser um livro profundamente pessoal. Embora eu e meus colegas tenhamos nos esforçado para sermos os mais objetivos possíveis ao conduzir e analisar os experimentos, boa parte deste livro (e a segunda parte em particular) é baseada em algumas das minhas duras experiências como paciente queimado. Afinal, minha lesão, como todas as lesões graves, foi muito traumática, mas também mudou rapidamente a minha visão sobre muitos aspectos da vida. Foi uma jornada que me proporcionou algumas perspectivas únicas sobre o comportamento humano, que me trouxe questionamentos que eu poderia não ter tido de outra forma e que, por causa do meu ferimento, tornaram-se fundamentais para a minha vida, constituindo o foco das minhas pesquisas. Além disso, e talvez ainda mais importante, ela me levou a estudar o funcionamento das minhas próprias tendências. Ao descrevê-las, portanto, junto às minhas experiências pessoais, espero poder lançar alguma luz sobre o processo mental que me levou a esse interesse e ponto de vista particular, além de ilustrar alguns dos ingredientes essenciais da nossa natureza humana compartilhada — a sua e a minha.

E, AGORA, vamos à jornada...

Parte I

FORMAS INESPERADAS DE DESAFIAR A LÓGICA NO TRABALHO

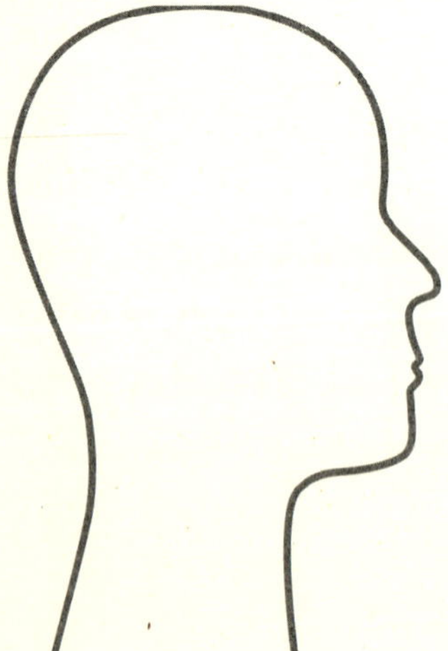

CAPÍTULO 1

Pagando Mais por Menos

Por que as Grandes Bonificações Nem Sempre Funcionam

Imagine que você é um rato de laboratório roliço e feliz. Um dia, uma mão enluvada lhe tira cuidadosamente da caixa confortável que você chama de lar para colocá-lo em uma caixa diferente, desconfortável e que contém um labirinto. Como você é curioso por natureza, começa a vagar, bigodinhos se contorcendo ao longo do caminho. Então, você rapidamente percebe que algumas partes do labirinto são pretas e outras, brancas. Você segue seu focinho até a parte branca. Nada acontece. Então, você vira à esquerda até uma parte preta. Assim que você entra, sente um choque muito desagradável percorrer suas patas.

Todos os dias, durante uma semana, você é colocado em um labirinto diferente. Os lugares perigosos e seguros são alterados diariamente, assim como as cores das paredes e a força dos eletrochoques. Às vezes, as partes que descarregam um leve eletrochoque são vermelhas. Em outras, partes marcadas por bolinhas causam um choque particularmente desagradável. E por aí vai. A cada dia, seu trabalho é aprender a navegar pelo labirinto, escolhendo os caminhos mais seguros e evitando os choques (sua recompensa por aprender a navegar com segurança pelo labirinto é não ser eletrocutado). Você está indo bem?

Há mais de um século, os psicólogos Robert Yerkes e John Dodson* realizaram diferentes versões desse experimento básico em um esforço conjunto que visava descobrir duas coisas sobre ratos: o quão rápido eles podiam aprender e, mais importante, qual intensidade de eletrochoque os motivaria a aprender mais rápido. Poderíamos facilmente assumir que, à medida que a intensidade dos choques aumentasse, aumentaria também a motivação dos ratos para o aprendizado. Quando os choques fossem sutis, os ratos simplesmente vagariam, pouco motivados pelas ocasionais descargas indolores. Mas, à medida que a intensidade dos choques e o desconforto aumentassem — pensaram os cientistas —, os ratos se sentiriam como se estivessem sob fogo inimigo e, portanto, ficariam mais motivados a aprender o quanto antes. Seguindo essa lógica, assumiríamos que, quando os ratos realmente quisessem evitar os choques mais intensos, eles precisariam aprender mais rápido.

Em geral, somos rápidos ao presumir que existe uma ligação entre a magnitude do incentivo e a capacidade de obter um desempenho melhor. Parece razoável que, quanto mais motivados estivermos para alcançar algo, mais trabalharemos para atingir nosso objetivo, e que, em última instância, esse acréscimo de esforço nos aproximará dele. Isso, afinal, é parte da lógica por trás do pagamento de bonificações altíssimas para corretores da bolsa e CEOs: ofereça um bônus muito alto e as pessoas se sentirão motivadas a trabalhar e a terem um desempenho à altura.

---

* As referências aos trabalhos acadêmicos mencionados em cada capítulo, bem como as leituras adicionais recomendadas, encontram-se no fim deste livro.

Às vezes, nossas intuições referentes às ligações entre motivação e desempenho (e, de maneira mais geral, ao nosso comportamento) são precisas; em outras, a realidade e a intuição simplesmente não concordam. No caso de Yerkes e Dodson, alguns dos resultados — mas nem todos — alinharam-se com o que a maioria de nós poderia esperar. Quando os choques eram muito fracos, os ratos não se sentiam motivados e, consequentemente, aprendiam lentamente. Quando eram de intensidade média, os ratos ficavam mais motivados para descobrir rapidamente as regras da jaula, e de fato aprendiam. Até aqui, os resultados se encaixam com as nossas intuições sobre as relações entre motivação e desempenho.

Mas o problema era este: quando a intensidade do choque era muito alta, o desempenho dos ratos piorava! Evidentemente, é difícil entrar na mente de um roedor, mas, com a intensidade no máximo, eles aparentemente não conseguiam se concentrar em nada além do medo do choque. Paralisados pelo terror, eles tinham dificuldade de lembrar quais partes da gaiola eram seguras e quais não eram. Portanto, não conseguiam definir como o ambiente ao redor estava estruturado.

O experimento de Yerkes e Dodson deveria nos fazer pensar sobre a verdadeira relação entre pagamento, motivação e desempenho no mercado de trabalho. Afinal, esse experimento mostrou claramente como os incentivos podem ser uma faca de dois gumes. Até certo ponto, eles nos motivam a aprender e a ter um bom desempenho. Para além desse ponto, no entanto, a pressão motivacional pode ser tamanha que passa a distrair o indivíduo, impedindo-o de se concentrar ou realizar uma tarefa — consequência indesejável para qualquer pessoa.

O gráfico abaixo mostra três possíveis relações entre incentivo (pagamento, eletrochoques) e desempenho. A linha cinza-claro representa um relacionamento simples, no qual incentivos maiores contribuem sempre da mesma forma para o desempenho. A linha cinza tracejada representa uma relação de rendimento decrescente entre o incentivo e o desempenho.

Já a linha contínua escura representa os resultados de Yerkes e Dodson. Em níveis de motivação menos elevados, os incentivos ajudam a aumentar o desempenho. No entanto, à medida que o nível de motivação básica aumenta, acrescentar mais incentivos pode sair pela culatra e acabar reduzindo o desempenho, criando aquilo que os psicólogos costumam chamar de "teoria do U invertido".

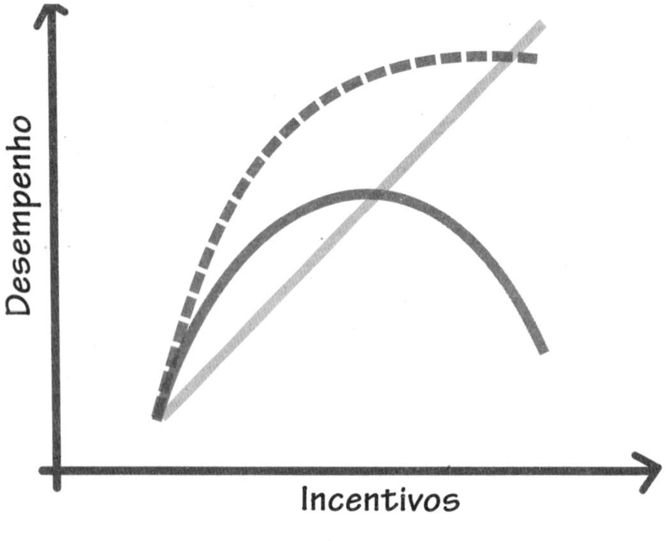

Naturalmente, eletrochoques não são mecanismos de incentivo muito comuns no mundo real, mas esse tipo de relação entre motivações e desempenho também pode se aplicar a outras formas de motivação, seja a recompensa a capacidade de evitar um choque ou adquirir uma grande quantia de dinheiro. Vamos imaginar como seriam os resultados de Yerkes e Dodson se eles tivessem usado dinheiro em vez de eletrochoques (supondo, é claro, que os ratos realmente quisessem dinheiro). Em níveis baixos de bonificação, os ratos não se importariam muito e não teriam um desempenho relevante. Já em níveis médios, eles se importariam mais e teriam um desempenho melhor. Entretanto, em níveis muito altos, eles ficariam "supermotivados": teriam dificuldades para se concentrar e, consequentemente, seu desempenho seria pior do que se estivessem trabalhando por um bônus menor.

Será, então, que nós encontraríamos essa relação do U invertido entre motivação e desempenho se fizéssemos um experimento com pessoas ao invés de ratos, utilizando o dinheiro como fator de motivação? Ou, pensando por um ângulo mais pragmático, seria financeiramente eficaz pagar bonificações muito altas para que as pessoas tivessem um bom desempenho?

A Bônus-Bonança

À luz da crise financeira de 2008 e da subsequente indignação com as bonificações pagas continuamente a muitos dos seus responsáveis, muitas pessoas começaram a se perguntar como tais incentivos realmente afetam os CEOs e os executivos de Wall Street. Os conselhos de administração das empresas geralmente presumem que bônus muito altos baseados no desempenho motivarão os CEOs a se esforçarem mais em seus cargos, e que esse esforço produzirá um rendimento de maior qualidade.* Mas é realmente esse o caso? Antes que você se decida, vamos ver o que as evidências empíricas têm a dizer.

---

* Obviamente, houve muitas tentativas de se explicar por que é razoável pagar salários muito altos aos CEOs, incluindo uma que considero particularmente interessante, apesar de improvável. De acordo com essa teoria, os executivos recebem salários muito altos não porque alguém pense que eles mereçam, mas porque isso pode motivar outras pessoas a trabalhar duro na esperança de que um dia também recebam um salário correspondente. O engraçado a respeito dessa teoria é que, se você segui-la até sua conclusão lógica, não apenas teria que pagar salários ridiculamente altos aos CEOs, como também precisaria obrigá-los a passar mais tempo com seus amigos e familiares, além de enviá-los em férias caríssimas, a fim de completar o quadro de uma vida perfeita — essa, sim, seria a melhor maneira de motivar as outras pessoas a tentarem se tornar CEOs.

Para testar a eficácia de incentivos financeiros como dispositivo para melhora do desempenho, Nina Mazar (professora da Universidade de Toronto), Uri Gneezy (professor da Universidade da Califórnia, em San Diego), George Loewenstein (professor da Universidade Carnegie Mellon) e eu montamos um experimento. Nós variamos as quantias de bônus financeiros que os participantes poderiam receber se tivessem um bom desempenho, e medimos os efeitos que os diferentes níveis de incentivo tiveram sobre o desempenho. Queríamos, sobretudo, observar se a oferta de bônus muito altos aumentaria o desempenho, como era de se esperar, ou o diminuiria, de maneira análoga aos experimentos de Yerkes e Dodson com ratos.

Decidimos oferecer a alguns participantes a oportunidade de ganhar um bônus relativamente baixo (equivalente a cerca de um dia de pagamento do seu salário mensal). Outros teriam a oportunidade de ganhar um bônus médio (equivalente a cerca de duas semanas do salário mensal). Os poucos afortunados, colocados no grupo mais importante para os nossos propósitos, ganhariam um bônus elevadíssimo, equivalente a cerca de cinco meses de salário. Ao comparar o desempenho dos três grupos, pretendíamos ter uma ideia melhor da eficácia desses bônus na sua melhoria.

Eu sei que você deve estar pensando — “Onde posso me inscrever para esse experimento?” Mas, antes que você comece a fazer suposições extravagantes sobre o meu orçamento de pesquisa, permita-me dizer que fizemos aquilo que muitas empresas fazem atualmente — terceirizamos a operação para uma área rural da Índia, onde o gasto mensal médio de uma pessoa era de cerca de 500 rúpias indianas (aproximadamente 11 dólares). Isso nos permitiu oferecer bônus extremamente significativos para os participantes sem termos que lidar com cenhos franzidos ou a ira do sistema de contabilidade da universidade.

Depois de decidir onde realizar nossos experimentos, tivemos que selecionar as tarefas em si. Cogitamos utilizar atividades baseadas em puro esforço, como correr, fazer agachamentos ou levantar pesos. Mas, como os CEOs e outros executivos não ganham dinheiro fazendo esse tipo de coisa, decidimos nos concentrar em tarefas que exigissem criatividade, concentração, memória e habilidades para resolver problemas. Depois de experimentar uma série de tarefas em nós mesmos e em alguns estudantes, selecionamos seis:

1. Organizando o Quadrado: neste quebra-cabeça espacial, o participante tinha que encaixar nove fatias de um quarto de círculo em um quadrado. Até oito delas é bem simples, mas encaixar todas as nove é praticamente impossível.
2. Simon: uma relíquia em cores vivas da década de 1980, este é (ou era) um jogo eletrônico de memória bastante comum, que exige do participante a repetição de sequências cada vez mais longas de botões que piscam em cores diferentes, sem errar.
3. Três Últimos Números: o nome diz tudo, ou seja, trata-se de um jogo simples em que lemos uma sequência numérica (23, 7, 65, 4 e assim por diante) e a interrompemos em um momento aleatório. Então, era requerido aos participantes que repetissem os três últimos números.
4. Labirinto: um jogo em que o participante usava duas alavancas para controlar o ângulo de uma superfície coberta por um labirinto e crivada de buracos. O objetivo era fazer uma pequena bolinha avançar por um caminho, evitando os buracos.

5. Dardos de Bolinha: muito parecido com os dardos, porém praticado com bolas de tênis cobertas com o lado da volta do velcro e com o alvo revestido com o lado do gancho do velcro, de forma que as bolas grudassem nele.
6. Rola-a-Bola: um jogo em que o participante afastava duas hastes para mover uma pequena bola o mais alto possível por uma rampa inclinada.

Ilustração dos seis jogos utilizados no experimento na Índia

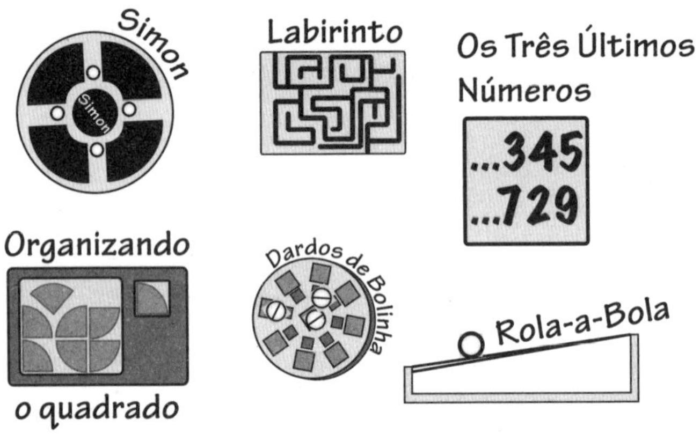

Depois de escolhermos os jogos, embalamos seis conjuntos de cada tipo em uma caixa enorme e os enviamos para a Índia. Por alguma razão misteriosa, as pessoas na alfândega da Índia não ficaram muito satisfeitas com os Simon movidos a bateria, não até que pagássemos uma taxa de importação de 250%; por fim, os jogos foram liberados e estávamos prontos para começar nosso experimento.

Contratamos cinco alunos de pós-graduação em economia do Narayanan College, na cidade de Madurai, no sul da Índia, e pedimos que fossem a alguns vilarejos locais. Em cada um deles, os alunos tiveram que encontrar um espaço público central, como um hospital pequeno ou uma sala de reuniões, onde poderiam abrir uma loja e recrutar participantes para o experimento.

Um desses locais era um centro comunitário, onde Ramesh, um aluno do segundo ano de mestrado, iniciou os trabalhos. O centro não estava totalmente finalizado — não tinha ladrilhos no piso ou tinta nas paredes —, mas era totalmente funcional e, o mais importante, oferecia proteção contra vento, chuva e calor.

Ramesh posicionou os seis jogos pela sala e saiu para chamar seu primeiro participante. Logo um homem passou e Ramesh imediatamente tentou atraí-lo para o experimento: "Temos algumas tarefas divertidas aqui", explicou ao homem. "Você estaria interessado em participar de um experimento?" Aquilo deve ter soado como uma atividade suspeita e patrocinada pelo governo, então não foi surpresa nenhuma que o sujeito tenha apenas balançado a cabeça e seguido o seu caminho. Mas Ramesh persistiu: "Você pode ganhar algum dinheiro com esse experimento; ele é patrocinado pela universidade." E foi assim que o nosso primeiro participante, cujo nome era Nitin, virou-se e seguiu Ramesh até o centro comunitário.

Ramesh mostrou a Nitin todas as tarefas que foram montadas na sala. "Estas são as atividades de hoje", disse ele a Nitin. "Elas devem levar cerca de uma hora. Antes de começar, vamos descobrir quanto você poderá receber." Ramesh, então, rolou um dado. Ele caiu no número 4, que, de acordo com nosso processo de randomização, colocava Nitin na condição de bônus médio, o que significava que o bônus total que ele poderia ganhar em todos os seis jogos era de 240 rúpias — cerca de duas semanas de pagamento, em média, para uma pessoa desta região da Índia rural.

A seguir, Ramesh explicou as instruções para Nitin. "Para cada um dos seis jogos, temos um nível médio de desempenho que consideramos bom e um nível alto que consideramos muito bom. Para cada jogo em que você atingir um bom nível de desempenho, receberá 20 rúpias, e para cada um em que atingir o nível muito bom, receberá 40 rúpias. Nos jogos em que você não alcançar nem mesmo o nível bom, não ganhará nada. Isso significa que seu pagamento final será algo entre zero e 240 rúpias, dependendo do seu desempenho."

Nitin assentiu e Ramesh escolheu, randomicamente, o jogo Simon. Nele, um dos quatro botões coloridos acende e reproduz um tom musical. Nitin precisava apertar o respectivo botão iluminado. Então, o dispositivo acenderia o mesmo botão, desta vez seguido por outro; Nitin pressionaria esses dois botões em sucessão, e assim por diante, progressivamente. Enquanto ele se lembrasse da sequência e não cometesse erros, o jogo continuaria e a duração da sequência aumentaria. Assim que Nitin errasse uma sequência, contudo, o jogo terminaria e a pontuação de Nitin seria equivalente à sua maior sequência de acertos. No total, Nitin teria direito a dez tentativas para atingir a pontuação desejada.

"Agora, deixe-me dizer o que bom e muito bom significam neste jogo", Ramesh prosseguiu. "Se você conseguir repetir corretamente uma sequência de seis em pelo menos uma das dez vezes, isso será considerado um bom nível de desempenho, e você ganhará 20 rúpias. Se você repetir corretamente uma sequência de oito, isso será considerado um nível muito bom, e você receberá 40 rúpias. Após dez tentativas, iniciaremos o próximo jogo. O jogo e as regras de pagamento ficaram claros?"

Nitin estava bastante animado com a perspectiva de ganhar tanto dinheiro. "Vamos começar", disse ele, e assim o fizeram.

O botão azul foi o primeiro a acender e Nitin pressionou-o. Em seguida, foi o botão amarelo, e Nitin pressionou os botões azul e amarelo sucessivamente. Nada muito difícil. Ele se saiu bem quando o botão verde acendeu em seguida, mas infelizmente falhou no quarto botão. No jogo seguinte, ele não se saiu muito melhor. No quinto jogo, porém, ele se lembrou de uma sequência de sete, e no sexto, conseguiu emplacar uma sequência de oito. No geral, o jogo foi um sucesso, e ele agora estava 40 rúpias mais rico.

O próximo jogo foi o Organizando o Quadrado, seguido por Três Últimos Números, Labirinto, Dardos de Bolinha e, finalmente, Rola-a-Bola. Ao fim de uma hora, Nitin alcançou um nível de desempenho muito bom em dois dos jogos, um nível bom em dois, e não conseguiu chegar ao nível bom em outros dois. No total, ele ganhou 120 rúpias — pouco mais do que uma semana de pagamento — e deixou o centro comunitário completamente encantado.

O próximo participante foi Apurve, um homem atlético e ligeiramente calvo na casa dos 30 anos, além de um orgulhoso pai de gêmeos. Apurve rolou o dado e caiu no número 1, que, de acordo com nosso processo de randomização, colocava-o na condição de bônus de nível baixo. Isso significava que o bônus total que ele poderia ganhar em todos os seis jogos era de 24 rúpias, ou cerca de um dia de pagamento.

O primeiro jogo que Apurve jogou foi o dos Três Últimos Números, seguido por Rola-a-Bola, Organizando o Quadrado, Labirinto, Simon e, por fim, Dardos de Bolinha. No geral, ele se saiu muito bem: atingiu um bom nível de desempenho em três dos jogos e um nível muito bom em um. Isso deixou-o mais ou menos no mesmo nível de desempenho que Nitin, mas, graças ao azar do dado, ele ficou com apenas 10 rúpias. Mesmo assim, ficou feliz em receber aquela quantia por uma hora de jogatina.

Quando Ramesh rolou o dado para o terceiro participante, Anoopum, ele caiu no 5. De acordo com nosso processo de randomização, ele ficou na condição de bônus de nível mais alto. Ramesh explicou a Anoopum que, para cada partida em que atingisse um nível bom de desempenho, receberia 200 rúpias, e que receberia 400 por cada partida em que atingisse uma pontuação muito boa. Anoopum fez um cálculo rápido: seis jogos multiplicados por 400 rúpias davam 2.400 rúpias — uma verdadeira fortuna, equivalendo, aproximadamente, a 5 meses de pagamento. Anoopum mal conseguia acreditar na sua sorte.

O primeiro jogo selecionado randomicamente para Anoopum foi o Labirinto.* Ele foi instruído a colocar uma pequena bola de aço na posição inicial e, em seguida, usar as duas alavancas para guiá-la pelo labirinto, procurando evitar os buracos e armadilhas. "Vamos jogar este jogo dez vezes", disse Ramesh. "Se você conseguir avançar a bola para além do sétimo buraco, consideraremos isso como um bom nível de desempenho, pelo qual você receberá 200 rúpias. Se você conseguir avançá-la para além do nono buraco, será um nível de desempenho muito bom, e você receberá 400 rúpias. Quando terminarmos com este jogo, passaremos para o próximo. Está claro?"

Anoopum assentiu entusiasticamente. Ele agarrou as alavancas que controlavam a inclinação da superfície do labirinto e encarou a bolinha de aço em sua posição "inicial" como se fosse uma presa. "Isto é muito, muito importante", murmurou. "Eu preciso conseguir."

* Cada participante jogou em uma ordem diferente e definida aleatoriamente. A ordem dos jogos, obviamente, não fez qualquer diferença em termos de desempenho.

Ele rolou a bolinha; quase imediatamente, ela caiu na primeira armadilha. "Mais nove chances", disse ele em voz alta, para se encorajar. Mas ele já estava sob pressão, e suas mãos tremiam. Incapaz de controlá-las para realizar os movimentos delicados necessários, ele falhou tentativa após tentativa. Tendo fracassado com o Labirinto, ele viu aquelas imagens maravilhosas do que faria com sua pequena fortuna dissolvendo-se lentamente.

O próximo jogo foi o Dardo de Bolinha. Parado a 6 metros de distância, Anoopum tentou acertar o velcro no centro do alvo. Ele arremessou uma bola após a outra — uma de baixo, como em um arremesso de softbal, outra de cima, como no críquete, e até mesmo de lado. Algumas delas passaram muito perto do alvo, mas nenhum dos vinte arremessos acertou o centro.

O jogo Organizando o Quadrado foi pura frustração. Em 2 ínfimos minutos, Anoopum teve que encaixar as nove peças do quebra-cabeça para ganhar 400 rúpias (se demorasse 4 minutos, ganharia 200). Conforme o relógio ia avançando, Ramesh falava o tempo restante a cada 30 segundos: "Noventa segundos! Sessenta! Trinta!" O pobre Anoopum tentou trabalhar cada vez mais rápido, aplicando cada vez mais força para encaixar todas as nove fatias no quadrado, sem sucesso.

Ao final dos 4 minutos, o jogo foi deixado de lado. Ramesh e Anoopum passaram, então, para o jogo Simon. Anoopum sentia-se um tanto frustrado, mas se preparou e tentou ao máximo concentrar-se na tarefa em questão.

Sua primeira tentativa com o Simon resultou em uma sequência de duas luzes — nada muito promissor. Já na segunda, ele conseguiu emplacar uma sequência de seis. Ele sorriu, porque sabia que finalmente tinha ganhado pelo menos 200 rúpias, e que ainda tinha mais 8 chances de chegar a 400. Sentindo-se finalmente capacitado, ele tentou melhorar sua concentração, estimulando a memória para um plano superior de desempenho. Nas oito tentativas seguintes, ele conseguiu emplacar sequências de seis e sete, mas não conseguiu chegar a oito.

Com mais dois jogos pela frente, Anoopum decidiu fazer uma pequena pausa. Ele fez alguns exercícios respiratórios de relaxamento, exalando um longo "Om" a cada respiração. Depois de alguns minutos, sentiu-se pronto para o jogo Rola-a-Bola. Infelizmente, no entanto, ele falhou tanto neste como no Três Últimos Números. Ao sair do centro comunitário, ele pôde se consolar pensando nas 200 rúpias que havia ganhado — uma boa quantia para uns poucos jogos —, mas sua frustração por não ter recebido aquela quantia enorme era evidente pela testa franzida.

Resultado: que rufem os tambores...

Depois de algumas semanas, Ramesh e os outros quatro alunos de pós-graduação terminaram a coleta de dados em vários vilarejos e me enviaram os registros de desempenho. Eu estava ansioso para ver os resultados. Nosso experimento indiano teria valido o tempo e o esforço investidos? Os diferentes níveis de bônus corresponderiam aos níveis de desempenho? Aqueles que podiam receber bônus mais altos tiveram um desempenho melhor ou pior?

Para mim, dar uma primeira olhada em um conjunto de dados é uma das experiências mais gratificantes da pesquisa. Embora não seja tão emocionante como, digamos, ter um primeiro vislumbre de um ultrassom do seu filho, é muito mais fantástico do que abrir um presente de aniversário. Na verdade, considero que há um aspecto cerimonial na visualização de um primeiro conjunto de análises estatísticas. No início da minha carreira de pesquisador, depois de passar semanas ou meses coletando informações, eu inseria todos os números em um conjunto de dados e formatava-o para uma análise estatística. Semanas ou meses de trabalho me levavam a esse ponto da descoberta, e eu gostava de celebrar o momento: normalmente, eu fazia uma pausa e me servia de uma taça de vinho ou de uma xícara de chá. Então, eu me sentava para usufruir daquele momento mágico em que a solução para o quebra-cabeça experimental ao qual me dedicara com tanto afinco era finalmente revelada.

Esse momento, hoje em dia, é raro para mim. Agora que já não sou mais estudante, minha agenda está cheia de compromissos e não tenho mais tanto tempo para analisar os dados experimentais sozinho. Assim, em circunstâncias normais, meus alunos ou colaboradores dão o primeiro passo na análise dos dados, experimentando eles próprios essa gratificação. Quando os dados da Índia chegaram, entretanto, eu estava tão ansioso para ter essa experiência outra vez que convenci Nina a me fornecer o conjunto de dados e a fiz prometer que não os examinaria enquanto eu trabalhasse neles. Com a promessa feita, eu restabeleci meu ritual de análise de dados, com direito a vinho e tudo.

Antes de compartilhar os resultados, o que você acha? Os participantes dos três grupos se saíram bem? Você imaginava que aqueles que poderiam ganhar um bônus de nível médio se sairiam melhor do que aqueles que se depararam com o bônus de nível baixo? Você acha que aqueles que esperavam por um bônus muito alto se saíram melhor do que os que obteriam um de nível médio? Bem, nós descobrimos que aqueles que poderiam ganhar um bônus baixo (equivalente a um dia de pagamento) e um bônus de nível médio (equivalente a duas semanas de trabalho) não diferiram muito entre si, afinal. Além disso, concluímos que, uma vez que mesmo os nossos menores pagamentos valiam uma quantia considerável para os participantes, isso por si só já aumentava a sua motivação. Mas como eles se saíram quando o bônus mais alto (a quantia equivalente a cinco meses de pagamento) estava em jogo? Como você pôde observar no gráfico anterior, os dados desse experimento revelam que as pessoas, ao menos nesse aspecto, são muito parecidas com ratos. Aquelas que foram sorteadas para receber uma quantia maior demonstraram um nível de desempenho inferior em relação àquelas sorteadas para as condições de bônus baixos ou médios; comparativamente, elas alcançaram um desempenho bom ou muito bom em menos de um terço das vezes. A experiência foi tão desgastante para aqueles na condição de bônus muito alto que eles sufocaram com tamanha pressão, assim como os ratos no experimento de Yerkes e Dodson.

O gráfico abaixo resume os resultados das três condições de bônus nos seis jogos diferentes. A linha referente ao "muito bom" representa a porcentagem de pessoas em cada condição que alcançaram esse nível de desempenho. Já a linha dos "ganhos" representa a porcentagem da recompensa total que as pessoas em cada condição receberam.

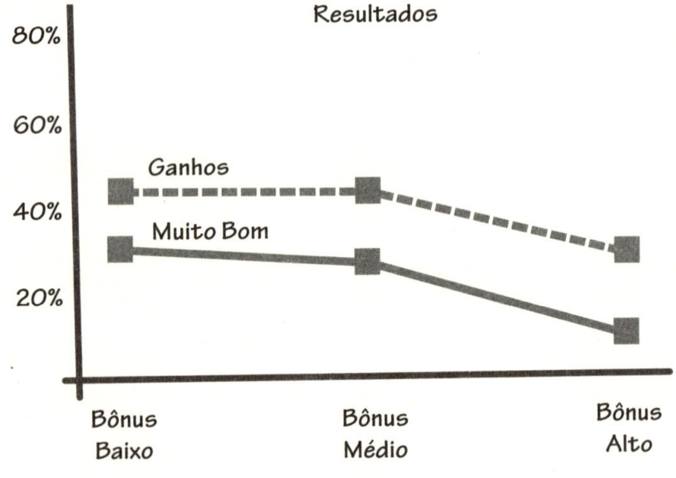

Engrandecendo o Incentivo

Devo dizer que, inicialmente, nós não começamos a executar os experimentos tal como acabei de descrever. Na verdade, providenciamos uma carga extra de estresse aos nossos participantes. Dado o nosso orçamento limitado para pesquisa, queríamos criar o incentivo mais forte possível com a quantia fixa de dinheiro que possuíamos e, para isso, optamos por acrescentar o poder da aversão à perda a essa mistura.* A aversão à perda é a noção simples de que a angústia produzida pela perda de algo que temos a sensação de possuir — digamos, o dinheiro — supera a felicidade de ganhar a mesma quantia de dinheiro. Pense, por exemplo, em como você ficaria feliz se um dia descobrisse que, devido a um investimento de sorte, sua carteira aumentou 5%. Compare esse sentimento de sorte com a angústia que você sentiria se, em um outro dia, descobrisse que, devido a um investimento muito azarado, sua carteira havia diminuído 5%. Se a sua infelicidade com a perda for maior do que a sua felicidade pelo ganho, saiba que você está suscetível à aversão à perda (não se preocupe: a maioria de nós está).

Para introduzir a aversão à perda em nosso experimento, nós pagamos 24 rúpias (6 vezes 4) antecipadamente aos participantes que estavam na condição de bônus baixo. Já aqueles na condição de bônus médio recebiam 240 rúpias antecipadas (6 vezes 40), e os na condição de bônus alto, 2.400 rúpias (6 vezes 400). Dissemos a eles que, se atingissem um nível de desempenho muito bom, poderiam ficar com todo o pagamento por aquele jogo; se atingissem apenas o nível bom de desempenho, no entanto, nós receberíamos de volta metade do valor por jogo; e, se não alcançassem nem um bom nível de desempenho, receberíamos de volta todo o valor pelo

* A aversão à perda é uma ideia poderosa introduzida por Danny Kahneman e Amos Tversky, e aplicável a muitos domínios. Por essa linha de pesquisa, Danny recebeu o Prêmio Nobel de Economia em 2002 (infelizmente, Amos já havia falecido em 1996).

jogo. Achávamos que nossos participantes se sentiriam mais motivados ao tentar evitar perder o dinheiro do que ao tentar ganhá-lo.

Ramesh realizou essa versão do experimento em uma vila diferente, com dois participantes. Mas ele não foi além, porque essa abordagem nos apresentou um desafio experimental único. Quando o primeiro participante entrou no centro comunitário, adiantamos para ele todo o dinheiro que ele poderia ganhar com o experimento — 2.400 rúpias, o equivalente a cerca de 5 meses de salário. Ele não conseguiu realizar nenhuma tarefa direito e, infelizmente (para ele), teve que devolver todo o dinheiro. A essa altura, aguardávamos ansiosamente para ver se o restante dos participantes exibiria um padrão semelhante de comportamento. E eis que o próximo participante também não conseguiu realizar nenhuma das tarefas direito. O sujeito estava tão nervoso que tremia o tempo todo e não conseguia se concentrar. Mas esse homem não jogou de acordo com as nossas regras e, ao final da sessão, saiu correndo com todo o nosso dinheiro. Ramesh não teve coragem de persegui-lo. Quem poderia culpá-lo, afinal? Esse incidente nos fez perceber que incluir a aversão à perda nesses experimentos poderia não funcionar tão bem assim, e então passamos a pagar as pessoas no final.

Mas havia um outro motivo pelo qual queríamos pagá-las antecipadamente, a saber, para tentar capturar a realidade psicológica das bonificações no mercado de trabalho. Achávamos que o pagamento adiantado funcionaria analogamente à maneira como muitos profissionais pensam sobre os bônus esperados a cada ano. Eles pensam que os bônus são concedidos amplamente, como parte padrão de sua remuneração, e frequentemente planejam-se para gastá-los. Talvez estejam de olho em uma casa nova financiada, que de outra forma estaria fora de alcance; talvez planejem fazer uma viagem pelo mundo. Assim que eles começam a fazer esses planos, tenho suspeitas de que possam ter a mesma mentalidade de aversão à perda que os nossos participantes pré-pagos.

Pensar versus Fazer

Estávamos certos de que haveria limites para os efeitos negativos de uma alta recompensa no desempenho — afinal, parecia improvável que um bônus significativo reduzisse o desempenho em todas as situações. E parecia natural esperar que um fator limitador (aquilo que os psicólogos chamam de "moderador") dependesse diretamente do nível de esforço mental que a tarefa exigia. Pensávamos que, quanto maior a habilidade cognitiva envolvida, maior a probabilidade de que os incentivos muito altos saíssem pela culatra. Pensávamos também que as recompensas mais altas provavelmente levariam a um desempenho melhor quando se tratasse de tarefas mecânicas não cognitivas. Por exemplo: se eu lhe pagasse por cada vez que você pulasse nas próximas 24 horas, você não pularia muitas vezes, e cada vez mais, conforme o valor aumentasse? Claro que sim. Você reduziria o ritmo — ou pararia — enquanto ainda pudesse continuar, se a quantia fosse muito alta? Improvável. Nos casos em que as tarefas são simples e mecânicas, é difícil imaginar que uma motivação muito alta pudesse sair pela culatra.

Esse raciocínio é o motivo pelo qual incluímos uma variedade de tarefas no experimento, e também o porquê de ficarmos um tanto surpresos pelo nível mais alto de recompensas resultar em um desempenho inferior em todas elas. Certamente, esperávamos que fosse o caso para as tarefas mais cognitivas, como os jogos Simon e Três Últimos Números, mas não esperávamos que o efeito fosse tão pronunciado em tarefas de natureza mais mecânica, como os Dardos de Bolinha ou o Rola-a-Bola. Como isso pôde acontecer? Uma possibilidade era que a nossa intuição quanto às tarefas mecânicas estivesse equivocada — e que, mesmo para esse tipo de tarefa, incentivos muito altos poderiam ser contraproducentes. Outra possibilidade era que as tarefas que considerávamos de baixo componente cognitivo (Dardos de Bolinha e Rola-a-Bola), todavia, exigissem alguma habilidade mental, e que, portanto, precisávamos incluir tarefas puramente mecânicas no experimento.

Com essas questões em mente, nos propusemos a ver o que aconteceria caso pegássemos uma tarefa que exigisse algumas habilidades cognitivas (na forma de problemas matemáticos simples) e a comparássemos com uma que se baseasse em puro esforço (clicar rapidamente em duas teclas do teclado). Trabalhando com alunos do MIT (Instituto de Tecnologia de Massachusetts), queríamos examinar a relação entre a dimensão do bônus e o desempenho nas tarefas puramente mecânicas, em oposição àquelas que exigiam algumas habilidades mentais. Devido ao meu orçamento de pesquisa limitado, não podíamos oferecer aos alunos a mesma variedade de bônus utilizada na Índia. Esperamos, então, até o fim do semestre, quando os alunos estavam relativamente sem dinheiro, e oferecemos um bônus de 660 dólares — suficiente para algumas festas — por uma tarefa que levaria cerca de 20 minutos.

Nosso projeto experimental teve quatro etapas, e cada um dos participantes esteve em todas elas (essa configuração é o que os cientistas sociais definem por "design junto aos participantes"). Pedimos aos estudantes que realizassem a tarefa cognitiva (problemas matemáticos simples) duas vezes: uma com a promessa de um bônus baixo e outra com a promessa de um bônus alto. Pedimos o mesmo para a tarefa mecânica (clicar no teclado): uma vez com a promessa de um bônus baixo e outra com a promessa de um bônus alto.

O que esse experimento nos ensinou? Como é de se esperar, notamos uma diferença nos efeitos dos incentivos altos entre os dois tipos de tarefas. Quando o trabalho em questão envolvia apenas clicar nas duas teclas do teclado, os bônus mais altos levaram a um melhor desempenho. No entanto, uma vez que a tarefa exigia até mesmo algumas habilidades cognitivas rudimentares (na forma de problemas matemáticos simples), esses mesmos incentivos geraram um efeito negativo no desempenho, exatamente como vimos no experimento na Índia.

A conclusão é clara: pagar bônus altos às pessoas pode resultar em um desempenho melhor quando se trata de tarefas mecânicas simples, mas o oposto pode ocorrer quando for requisitado o uso do cérebro — que é geralmente o que as empresas tentam fazer quando pagam bonificações aos executivos. Se os vice-presidentes seniores fossem pagos para assentar tijolos, até faria sentido motivá-los por meio desses bônus. Mas as pessoas que recebem bônus como incentivos para pensar em fusões e aquisições, ou para criar instrumentos financeiros complexos, podem acabar sendo muito menos eficazes do que pensamos — podendo, inclusive, haver consequências negativas nos casos de bônus muito altos.

Para resumir, utilizar dinheiro para motivar as pessoas pode ser uma faca de dois gumes. Para tarefas que requerem habilidades cognitivas, incentivos baixos ou moderados tendem a aumentar o desempenho. Porém, quando o nível de incentivo é muito alto, isso pode acabar demandando muita atenção e, consequentemente, distrair a mente da pessoa com um excesso de pensamentos sobre a recompensa. Isso pode vir a gerar estresse e, por fim, reduzir o nível de desempenho.

NESTE PONTO, um economista racional pode argumentar que esses resultados experimentais não se aplicam, de fato, à remuneração dos executivos. Ele poderia dizer algo como: "Bem, no mundo real, um pagamento maior nunca seria um problema, já que os empregadores e os conselhos de administração levariam os desempenhos inferiores em consideração, e jamais ofereceriam bônus que tornassem a motivação ineficaz. Afinal, os empregadores são perfeitamente racionais. Eles sabem quais incentivos ajudam ou não os seus funcionários a obter um melhor desempenho."*

Esse é um argumento perfeitamente razoável. Na verdade, é possível que as pessoas compreendam intuitivamente as consequências negativas de se oferecer bônus altos e, portanto, nunca o façam. Por outro lado, assim como ocorre com muitas das nossas outras irracionalidades, também é possível que não entendamos exatamente como essas múltiplas forças — incluindo aí os bônus financeiros — nos influenciam.

A fim de tentar descobrir quais intuições as pessoas têm a respeito desses bônus elevados, descrevemos o experimento da Índia em detalhes para um grande grupo de alunos de MBA na Universidade de Stanford, pedindo que previssem os respectivos desempenhos nos casos de bônus baixos, médios e altos. Sem conhecimento prévio dos nossos resultados, esses "pós-ditores" (isso é, preditores após o fato) esperavam que o nível de desempenho aumentasse em conformidade com o nível de pagamento — prevendo erroneamente os efeitos dos bônus mais elevados sobre o desempenho.

Tais resultados sugerem que o efeito negativo dos bônus elevados não é algo que as pessoas intuam naturalmente; sugerem também que a compensação é uma área na qual precisamos aplicar investigações empíricas mais rigorosas em vez de confiar no raciocínio intuitivo. Mas será que, quando se trata de definir salários, as empresas e os conselhos de administração trocariam suas próprias intuições pelo uso de dados empíricos? Eu duvido. Na verdade, sempre que tenho a oportunidade de apresentar algumas das nossas descobertas para executivos de alto escalão, fico sur-

---

* Suspeito que os economistas que acreditam plenamente na racionalidade dos negócios nunca trabalharam um dia sequer fora da academia.

preso com o quão pouco eles sabem, ou pensam, a respeito da eficácia de seus esquemas de remuneração, e quão pouco interesse eles demonstram em querer descobrir como aprimorá-los.*

E Quanto Àquelas "Pessoas Especiais"?

Há alguns anos, antes da crise financeira de 2008, fui convidado a dar uma palestra para um grupo seleto de banqueiros. A reunião aconteceu em uma sala de conferências bem decorada no escritório de uma grande empresa de investimentos na cidade de Nova York. A comida e o vinho estavam deliciosos, e a vista das janelas, espetacular. Contei ao público sobre os diferentes projetos nos quais estava trabalhando, incluindo os experimentos com bônus elevados na Índia e no MIT. Todos eles assentiram com a cabeça, concordando com a teoria de que esses bônus podem sair pela culatra — isso até eu sugerir que os mesmos efeitos psicológicos também poderiam se aplicar às pessoas naquela sala. Eles ficaram evidentemente ofendidos com a sugestão. Alegaram que a ideia de que seus próprios bônus pudessem influenciar negativamente o seu desempenho no trabalho era absurda.

Então, tentei outra abordagem: pedi a um voluntário do público para que descrevesse como o clima de trabalho na sua empresa muda no fim do ano. "Durante novembro e dezembro", disse ele, "pouquíssimo trabalho é feito. As pessoas ficam pensando, principalmente, em bonificações e no que poderão pagar com elas". Em resposta, pedi para que o público considerasse a ideia de que o foco nas próximas bonificações pudesse ter um efeito negativo em seu desempenho, mas eles se recusaram a adotar o meu ponto de vista. Quiçá fosse o álcool, mas suspeito que aquelas

---

* Em defesa daqueles que depositam muita confiança em sua própria intuição, a ligação entre pagamento e desempenho não é tão fácil de perceber ou de estudar.

pessoas simplesmente não queriam reconhecer a possibilidade de que suas bonificações fossem muito altas. (Como o prolífico autor e jornalista Upton Sinclair observou certa vez: "É difícil fazer um homem entender algo quando seu salário depende de que ele não entenda.")

Quando apresentados aos resultados desses experimentos, e sem maiores surpresas, os banqueiros sustentaram que eram, eles mesmos, indivíduos aparentemente superespeciais; fizeram questão de afirmar que, ao contrário da maioria das pessoas, eles funcionavam melhor sob pressão. A mim, não me pareciam tão diferentes das outras pessoas, mas admiti que talvez pudessem estar certos. Então, convidei-os a vir ao laboratório para que pudéssemos fazer um experimento e descobrir com certeza. Mas, considerando o quão ocupados os banqueiros são e o tamanho de seus contracheques, seria impossível tentá-los a participar dos nossos experimentos, ou mesmo oferecer-lhes um bônus significativo.

Sem conseguir testar os banqueiros, Racheli Barkan (professora da Universidade Ben-Gurion, em Israel) e eu procuramos outra fonte de dados que pudesse nos ajudar a entender como profissionais altamente pagos e especializados atuam sob grande pressão. Não sei nada sobre basquete, mas Racheli é uma especialista e sugeriu que examinássemos os jogadores *clutch* — aqueles heróis do basquete que enterram a bola na cesta no momento em que o sinal apita. Os *clutch* são muito mais bem pagos do que os outros jogadores, e presume-se que tenham um desempenho especialmente brilhante durante os últimos minutos ou segundos de um jogo, quando o estresse e a pressão são maiores.

Com a ajuda do treinador de basquete masculino da Universidade Duke, Mike Krzyzewski ("Treinador K"), conseguimos um grupo de treinadores profissionais para identificar os jogadores *clutch* da NBA (os treinadores concordavam majoritariamente entre si). Em seguida, assistimos aos vídeos dos 20 jogos mais cruciais para cada *clutch* em uma temporada inteira da

NBA (por "mais crucial", queremos dizer que a diferença de pontuação ao fim dos jogos não ultrapassava os três pontos). Para cada um dos jogos, calculamos quantos pontos esses jogadores haviam acertado nos últimos cinco minutos do primeiro tempo de cada partida, quando a pressão era relativamente baixa. Em seguida, comparamos esses resultados com o número de pontos marcados durante os cinco minutos finais do jogo, quando o resultado estava por um fio e o estresse estava no auge. Também observamos as mesmas medidas para todos os outros jogadores "não *clutch*" que participaram dos mesmos jogos.

Descobrimos que esses últimos tiveram pontuações mais ou menos semelhantes nos momentos de baixo e de alto estresse, ao passo que houve uma melhora substancial no desempenho dos *clutch* durante os cinco minutos finais dos jogos. Até aí, a perspectiva era favorável para os *clutch* e, analogamente, para os banqueiros, já que tudo indicava que algumas pessoas altamente qualificadas poderiam, de fato, ter um desempenho melhor sob pressão.

Mas — e tenho certeza de que você esperava por um "mas" — o fato é que há duas maneiras de se emplacar mais pontos nos cinco minutos finais do jogo. Um *clutch* da NBA pode tanto aprimorar sua porcentagem de sucesso (o que indicaria um aprimoramento no desempenho) quanto lançar a bola com mais frequência, com a mesma porcentagem (o que não indica qualquer melhora na habilidade, mas sim uma mudança no número de tentativas). Assim, analisamos, separadamente, se os *clutch* realmente faziam lançamentos melhores, ou se apenas os faziam com uma frequência maior. Resultado: eles não melhoram suas habilidades; eles simplesmente arriscam muito mais tentativas. A porcentagem das cestas, portanto, não aumentava nos cinco minutos finais (ou seja, seus arremessos não eram mais precisos); tampouco os não *clutch* pioravam em seu desempenho.

A essa altura, você pode estar pensando que os *clutch* são marcados mais rigidamente durante a reta final do jogo, e que por isso não conseguem demonstrar o aumento de desempenho esperado. Para verificar se esse era realmente o caso, contamos quantas vezes eles sofreram faltas, e também observamos seus arremessos livres. Encontramos o mesmo padrão: os *clutch* mais duramente marcados sofreram mais faltas e, por conseguinte, puderam arremessar por trás da linha de lance livre com mais frequência — mas a sua porcentagem de acertos permaneceu inalterada. Certamente, os *clutch* são ótimos jogadores, mas a nossa análise revelou, contrariamente à crença comum, que seu desempenho não melhora na última, e mais importante, parte do jogo.

Evidentemente, os jogadores da NBA não são banqueiros. A NBA é muito mais seletiva do que o setor financeiro; pouquíssimas pessoas são suficientemente qualificadas para jogar basquete profissional, enquanto muitas trabalham como banqueiros profissionais. Como já vimos, é mais fácil obter um retorno positivo a partir de incentivos altos quando se trata de aplicar habilidades físicas em vez de habilidades cognitivas. Os jogadores da NBA utilizam ambas, mas o basquete é uma atividade na qual o físico prevalece sobre o mental (ao menos em comparação com os serviços bancários). Portanto, seria muito mais desafiador para um banqueiro apresentar habilidades de "*clutch*", já que suas tarefas são menos físicas e exigem mais uso da massa cinzenta do cérebro. Além disso, uma vez que os jogadores de basquete não demonstram um desempenho realmente melhor sob pressão, é ainda mais improvável que os banqueiros o façam.

UM APELO AOS BÔNUS MENORES

Um congressista questionou publicamente a ética dos bônus muito elevados em seu discurso no jantar de premiação anual do jornal de comércio *American Banker*, no New York Palace Hotel, em 2004. O representante de Massachusetts, Barney Frank, que na época era o democrata sênior do Comitê de Serviços Financeiros da Câmara (atualmente, ele é o presidente), sendo tudo menos o palestrante típico e lisonjeiro — ao estilo "Muito obrigado a todos por me convidarem" ou coisas do tipo —, começou com a seguinte pergunta: "Com o nível de remuneração que aqueles entre vocês, que administram bancos, recebem, por que diabos vocês precisariam de um bônus para fazer a coisa certa?" Silêncio na plateia. Ele, então, prosseguiu: "Nós realmente precisamos suborná-los para que façam seu trabalho? Não entendo isso. Pensem no que estão dizendo para a maioria dos trabalhadores comuns — que vocês, as pessoas mais importantes e no topo da hierarquia do sistema, ganham um salário insuficiente e precisam de um incentivo extra para poder fazer seu trabalho direito."

Como você deve ter adivinhado, duas coisas aconteceram, ou melhor, não aconteceram, após esse discurso. Primeiramente, ninguém respondeu às suas perguntas; segundo, não houveram aplausos entusiasmados. Mas o argumento de Frank é importante. Afinal, os bônus são pagos com o dinheiro dos acionistas, e a eficácia desses esquemas dispendiosos de pagamento não é assim tão clara.

O Básico para se Falar em Público

A verdade é que todos nós, em momentos variados, lutamos e até falhamos ao realizar as tarefas que nos são mais importantes. Considere o seu desempenho em testes padronizados como o SAT.* Qual foi a diferença entre a sua pontuação nos testes práticos e no SAT, de fato? Se você for como a maioria das pessoas, o seu resultado dos testes práticos provavelmente foi mais alto, o que por sua vez sugere que a pressão de querer apresentar um bom desempenho o tenha levado a obter uma pontuação mais baixa.

O mesmo princípio se aplica a falar em público. Ao se preparar para fazer um discurso, a maioria das pessoas se sai bem quando pratica o texto em um espaço privado. Mas na hora de ficar frente a frente com uma multidão, as coisas nem sempre saem de acordo com o planejado. A ultramotivação para conseguir impressionar os outros pode nos fazer tropeçar. Não é por acaso que a glossofobia (o medo de falar em público) se equipara à aracnofobia (medo de aranhas) em uma escala assustadora.

Como professor, tive muita experiência pessoal com essa forma particular de ultramotivação. No início da minha carreira acadêmica, falar em público era difícil para mim. Durante uma das minhas primeiras apresentações em uma conferência profissional, diante de muitos professores, eu tremi tanto que toda vez que usava o laser para enfatizar uma linha específica de algum slide projetado, ele corria pela tela, para lá e para cá, gerando um verdadeiro show de luzes. Isso, é claro, só piorou o problema, e preferi aprender a me virar sem o laser. Com o tempo, e muita experiência, fui me tornando um orador melhor diante do público, e atualmente o meu desempenho já não sofre tanto por isso.

---

* "Scholastic Aptitude Test", ou Teste de Aptidão Escolar, aplicado nos EUA (N. do T.)

Apesar dos muitos anos em que falei em público sem maiores problemas, tive uma experiência recente na qual a pressão social foi tão alta que acabei desperdiçando uma palestra em uma grande conferência na frente de muitos colegas. Durante uma sessão em uma conferência na Flórida, eu e mais três colegas íamos apresentar um trabalho recente sobre adaptação — processo pelo qual as pessoas se acostumam com circunstâncias novas (esse fenômeno será abordado no Capítulo 6). Eu havia realizado alguns estudos nessa área, mas em vez de falar sobre as minhas descobertas de pesquisa, planejei fazer uma palestra de 15 minutos sobre a minha experiência pessoal de adaptação às lesões físicas, e apresentar algumas das lições que havia aprendido nesse processo. Pratiquei a palestra algumas vezes, então sabia o que dizer. Além do fato de o assunto ser mais pessoal do que o usual em uma apresentação acadêmica, não achei que a palestra diferisse muito de outras que fizera ao longo dos anos. Mas, ao que parece, o meu plano não correspondia nem um pouco à realidade.

Iniciei a palestra tranquilamente, descrevendo o seu objetivo; no entanto, e para o meu pavor, assim que comecei a descrever minha experiência no hospital, chorei. E, então, me vi incapaz de falar. Evitando contato visual com o público, tentei me recompor enquanto caminhava de um lado da sala para o outro, por um minuto ou mais. Tentei de novo, mas não consegui falar. Depois de mais alguns passos e mais uma tentativa, eu ainda não conseguia falar sem que o choro viesse.

Ficou claro para mim que a presença do público amplificou a minha memória emocional. Decidi, então, passar para uma reflexão impessoal da minha pesquisa. Essa abordagem funcionou bem e eu consegui terminar a apresentação. Mas isso me deixou com uma impressão muito forte sobre a minha incapacidade de prever os efeitos das minhas próprias emoções, combinadas com o estresse, sobre minha capacidade de desempenho.

Tendo em mente esse fracasso público, Nina, Uri, George e eu criamos mais uma versão dos nossos experimentos. Dessa vez, queríamos ver o que aconteceria quando acrescentássemos um elemento de pressão social neles.

Em cada sessão desse experimento, apresentamos 13 conjuntos de 3 anagramas a 8 estudantes da Universidade de Chicago, pagando por cada um dos anagramas resolvidos. Para exemplificar, tente você mesmo reorganizar as letras das seguintes palavras para formar palavras dotadas de sentido (faça isso antes de olhar para a nota de rodapé):*

1. AASC

   Sua solução: ___________

2. TADUIRIOA

   Sua solução: _______

3. GAANMAAR

   Sua solução: ___________

Em 8 das 13 tentativas, os participantes resolveram os anagramas trabalhando sozinhos, em cabines privadas. Nas outras 5, eles foram instruídos a se levantar, caminhar até a frente da sala e tentar resolver os anagramas em um grande quadro-negro, na frente dos outros participantes. Nesses testes públicos, um bom desempenho era mais importante, uma vez que os participantes não apenas receberiam o pagamento por isso (tal como nos testes privados) como também poderiam colher algumas recompensas sociais na forma de admiração por parte dos seus colegas (ou se sentirem

* As respostas são, respectivamente, CASA, AUDITORIA e ANAGRAMA. Só por diversão, experimente esta (com a restrição adicional de que a troca das letras mantenha o significado geral): AÇÃO NO VELHO OESTE: ___________.

humilhados caso falhassem na frente de todos). Eles conseguiriam resolver mais anagramas em público — quando seu desempenho importava mais — ou no privado, quando não havia nenhuma motivação social? Como você provavelmente já deve ter adivinhado, eles resolveram cerca de duas vezes mais anagramas sozinhos do que na frente de um público.

O PSICANALISTA E SOBREVIVENTE dos campos de concentração Viktor Frankl descreveu um exemplo correspondente desse sufocamento gerado pela pressão social. Em seu livro *Em Busca de Sentido*, Frankl escreveu sobre um paciente com uma gagueira persistente da qual não conseguia se livrar, por mais que tentasse. Na verdade, a única vez que esse sujeito conseguiu se ver livre do seu distúrbio de fala foi quando tinha 12 anos. Naquele momento, o condutor de um bonde pegou o rapaz andando sem um bilhete. Na esperança de que o condutor tivesse pena dele por sua gagueira e o liberasse, o menino *tentou* gaguejar — e, no entanto, como não tinha nenhum incentivo para falar sem gaguejar, ele não conseguiu! Em um exemplo relacionado, Frankl descreve um paciente com medo de transpirar: "Sempre que ele esperava por um surto de transpiração, essa ansiedade antecipatória já era suficiente para precipitar a transpiração excessiva." Em outras palavras, a motivação social elevada do paciente para não transpirar, ironicamente, levou-o a transpirar mais ainda — ou, em termos econômicos, levou-o a obter um desempenho inferior.

Caso você esteja se perguntando, travar sob pressão social não é algo que se limita a seres humanos. Muitos de nossos amigos animais foram submetidos a testes semelhantes, incluindo a famigerada barata, que protagonizou um estudo particularmente interessante. Em 1969, Robert Zajonc, Alexander Heingartner e Edward Herman queriam comparar a velocidade com a qual as baratas realizariam tarefas variadas sob duas condições. Em uma, elas ficavam sozinhas, sem qualquer companhia. Na outra, tinham uma audiência sob a forma de outra barata. No caso "social", uma barata observava a outra através de uma janela de acrílico, que permitia a ambas se verem e se cheirarem, mas não se tocarem.

Uma das tarefas atribuídas às baratas era relativamente fácil: correr por um corredor reto. A outra, mais complicada, exigia que a barata navegasse por um labirinto um tanto complexo. Como é de se esperar (supondo que você tenha expectativas sobre baratas), elas executaram a tarefa mais simples com muito mais rapidez quando estavam sendo observadas. A presença de outra barata aumentava a motivação e, consequentemente, elas se saíam melhor. No entanto, na tarefa mais complexa — a do labirinto —, elas se esforçaram mais para encontrar o caminho na presença de um público, e se saíram muito pior do que quando realizaram a mesma tarefa sozinhas. Lá se vão os benefícios da pressão social.

Não acho que esse conhecimento de uma ansiedade de desempenho compartilhada venha a tornar as baratas mais apreciáveis para você, mas ele de fato demonstra as maneiras gerais pelas quais uma motivação elevada para obter um bom desempenho pode acabar saindo pela culatra (e também aponta para algumas possíveis semelhanças importantes entre humanos e baratas). Ao que parece, a ultramotivação por um bom desempenho pode resultar de choques elétricos, de pagamentos altos ou de pressões sociais, e, em todos esses casos, humanos e não humanos parecem ter desempenhos piores quando é de seu real interesse superarem a si mesmos.

Para Onde Vamos Daqui em Diante?

Essas descobertas deixam bastante claro que definir um nível ideal de recompensas e incentivos não é uma tarefa fácil. Eu acredito que a relação com a teoria do U invertido, originalmente sugerida por Yerkes e Dodson, geralmente se sustenta, mas é óbvio que existem forças adicionais que podem fazer diferença no desempenho. Essas incluem as características da tarefa (quão fácil ou difícil ela é), do indivíduo (quão facilmente eles se estressam) e aquelas relacionadas à própria experiência do indivíduo com a tarefa (quanta prática o indivíduo teve com a tarefa em questão, e quanto ele precisa se esforçar com ela). De qualquer forma, duas coisas nós sabemos: é difícil criar a estrutura ideal para incentivar as pessoas, e maiores incentivos nem sempre levam a melhores desempenhos.

Para que fique claro, isso não significa que devemos deixar de pagar as pessoas pelo seu trabalho e suas contribuições: significa que a forma pela qual pagamos a elas pode ter consequências poderosas e inesperadas. Quando os departamentos corporativos de RH elaboram planos de remuneração, geralmente têm dois objetivos: atrair as pessoas certas para o trabalho e motivá-las a fazer o melhor que puderem. Não há dúvida de que esses dois objetivos são importantes e que os salários (para além de benefícios, do orgulho e do significado — tópicos que serão abordados nos próximos capítulos) podem desempenhar um papel importante no cumprimento dessas metas. O problema está nos *tipos* de compensação que as pessoas recebem. Alguns, como as bonificações muito altas, podem gerar estresse ao fazerem com que as pessoas se concentrem demais na remuneração, reduzindo seu desempenho.

Para se ter uma ideia de como um salário alto pode mudar o seu comportamento e influenciar o seu desempenho, faça o seguinte experimento mental: e se eu lhe pagasse muito dinheiro, 100 mil dólares, digamos, para você ter uma ideia supercriativa para um projeto de pesquisa nas próximas 72 horas? O que você faria de diferente? Muito provavelmente, substituiria algumas de suas atividades regulares por outras. Você não se importaria com seus e-mails, não verificaria o Facebook e não folhearia uma revista. Provavelmente também beberia muito café e dormiria menos. Talvez ficasse no escritório a noite toda (como eu faço de vez em quando). Isso significa que você trabalharia por mais horas, mas será que o ajudaria a ser mais criativo?

Horas gastas trabalhando à parte, vamos considerar como o seu processo de pensamento mudaria durante essas 72 horas críticas. O que você faria para se tornar mais criativo e produtivo? Você fecharia os olhos com mais frequência? Visualizaria o topo de uma montanha? Morderia os lábios com mais força? Respiraria fundo? Meditaria? Você seria capaz de afugentar pensamentos aleatórios com mais facilidade? Digitaria mais rápido, ou pensaria mais profundamente? Você faria qualquer uma dessas coisas? E mais: será que elas realmente o levariam a obter um melhor desempenho?

Esse é apenas um experimento mental, mas espero que ilustre bem a ideia de que, embora uma grande quantidade de dinheiro provavelmente o leve a trabalhar muitas horas (é por isso que um pagamento alto é tão útil como incentivo quando se trata de tarefas mecânicas simples), dificilmente irá aprimorar sua criatividade. Na verdade, isso pode sair pela culatra, porque os incentivos financeiros não atuam de forma simples na qualidade do rendimento dos nossos cérebros. Tampouco é claro o quanto da nossa atividade mental está realmente sob nosso controle direto, especialmente quando estamos sob pressão e queremos fazer o nosso melhor.

Agora, vamos imaginar que você precise de uma cirurgia imprescindível para salvar sua vida. Você acha que oferecer um bônus altíssimo para sua equipe médica resultaria em um melhor desempenho? Você gostaria que seu cirurgião e seu anestesista pensassem, durante a operação, sobre como eles poderiam usar o bônus para comprar um veleiro? Isso certamente os motivaria a receber o bônus, mas faria com que tivessem um desempenho melhor? Você não preferiria que eles devotassem toda a sua energia mental para a tarefa em questão? Até que ponto esses médicos poderiam ser mais eficazes no que o psicólogo Mihály Csíkszentmihályi denominou por "estado de fluxo", ou seja, estarem totalmente engajados e focados na tarefa em questão, alheios a qualquer outra coisa? Não sei quanto a você, mas, para tarefas importantes que requerem raciocínio, concentração e habilidades cognitivas, eu escolheria um médico em estado de fluxo em qualquer circunstância.

Algumas Palavras Sobre Pequenas e Grandes Decisões

Na maioria das vezes, pesquisadores como eu realizam experimentos em laboratório. A maioria deles envolve decisões simples, curtos períodos de tempo e riscos relativamente baixos. Como os economistas tradicionais geralmente não gostam das respostas que nossos experimentos de laboratório trazem, eles costumam reclamar que esses resultados não se aplicam ao mundo real. "Tudo mudaria", dizem eles, "se essas decisões fossem importantes, se as apostas fossem maiores e se as pessoas se esforçassem mais." Para mim, no entanto, é como dizer que as pessoas sempre recebem o melhor atendimento no pronto-socorro porque as decisões ali tomadas são, muitas vezes, de vida ou morte, literalmente (e duvido que muitas pessoas argumentem ser esse o caso). De uma forma ou de outra, na ausência de evidências empíricas, essas críticas a experimentos de laboratório são perfeitamente razoáveis. É proveitoso ter algum ceticismo sobre os resultados, incluindo aqueles gerados em experimentos relativamente simples. Contudo, não está claro para mim por que os mecanismos psicológicos que estão por trás de nossas decisões e comportamentos simples não seriam os mesmos por trás de outros, mais complexos e importantes.

O CUIDADO COMO UMA FACA DE DOIS GUMES

Lancelot, o Primeiro Cavaleiro, filme lançado em 1995, com Sean Connery e Richard Gere no elenco, demonstra uma maneira extrema de lidar com a forma pela qual a motivação afeta o desempenho. O personagem de Richard Gere, Sir Lancelot, é um espadachim hábil e vagabundo, que participa de duelos para poder pagar as contas. No início do filme, ele monta uma espécie de espaço de treino, no qual os aldeões pagam para testar suas habilidades contra ele ao mesmo tempo que recebem conselhos espirituosos para seu aprimoramento. A certa altura, Lancelot sugere que alguém lá fora deve ser melhor do que ele, e indaga se essa pessoa não adoraria ganhar as moedas de ouro que ele por acaso possui em uma bolsa.

Finalmente, um homem loiro e enorme chamado Mark o desafia. Eles lutam breve e furiosamente. Por fim, Lancelot desarma Mark. Esse, confuso, pergunta a Lancelot como ele conseguiu desarmá-lo, e se não houve nenhum truque. Lancelot, sorrindo, afirma que só luta sem truques. (Na verdade, há um truque mental, como descobriremos mais tarde). Quando Mark pede a Lancelot para ensiná-lo, esse faz uma pausa antes de dar-lhe três dicas: primeiro, observar o homem com quem está lutando e aprender como ele se move e pensa; segundo, esperar o momento decisivo da partida para avançar. Até ali, Mark apenas sorri e acena com a cabeça, seguro de que pode aprender a fazer essas coisas. A última dica de Lancelot, no entanto, é um pouco mais complicada. Ele diz ao seu ávido aluno para que não se importe em viver ou morrer. Mark olha surpreso para o rosto de Lancelot, que sorri tristemente e vai em direção ao pôr do sol, como um caubói medieval.

A julgar por esse conselho, parece que Lancelot luta melhor do que ninguém porque encontrou uma maneira de reduzir o estresse da situação a zero. Se ele não se importa em viver ou morrer, nada pode influenciar o seu desempenho. Ele não se preocupa em viver além do fim da luta, então nada obscurece sua mente ou afeta suas habilidades — ele é pura concentração e destreza.

Vendo por essa perspectiva, então, as descobertas apresentadas neste capítulo sugerem que nossa tendência a nos comportarmos irracionalmente e de maneiras indesejáveis pode aumentar conforme as decisões forem mais importantes. Em nosso experimento na Índia, os participantes se comportaram de maneira muito semelhante às previsões da teoria econômica padrão quando os incentivos eram relativamente baixos. Mas eles não se comportaram de acordo quando realmente importava, e os incentivos eram maiores.

Tudo isso significa que, às vezes, nós realmente podemos nos comportar de maneira *menos* racional quando nos esforçamos mais? Se assim for, qual é a maneira correta de se pagar pessoas sem sobrecarregá-las? Uma solução simplória seria manter os bônus baixos — algo que os banqueiros podem não apreciar. Outra abordagem seria pagar apenas salários fixos aos funcionários. No entanto, embora isso eliminasse as consequências da ultramotivação, eliminaria também alguns dos benefícios do pagamento com base no desempenho. Uma abordagem melhor poderia ser manter o elemento motivador — o pagamento com base no desempenho — e eliminar partes do estresse improdutivo que ele gera. Para isso poderíamos, por exemplo, oferecer aos funcionários bônus menores e mais frequentes.

Outra abordagem seria oferecer-lhes um pagamento baseado no desempenho calculado ao longo do tempo — os cinco anos anteriores, digamos, em vez de apenas um. Dessa forma, os funcionários, em seu quinto ano, saberiam 80% do seu bônus antecipadamente (com base nos quatro anos anteriores), e o efeito imediato do desempenho no ano atual teria menos importância.

Qualquer que seja a abordagem adotada para otimizar o desempenho, deve ficar claro que precisamos compreender melhor as ligações entre remuneração, motivação, estresse e desempenho. E que também devemos levar em consideração as nossas peculiaridades e irracionalidades.

P.S.: gostaria de dedicar este capítulo aos meus amigos banqueiros, que repetidamente "adoram" ouvir minha opinião sobre seus salários e, entretanto, seguem dispostos a falar comigo.

CAPÍTULO 2

O Sentido do Trabalho

O Que Legos Podem nos Ensinar sobre a Alegria do Trabalho

Em um voo recente, vindo da Califórnia, eu me sentei ao lado de um homem de aparência profissional na casa dos 30 anos. Ele sorriu quando me acomodei e trocamos as reclamações usuais sobre a redução no tamanho dos assentos e outros desconfortos. Ambos verificamos nossos e-mails antes de desligar nossos iPhones. Assim que decolamos, começamos a conversar:

ELE: Então, você gosta do seu iPhone?

EU: Sim, de várias maneiras, só que agora fico verificando meu e-mail o tempo todo, até quando estou no semáforo ou no elevador.

ELE: É, sei bem o que você quer dizer. Eu gasto muito mais tempo no meu e-mail desde que comprei o meu.

EU: Não sei dizer se todas essas tecnologias me tornam mais ou menos produtivo.

ELE: Você trabalha com o quê?

Sempre que estou em um avião e começo a conversar com as pessoas sentadas ao meu lado, elas costumam me perguntar ou dizer suas profissões muito antes de trocarmos nomes ou outros detalhes sobre as nossas vidas. Talvez seja um fenômeno mais comum nos Estados Unidos, mas já observei companheiros de viagem de todos os lugares — pelo menos os mais conversadores — discutirem suas profissões muito antes de começarem a falar sobre hobbies, famílias ou ideologias políticas.

Aquele homem sentado ao meu lado me contou tudo sobre seu trabalho como gerente de vendas da SAP, uma grande empresa de softwares de gestão empresarial que muitas empresas utilizam para executar seus sistemas de *back office*. (Eu sabia algo sobre essa tecnologia porque o meu sofrido assistente do MIT foi forçado a utilizá-la quando a universidade adotou o SAP.) Eu não estava tão interessado em falar sobre os desafios e benefícios do software de contabilidade, mas acabei sendo levado pelo entusiasmo do meu companheiro de assento. Ele realmente parecia gostar do seu trabalho, e pude sentir que era o cerne de sua identidade — talvez mais importante para ele do que muitas outras coisas em sua vida.

A NÍVEL INTUITIVO, a maioria de nós entende a profunda interconexão entre identidade e trabalho. As crianças pensam em suas futuras ocupações potenciais em termos do que serão (bombeiros, professores, médicos, economistas comportamentais etc.), e não pela quantidade de dinheiro que eventualmente ganharão. Entre adultos norte-americanos, "O que você faz?" tornou-se um componente tão comum para fins de introdução quanto o anacrônico "Como vai você?" já foi uma vez — sugerindo que nossos empregos são parte integrante das nossas identidades, e não apenas uma maneira de ganhar dinheiro a fim de manter um teto sobre nossas cabeças e comida em nossas mesas. Parece que muitas pessoas encontram orgulho e sentido em seus empregos.

Em contraste com essa conexão trabalho-identidade, o modelo econômico básico de trabalho geralmente trata seus trabalhadores, homens e mulheres, como ratos em um labirinto: o trabalho é considerado chato, e tudo o que o rato (pessoa) deseja fazer é chegar até a comida com o mínimo de esforço possível e descansar de barriga cheia pelo máximo de tempo disponível. Mas, se o trabalho também nos dá algum sentido, o que isso tem a nos dizer sobre o porquê das pessoas quererem trabalhar? E quanto às conexões entre motivação, sentido pessoal e produtividade?

Tirando o Sentido do Trabalho

Em 2005, eu estava sentado no meu escritório no MIT, trabalhando em mais uma revisão,* quando ouvi uma batida na porta. Eu olhei para cima e vi um rosto familiar e ligeiramente rechonchudo de um jovem com cabelos castanhos e um cavanhaque engraçado. Eu tinha certeza de que o conhecia, mas não conseguia lembrar de onde. Fiz a coisa certa e convidei-o a entrar. Logo em seguida, percebi que era o David, um aluno atencioso e perspicaz que assistiu às minhas aulas alguns anos antes. Fiquei encantado em vê-lo.

Assim que nos acomodamos e nos servimos café, perguntei-lhe o que o trouxera de volta ao MIT. "Estou aqui para fazer alguns recrutamentos", disse ele. "Estamos procurando gente nova." David, então, me atualizou sobre o que vinha fazendo desde que se formou, alguns anos antes. Ele conseguiu um excelente emprego em um banco de investimentos de Nova York, além de ganhar um salário significativo e desfrutar de benefícios fantásticos — incluindo ter toda a sua roupa lavada —; ele estava adorando

* Quando nós, acadêmicos, finalizamos um artigo, o submetemos para publicação; o editor, então, envia-o a alguns revisores anônimos para que façam um julgamento crítico para, por fim, poder dizer ao respectivo autor por que aquele artigo é inútil e não deve ser publicado. É uma das torturas que infligimos a nós mesmos e, na minha opinião, uma das principais barreiras para se encontrar sentido em uma carreira acadêmica.

viver naquela cidade imensa. Namorava uma mulher que, pela sua descrição, parecia ser uma mistura da Mulher Maravilha com Martha Stewart, embora eles estivessem juntos por apenas duas semanas.

"Eu também queria lhe contar outra coisa", disse ele. "Há algumas semanas, passei por uma experiência que me fez pensar na sua aula de economia comportamental."

Ele me disse que no início daquele ano havia passado dez semanas preparando uma apresentação para uma futura fusão. Ele trabalhou duro na análise de dados, fazendo projeções e gráficos fantásticos, e muitas vezes ficou no escritório até depois da meia-noite refinando sua apresentação em PowerPoint (como banqueiros e consultores se viravam antes do PowerPoint?). Por fim, ele ficou encantado com o resultado e enviou a apresentação por e-mail para seu chefe, que faria a apresentação na reunião de fusão. (David estava muito abaixo na hierarquia para sequer participar do encontro.)

Seu chefe, então, respondeu ao e-mail algumas horas depois: "Me desculpe, David, mas ainda ontem soubemos que o acordo foi cancelado. Eu olhei sua apresentação e devo dizer que é um trabalho impressionante e excelente. Meus parabéns." David percebeu que sua apresentação nunca veria a luz do dia, mas que não se tratava de algo pessoal. Ele entendeu que fez um trabalho brilhante, já que seu chefe não era o tipo de pessoa que fazia elogios não merecidos. Apesar disso, ficou perturbado com esse desfecho. O fato de todo o seu esforço não ter servido a um propósito definitivo criou uma cisão profunda entre ele e seu trabalho. De repente, ele já não se importava tanto com o projeto no qual havia investido tanto esforço; igualmente, descobriu que tampouco se importava com os outros projetos em que estava trabalhando. Na verdade, essa experiência de "trabalho sem motivo" parecia ter afetado a abordagem geral de David em relação ao seu emprego, assim como sua atitude em relação ao banco. Ele rapidamente deixou de se sentir útil e satisfeito com o trabalho para se sentir insatisfeito e com o sentimento de que seus esforços eram inúteis.

"Sabe o que é mais estranho?", acrescentou David. "Eu trabalhei duro, produzi uma apresentação de alta qualidade e meu chefe estava claramente feliz comigo e com meu trabalho. Tenho certeza de que receberei críticas muito positivas pelos meus esforços nesse projeto e, provavelmente, até um aumento no fim do ano. Ou seja, do ponto de vista funcional, eu deveria estar feliz. Ao mesmo tempo, não consigo evitar a sensação de que meu emprego não tem significado. E se o projeto no qual estou trabalhando agora for cancelado um dia antes do prazo e meu trabalho acabar sendo excluído novamente, sem nunca ser usado?"

Ele, então, me propôs o seguinte experimento mental: "Imagine", disse ele com uma voz baixa e triste, "que você trabalha para alguma empresa e sua tarefa é criar slides de PowerPoint. Cada vez que você termina, alguém pega os slides que você acabou de fazer e deleta todos eles. Você é bem pago por isso e desfruta de excelentes benefícios extras. Tem até alguém que lava toda a sua roupa. Você acha que ficaria feliz em trabalhar em um lugar assim?"

Tive pena de David e, na tentativa de confortá-lo, contei-lhe uma história sobre a minha amiga Devra, que trabalhava como editora em uma grande editora universitária. Ela havia acabado de editar um livro de história — trabalho que gostara de realizar e pelo qual recebera. Três semanas depois de ter enviado o manuscrito final à editora, o editor-chefe decidiu-se por não imprimi-lo. Tal como no caso de David, estava tudo certo do ponto de vista funcional, mas o fato de que nenhum leitor teria aquele livro em mãos fez com que ela se arrependesse do tempo e do cuidado investidos na sua edição. O que eu desejava, ali, era mostrar a David que ele não estava sozinho. Depois de um minuto de silêncio, ele disse: "Quer saber? Acho que pode haver um problema maior em torno disso. Algo sobre trabalhos inúteis ou não correspondidos. Você deveria pesquisar a respeito."

Foi uma ótima ideia e, em instantes, direi o que fiz com ela. Mas, antes de chegar lá, faremos um rápido desvio para os mundos de um papagaio, um rato e o *contrafreeloading*.

Esforçando-se Pelo Alimento

Quando eu tinha 16 anos, entrei para a Guarda Civil Israelense. Aprendi a atirar com um rifle de carabina russo da época da Segunda Guerra Mundial, a montar barricadas de estradas e outras tarefas úteis, caso os adultos estivessem em guerra e nós, jovens, fôssemos responsáveis por proteger a retaguarda. No fim das contas, o principal benefício em aprender a atirar era que, de vez em quando, isso me dispensava da escola. Naqueles anos em Israel, toda vez que uma turma do ensino médio viajava, um aluno que sabia usar um rifle era convidado a se juntar a ela como guarda. E, como essa função também significava trocar alguns dias de aula por caminhadas pelo campo, eu sempre me voluntariava, mesmo que isso significasse perder uma prova.*

Em uma dessas viagens, conheci uma garota e, ao final, já estava apaixonado por ela. Infelizmente, ela estava uma turma atrás de mim na escola, e os nossos horários não coincidiam, tornando difícil para mim vê-la e saber se ela sentia o mesmo. Então, fiz o que qualquer adolescente minimamente engenhoso faria: descobri um interesse extracurricular dela e tornei-o meu também.

---

* Hoje em dia, eles levam pessoas mais velhas e maduras como guardas para esse tipo de viagem.

A cerca de um quilômetro da nossa cidade, morava um cara que nós chamávamos de "Homem-Pássaro"; ele passara uma infância miserável e solitária na Europa Oriental durante o Holocausto. Escondendo-se dos nazistas nas florestas, ele encontrou conforto nos animais e pássaros ao seu redor. Depois de finalmente chegar a Israel, o homem decidiu tentar tornar a infância das crianças ao seu redor muito melhor que a dele; para isso, coletou pássaros de todo o mundo e passou a convidar as crianças para observarem e vivenciarem as maravilhas do mundo das aves. A garota de quem eu gostava era voluntária no aviário do Homem-Pássaro, de forma que me juntei a ela na limpeza das gaiolas, e na alimentação dos pássaros, além de contar histórias sobre eles para os visitantes e — o mais surpreendente — ver os pássaros nascerem, crescerem e interagirem entre si e com os visitantes. Depois de alguns meses, ficou claro que aquela moça e eu não teríamos um futuro juntos, mas os pássaros e eu, sim, de tal forma que continuei a ser voluntário por um tempo.

Alguns anos mais tarde, após o meu principal período de hospitalização, decidi comprar um papagaio. Escolhi um papagaio-moleiro relativamente grande e muito inteligente, e chamei-o de Jean Paul. (Por alguma razão, decidi que papagaios fêmeas deveriam ter nomes franceses masculinos.) Ela era uma bela ave; as penas, em sua maioria, eram verdes, com pequenos detalhes em azul-claro, amarelo e vermelho nas pontas das asas; nós nos divertíamos muito juntos. Jean Paul adorava falar e flertar com quase todos que passavam perto da sua gaiola. Sempre que eu passava, ela se aproximava para ser acariciada, inclinando a cabeça até expor a nuca, e eu tentava estabelecer uma fala de bebê enquanto acariciava suas penas. Sempre que eu tomava banho, ela se empoleirava no banheiro e tremia de felicidade quando eu jogava gotas d'água nela.

Jean Paul era extremamente social. Quando deixada sozinha em sua gaiola por muito tempo, ela começava a arrancar as próprias penas, algo que fazia quando estava entediada. Como fui descobrir, os papagaios têm uma necessidade particularmente acentuada de se envolver em atividades mentais; assim, investi em vários brinquedos projetados especificamente para evitar o tédio dessas aves. Um desses era um quebra-cabeça chamado SeekaTreat: uma pilha de madeiras multicoloridas de tamanhos variados que formavam uma espécie de pirâmide. As madeiras eram conectadas pelo centro por uma corda. Entre cada uma delas, haviam buracos com pouco mais de um centímetro de profundidade, projetados para conter guloseimas saborosas para papagaios. Para pegar a comida, Jean Paul precisava levantar cada camada e descobrir a guloseima escondida, o que não era muito fácil de fazer. Com o passar dos anos, o SeekaTreat e outros brinquedos parecidos mantiveram Jean Paul animada, curiosa e interessada pelos seus arredores.

Embora eu não soubesse na época, havia um conceito importante por trás do SeekaTreat: *contrafreeloading*, termo cunhado pelo psicólogo animal Glen Jensen e que se refere à descoberta de que muitos animais preferem *obter* sua comida em vez de simplesmente comer alimentos idênticos, mas facilmente acessíveis.

Para entender melhor a alegria de se esforçar pelo alimento, vamos voltar à década de 1960, quando Jensen pegou ratos albinos machos adultos e testou seu apetite para o labor. Imagine que você é um rato participando do estudo de Jensen. Você e seus amiguinhos roedores começam a viver uma vida comum em um agrupamento comum de gaiolas e, todos os dias, durante 10 dias, um homem em um jaleco branco lhe oferece 10 gramas de biscoitinhos Purina moídos precisamente ao meio-dia (você não sabe que é meio-dia, mas consegue se localizar no horário geral). Depois de alguns dias, você aprende a esperar a comida do meio-dia todos os dias, e sua barriga de rato começa a roncar antes que o homem de jaleco apareça — exatamente o estado em que Jensen quer que você esteja.

Uma vez que seu corpo está condicionado a comer esses biscoitos ao meio-dia, as coisas são alteradas repentinamente. Agora, em vez de comer na hora em que sua fome está no auge, você precisa esperar mais uma hora; à uma hora da tarde, portanto, o homem pega você e lhe coloca em uma "caixa de Skinner" bem iluminada. Você está faminto. Batizada com o nome de seu criador original, o influente psicólogo B. F. Skinner, essa caixa é uma gaiola normal (semelhante às que você está acostumado), mas tem dois recursos novos. O primeiro é um distribuidor automático de alimentos que libera ração a cada 30 segundos. Nham! O segundo é uma barra que, por algum motivo, está coberta por uma camada de latão.

Inicialmente, aquela barra não é muito interessante, mas o distribuidor de comida, sim, e é ali que você quer passar o seu tempo. O distribuidor libera pedaços de ração de vez em quando, durante 25 minutos, até que você tenha comido 50 deles. A essa altura, então, você é levado de volta à sua gaiola e recebe o resto da comida do dia.

No dia seguinte, sua hora de almoço atrasa novamente, e às 13h você é colocado de volta na caixa de Skinner. Você está faminto e infeliz, porque dessa vez o distribuidor de alimentos não solta nenhum pedaço de ração. O que fazer? Você começa a perambular pela gaiola; ao passar por aquela barra, nota que a camada de latão não está ali. Então, você acidentalmente pressiona a barra e, imediatamente, um pedacinho de ração cai do buraco. Sensacional! Você pressiona a barra novamente. Caramba! — outro pedaço. Você segue pressionando, feliz da vida, até que a luz se apaga e a comida deixa de aparecer. Rapidamente, você aprende que, quando a luz está apagada, não importa o quanto pressione a barra, nenhum alimento surgirá.

Nesse momento, o homem de jaleco abre a parte superior da gaiola e coloca um copinho de metal em um canto. (Você não sabe, mas o copo está cheio de ração.) Você não presta muita atenção; só quer que a barra comece a trazer alimentos novamente. Você pressiona e pressiona, mas nada acontece. Enquanto a luz está apagada, pressionar a barra não adianta nada. Você resolve voltar a perambular pela gaiola, praguejando baixinho, e acaba indo até o copo. "Céus!", você diz a si mesmo. "Está cheio de ração! Comida grátis!" Você começa a mastigar e, de repente, a luz acende novamente. Agora você percebe que tem duas fontes de alimento disponíveis. Você pode continuar comendo a comida de graça do copo, ou pode voltar à barra e pressioná-la para obter as porções de comida. Se você fosse esse rato, o que faria?

Supondo que você fosse como a maioria dos ratos, exceto um dos duzentos no estudo de Jensen, você se decidiria por não se satisfazer inteiramente do copo. Mais cedo ou mais tarde, você voltaria à barra e a pressionaria para obter comida. E, se você fosse como 44% dos ratos, a pressionaria com bastante frequência — o suficiente para alimentá-lo com mais da metade de suas porções. Além disso, uma vez que começasse a pressionar a barra, você não voltaria tão facilmente para aquele copo cheio de comida grátis.

Jensen descobriu (e muitos experimentos subsequentes o confirmaram) que muitos animais — incluindo peixes, pássaros, gerbos, ratos, camundongos, macacos e chimpanzés — tendem a preferir uma rota mais longa e indireta até os alimentos do que uma curta e direta.* Ou seja, contanto que esses animais não precisem se esforçar demais, eles frequentemente preferem obter sua comida por meio de seus próprios esforços. Na verdade, entre todos os animais testados até agora, a única

* Como pai, tenho certeza de que há alguma pista aqui sobre como fazer as crianças comerem, mas ainda não tenho certeza de qual seja.

espécie que prefere a rota mais preguiçosa é — você adivinhou — o gato, que é incrivelmente racional.

Isso nos traz de volta a Jean Paul. Se ela fosse uma ave economicamente racional e interessada somente em despender o mínimo esforço possível para conseguir sua comida, ela simplesmente teria comido da bandeja em sua gaiola e ignorado o SeekaTreat. Em vez disso, no entanto, ela brincava com o SeekaTreat (e outros brinquedos) por horas a fio, porque isso lhe proporcionava uma maneira mais significativa de obter sua comida e gastar seu tempo. Ela não estava existindo, apenas, mas aprendendo e dominando algo — e, de certo modo, "ganhando" a vida.*

A IDEIA GERAL do *contrafreeloading* contradiz a perspectiva econômica simplista de que os organismos sempre optarão por maximizar sua recompensa enquanto minimizam seu esforço. De acordo com essa perspectiva, gastar qualquer coisa, incluindo energia, é considerado um custo, e não faz sentido que um organismo faça isso voluntariamente. Afinal, por que trabalhar quando eles podem obter a mesma comida — e talvez até mesmo mais — de graça?

Quando descrevi o *contrafreeloading* para um dos meus amigos economistas mais racionais (sim, ainda tenho alguns desses), ele imediatamente veio me explicar como os resultados de Jensen, na verdade, não contradizem o raciocínio econômico padrão. Pacientemente, então, me explicou porque essa pesquisa era irrelevante para questões de economia. "Veja bem", disse ele, como faria com uma criança, "a teoria econômica é sobre o comportamento das pessoas, e não dos ratos ou papagaios. Os ratos têm

---

* Eu faço a mesma coisa que Jean Paul quando resolvo cozinhar. Objetivamente, a comida que eu preparo não é tão boa quanto a que eu poderia comer em restaurantes, mas acho que é mais significativa e prazerosa.

cérebros muito pequenos e neocórtices* quase inexistentes, então não é de se admirar que não percebam quando podem obter comida de graça. Eles estão apenas confusos."

"De qualquer forma", ele continuou, "tenho certeza de que, se você repetisse a experiência de Jensen com pessoas normais, não encontraria esse tal de *contrafreeloading*. E tenho certeza absoluta de que, se você tivesse usado economistas como participantes, não veria ninguém trabalhando desnecessariamente!"

Ele tinha um ponto. E, embora eu achasse possível generalizar sobre a maneira como nos relacionamos com o trabalho a partir desses estudos com animais, eu estava planejando alguns experimentos de *contrafreeloading* com humanos adultos (e ficou bastante claro que eu não deveria realizá-los com economistas).

O que você acha? Os humanos, em geral, apresentariam *contrafreeloading*, ou seriam mais racionais? E quanto a você mesmo?

Motivações com 'M' minúsculo

Depois que David saiu do meu escritório, comecei a pensar sobre a sua decepção e a de Devra. A falta de um público para o trabalho deles teve um grande impacto na sua motivação. O que, além de um contracheque, confere significado ao trabalho? É a pequena satisfação de um engajamento focado? Será que, como Jean Paul, nós gostamos de nos sentir desafiados por tudo o que estamos fazendo, e por concluir satisfatoriamente uma tarefa (criando um pequeno sentido, com 's' minúsculo)? Ou talvez só consigamos construir sentidos quando lidamos com algo maior. Talvez

* O neocórtex é a parte mais recente do cérebro a ter evoluído, e uma das diferenças mais substanciais entre o cérebro humano e o de todos os outros mamíferos.

esperemos que uma outra pessoa, especialmente alguém importante para nós, atribua valor àquilo que produzimos. Talvez precisemos da ilusão de que o nosso trabalho um dia importará para as pessoas. Que poderá ter algum valor no mundo lá fora (poderíamos chamar isso de grande Sentido, com 'S' maiúsculo). É mais provável que seja tudo isso ao mesmo tempo. Mas, de maneira fundamental, acho que quase qualquer aspecto da aquisição de sentido (mesmo aquele pequeno, com 's' minúsculo) pode ser suficiente para orientar o nosso comportamento. Enquanto estivermos fazendo algo que esteja, de alguma forma, conectado à nossa autoimagem, isso por si só pode alimentar a nossa motivação e nos fazer trabalhar com muito mais afinco.

Considere o trabalho da escrita, por exemplo. Antigamente, eu escrevia artigos acadêmicos visando ser promovido. Mas também esperava — ainda espero — que eles pudessem fazer alguma diferença no mundo. Quão duro eu trabalharia em um artigo acadêmico se soubesse, com certeza, que apenas algumas poucas pessoas o leriam? E se eu tivesse certeza de que ninguém jamais leria meu trabalho, será que eu ainda o faria?

Eu realmente gosto das minhas pesquisas; me divirto com elas. Fico animado em contar para você, caro leitor, como passei os últimos 20 anos da minha vida. Tenho quase certeza de que a minha mãe lerá este livro,* e espero que pelo menos alguns outros mais. Mas e se eu tivesse certeza de que ninguém jamais o leria? E se Claire Wachtel, minha editora na HarperCollins, decidisse colocar este livro na gaveta, me pagar por ele e jamais publicá-lo? Eu ainda estaria aqui sentado até tarde da noite, trabalhando neste capítulo? Sem chance. Muito do que faço na vida — incluindo escrever postagens no meu blog, artigos e estas mesmas páginas — é

* Embora eu me lembre de uma vez em que ela me perguntou se poderia observar enquanto eu praticava uma palestra sobre probabilidades subjetivas e objetivas; acabei bastante desmotivado quando, dez minutos depois, ela adormeceu.

impelido por motivações do ego que vinculam o meu esforço ao sentido que espero que os leitores encontrem nessas palavras. Sem um público, eu teria pouquíssima motivação para trabalhar tanto.

BLOGAR PARA SER VISTO

Agora pense nas postagens dos blogs. A quantidade de blogs por aí é impressionante, e parece que quase todo mundo tem um, ou está pensando em começar um. Por que os blogs são tão populares? Não é só porque muitas pessoas desejam escrever, porque elas já escreviam antes dos blogs serem inventados, mas também porque eles possuem duas características que os distinguem de outras formas de escrita. Primeiro, eles fornecem a esperança ou a ilusão de que outra pessoa lerá o que foi escrito. Afinal, no momento em que um blogueiro clica em "publicar", o blog pode ser consumido por qualquer pessoa no mundo e, com tanta gente conectada, alguém, ou pelo menos algumas pessoas, devem topar com o blog. Na verdade, a estatística do "número de visualizações" é um recurso altamente motivador na blogosfera, porque permite que o blogueiro saiba exatamente quantas pessoas, no mínimo, viram a postagem. Os blogs também oferecem aos leitores a capacidade de deixar suas reações e seus comentários — algo gratificante tanto para o blogueiro, que agora tem um público verificável, quanto para o leitor e o escritor. A maioria dos blogs tem um número muito baixo de leitores — talvez apenas as mães ou os melhores amigos dos blogueiros os leiam —, mas, mesmo assim, escrever para uma única pessoa, em comparação com escrever para ninguém, já parece ser o suficiente para convencer milhões de indivíduos a criarem um blog.

Montando Bionicles

Algumas semanas após a minha conversa com David, encontrei-me com Emir Kamenica (professor da Universidade de Chicago) e Dražen Prelec (professor do MIT) para tomar um café. Depois de discutir alguns tópicos de pesquisa variados, decidimos explorar o efeito da desvalorização na motivação para o trabalho. Poderíamos ter examinado o significado do Sentido com 'S' maiúsculo — ou seja, poderíamos medir o valor que as pessoas que estão desenvolvendo a cura do câncer, ajudando os pobres, construindo pontes ou salvando o mundo todos os dias depositam em seus trabalhos. Mas, em vez disso, e talvez por sermos três acadêmicos, decidimos realizar experimentos que examinariam os efeitos do sentido com 's' minúsculo — efeitos que acredito serem mais comuns na vida cotidiana e no local de trabalho. Queríamos explorar como pequenas mudanças no trabalho de pessoas como David, o banqueiro, e Devra, a editora, afetavam o seu desejo de trabalhar. Então, tivemos a ideia de um experimento que testaria as reações das pessoas a pequenas reduções de sentido em uma tarefa que já não tinha tanto sentido assim, para começar.

Em um dia de outono em Boston, um rapaz alto chamado Joe, que era estudante de engenharia mecânica, ingressou no sindicato de estudantes da Universidade de Harvard. Ele era cheio de ambições e acne. Em um quadro de anúncios abarrotado que exibia panfletos sobre os próximos shows, palestras, eventos políticos e procuras por colegas de quarto, ele avistou uma placa dizendo "Seja pago para montar Legos!"

Como um bom aspirante a engenheiro, Joe sempre adorou montar coisas e, naturalmente, havia brincado com Legos ao longo de sua infância. Quando ele tinha 6 anos, desmontou o computador do pai e, um ano depois, fez o mesmo com o sistema de som da sala de estar. Aos 15, sua tendência para desmontar objetos e remontá-los novamente já havia custado à família uma pequena fortuna. Felizmente, ele encontrou uma saída para essa paixão na faculdade, e, dessa vez, teria a oportunidade de montar Legos o quanto quisesse — sendo pago para isso.

Poucos dias depois, Joe apareceu pontualmente para participar do nosso experimento. Por sorte, ele foi designado para uma condição que era significativa. Sean, o assistente de pesquisa, cumprimentou-o quando ele entrou na sala, encaminhou-o para uma cadeira e explicou-lhe o procedimento. Sean mostrou um Lego Bionicle para Joe — um pequeno robô de luta — e então disse a ele que sua tarefa envolveria construir aquele mesmo tipo exato de Bionicle, composto de 40 peças que deveriam ser montadas de maneira precisa. Em seguida, ele explicou as regras de pagamento para Joe. "A configuração básica", disse ele, "é que você será pago em uma escala decrescente para cada Bionicle que montar. Pelo primeiro, você receberá dois dólares. Depois desse, vou perguntar se você vai querer montar outro, dessa vez por 11 centavos a menos, o que fecha em 1,89 dólares. Se você desejar montar outro depois desse, funciona do mesmo jeito. Para cada Bionicle adicional, você receberá 11 centavos a menos, até decidir parar de montá-los. Ao final, você receberá a quantia total de dinheiro referente aos robôs que criou. Não haverá limite de tempo, e você pode construir Bionicles até que os benefícios obtidos não superem os custos."

Joe assentiu, ansioso para começar. "Ah, uma última coisa", advertiu Sean. "Nós usamos os mesmos Bionicles para todos os participantes, então, em algum momento antes que o próximo participante apareça, terei que desmontar todos os que você montou e colocar as peças de volta em suas caixas. Ficou claro?"

Joe rapidamente abriu a primeira caixa de peças de plástico, leu as instruções de montagem e começou a construir o primeiro. Ele obviamente gostou de montar as peças e de ver os estranhos contornos robóticos tomarem forma. Depois de terminar, colocou o robô em posição de batalha e pediu o próximo. Sean lembrou-o de quanto ganharia pelo próximo Bionicle (1,89 dólares) e entregou-lhe outra caixa com peças. Assim que Joe começou a trabalhar no Bionicle seguinte, Sean pegou aquele que Joe tinha acabado de terminar e colocou-o em uma caixa embaixo da mesa, na qual seria devidamente desmontado para o próximo participante.

Como um homem cumprindo uma missão, Joe continuou construindo um Bionicle após o outro, enquanto Sean continuava armazenando-os na caixa embaixo da mesa. Depois de finalizar 10 robôs, Joe anunciou que estava satisfeito e recebeu seu pagamento de 15,50 dólares. Antes que fosse embora, no entanto, Sean pediu-lhe que respondesse a algumas perguntas sobre o quanto ele gostava de Legos, em geral, e o quanto havia gostado da tarefa. Joe respondeu que era fã de Lego, que adorou a tarefa e que a recomendaria para seus amigos.

A próxima pessoa na fila era um jovem chamado Chad, um exuberante — ou talvez apenas altamente cafeinado — estudante de medicina. Ao contrário de Joe, Chad foi designado para um procedimento que nós, carinhosamente, denominamos condição de "Sísifo" — a condição na qual queríamos nos concentrar.

Sean explicou os termos e as condições do estudo para Chad, exatamente da mesma forma que havia explicado para Joe. Chad, então, abriu a caixa, pegou a folha de instruções de montagem e examinou-a cuidadosamente, planejando sua estratégia. Primeiro, ele separou as peças em grupos, na ordem em que seriam necessárias. Então, começou a montá-las, alternando rapidamente de uma para outra. Ele executou a tarefa alegremente, terminou o primeiro Bionicle em alguns minutos e o entregou a Sean conforme as instruções. "São dois dólares", disse Sean. "Você gostaria de construir outro por um dólar e oitenta e nove?" Chad assentiu com entusiasmo e começou a trabalhar no segundo robô, utilizando a mesma abordagem.

O MITO DE SÍSIFO

Usamos o termo "Sísifo" em homenagem ao mítico rei Sísifo, que foi punido pelos deuses por sua avareza e astúcia. Além de assassinar viajantes e convidados, seduzir sua sobrinha e usurpar o trono de seu irmão, Sísifo também enganou os deuses.

Antes de morrer, Sísifo, sabendo que estava indo para o Mundo Inferior, fez sua esposa prometer que não realizaria os sacrifícios rituais esperados após sua morte. Assim que chegou até Hades, ele convenceu a bondosa Perséfone, a rainha do Mundo Inferior, a deixá-lo retornar ao mundo superior, para que pudesse perguntar à esposa por que ela estava negligenciando seu dever. Perséfone, é claro, não tinha ideia de que Sísifo intencionalmente pedira à esposa para agir assim, e acabou concordando; Sísifo, então, escapou de Hades, recusando-se a retornar. Por fim, foi capturado e levado de volta, e os deuses, furiosos, resolveram puni-lo: pelo resto da eternidade, ele foi forçado a empurrar uma grande pedra para cima de uma colina íngreme — em si uma tarefa miserável. Cada vez que se aproximasse do topo da colina, a pedra rolaria para o outro lado e ele teria que começar tudo de novo, e assim ininterruptamente.

Nossos participantes, é claro, não fizeram nada passível de punição. Nós simplesmente usamos o termo para descrever a condição que os menos afortunados entre eles experimentariam.

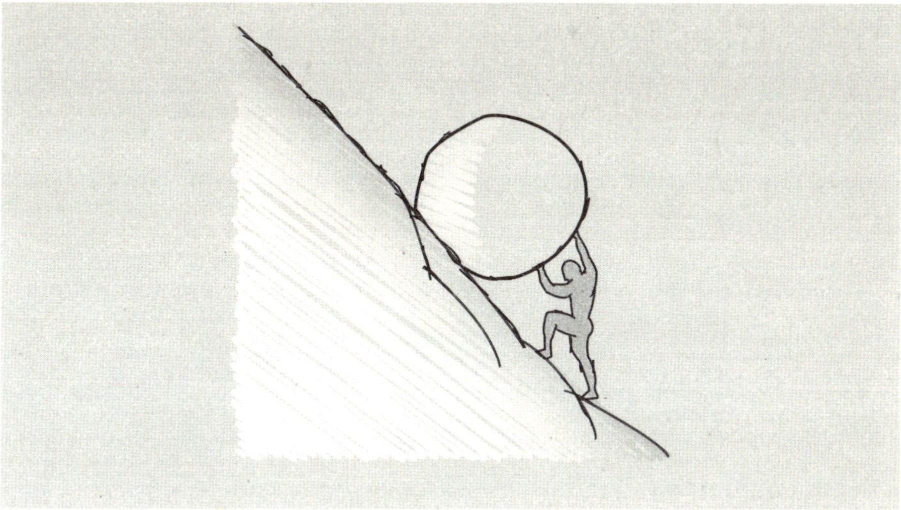

Enquanto Chad juntava as primeiras peças do Bionicle seguinte (preste atenção, porque é nesse ponto que as duas condições diferem), Sean começou a desmontar lentamente o primeiro robô, peça por peça, colocando-as de volta na caixa original.

"Por que você está desmontando?", perguntou Chad, parecendo confuso e consternado.

"É apenas o procedimento", explicou Sean. "Precisamos desmontar este caso você queira montar outro."

Chad, então, voltou sua atenção para o robô, mas sua energia e seu entusiasmo claramente diminuíram. Quando ele terminou de montar o segundo, fez uma pausa. Montar um terceiro, ou não? — eis a questão. Depois de alguns segundos, resolveu que sim.

Sean entregou a caixa original para Chad (aquela com o primeiro Bionicle que Chad montou e Sean desmontou), e ele começou a trabalhar. Dessa vez, o fez um pouco mais rápido, mas abandonou sua estratégia; talvez ele achasse que não precisava mais de uma estratégia organizacional, ou que talvez a etapa extra fosse desnecessária.

Enquanto isso, Sean desmontou lentamente o segundo Bionicle que Chad acabara de terminar e colocou as peças de volta na segunda caixa. Depois que Chad terminou o terceiro, ele olhou-o e entregou-o a Sean. "Isso dá cinco dólares e sessenta e sete centavos", disse Sean. "Você gostaria de fazer outro?"

Chad checou seu celular para ver a hora e pensou por um instante. "Tudo bem", disse. "Vou fazer mais um."

Sean entregou-lhe o segundo Bionicle pela segunda vez, e ele começou a remontá-lo. (Todos os participantes nessa mesma condição montaram e remontaram os mesmos dois Bionicles até que decidissem parar). Chad conseguiu construir seus dois Bionicles duas vezes, para um total de 4, pelos quais recebeu 7,34 dólares.

Depois de pagar a Chad, Sean perguntou-lhe, como fazia com todos os participantes, se ele gostava de Legos e se tinha gostado da tarefa.

"Olha, eu até gosto de brincar com Legos, mas não gostei tanto do experimento", respondeu Chad, dando de ombros. Ele enfiou o pagamento na carteira e saiu rapidamente.

O que esses resultados mostraram? Joe e os outros participantes na condição "significativa" montaram uma média de 10,6 Bionicles e receberam uma média de 14,40 dólares pelo tempo investido. Mesmo depois de atingirem o ponto em que os ganhos por cada Bionicle eram inferiores a um dólar (metade do pagamento inicial), 65% das pessoas nas condições significativas continuaram trabalhando. Em contraste, aqueles na condição de Sísifo pararam de trabalhar muito antes. Esse grupo montou, em média, 7,2 Bionicles (68% do número de montagens pelos participantes na condição significativa) e ganhou uma média de 11,52 dólares. Apenas 20% dos participantes da condição de Sísifo construíram Bionicles quando o pagamento era inferior a um dólar por robô.

Além de comparar o número de Bionicles que nossos participantes montaram nas duas condições, queríamos ver como o gosto dos indivíduos por Legos influenciava em sua persistência na tarefa. Em geral, é de se esperar que, quanto mais um participante goste de brincar com Legos, mais Bionicles ele complete. (Medimos isso pelo tamanho da correlação estatística entre esses dois números.) E esse era, de fato, o caso. Mas também descobriu-se que as duas condições eram muito diferentes em termos da relação entre o amor por Legos e a persistência na tarefa. Na condição significativa, essa correlação foi alta, mas foi praticamente nula na condição de Sísifo.

O que essa análise me diz é que, se você pegar pessoas que amam alguma coisa (afinal, os estudantes que participaram desse experimento se inscreveram sabendo que montariam Legos) e colocá-las em condições de trabalho significativas, a alegria obtida por tal atividade será o fator determinante para o seu nível de empenho. No entanto, se você pegar as mesmas pessoas com a mesma paixão e desejo iniciais e colocá-las em condições de trabalho sem qualquer sentido, erradicará facilmente qualquer alegria interior que possa derivar da atividade.

Imagine que você seja um consultor visitando duas fábricas de Bionicles. As condições de trabalho na primeira fábrica são muito semelhantes às de Sísifo (que, infelizmente, não difere tanto assim da estrutura de muitos locais de trabalho). Depois de observar o comportamento dos trabalhadores, você provavelmente concluiria que eles não gostam muito de Legos (ou talvez tenham algo contra Bionicles). Você também pode observar que existe uma necessidade de incentivos financeiros para motivá-los a continuar trabalhando em suas tarefas desagradáveis, e o quão rápido eles parariam se o pagamento caísse abaixo de um determinado nível. Quando você entregar uma apresentação em PowerPoint para a diretoria dessa empresa, pode reparar que, à medida que o pagamento por unidade de produção cair, a disposição dos funcionários para trabalhar diminuirá drasticamente. A partir daí, você poderá concluir que, se a fábrica deseja aumentar a produtividade, os salários também devem ser aumentados.

Em seguida, você visita a segunda fábrica de Bionicles, que está estruturada de forma mais parecida com a condição significativa. Agora, imagine como suas conclusões sobre a natureza onerosa da tarefa, a alegria de executá-la e o nível de compensação necessário para persistir nela podem ser diferentes.

Na verdade, nós conduzimos um experimento de consultoria semelhante, descrevendo as duas condições experimentais aos nossos participantes e pedindo-lhes que estimassem a diferença de produtividade entre as duas fábricas. Eles basicamente acertaram, estimando que a produção total na condição significativa seria maior do que na condição de Sísifo. Mas eles estavam errados ao estimar a magnitude da diferença: julgaram que aqueles na condição significativa fariam um ou dois Bionicles a mais quando, na verdade, eles fizeram uma média de 3,5 a mais. Tal resultado sugere que, embora possamos reconhecer os efeitos que o sentido (com 's' minúsculo) tem na motivação, nós subestimamos drasticamente o seu poder.

Sob esse prisma, pensemos nos resultados do experimento com Bionicles em termos de um trabalho concreto. Joe e Chad adoravam brincar com Legos e foram pagos na mesma proporção. Além disso, ambos sabiam que suas criações eram temporárias. A única diferença real era que Joe podia manter a ilusão de que seu trabalho era significativo e, portanto, apreciou continuar montando seus Bionicles. Chad, por outro lado, testemunhou a destruição, peça por peça, dos seus esforços, o que forçou-o a perceber que seu trabalho não tinha sentido.* Todos os participantes, provavelmente, entenderam que o exercício em si era tolo — afinal, eles estavam apenas fazendo coisas com Legos, e não projetando uma nova represa, salvando vidas ou desenvolvendo um novo medicamento. Mas para aqueles na condição de Chad, que assistiam às suas criações sendo desconstruídas diante de seus olhos, o exercício acabava sendo extremamente desmotivador. O suficiente para anular qualquer alegria acumulada pela construção dos Bionicles. Essa conclusão parecia coincidir com as histórias de David e Devra; a tradução da alegria para uma disposição ao trabalho, portanto, parece depender em grande parte de quanto sentido nós podemos atribuir ao nosso próprio trabalho.

Agora que já havíamos arruinado devidamente as memórias de infância de metade dos nossos participantes, era hora de tentar outra abordagem para o mesmo experimento. Dessa vez, a configuração experimental foi mais próxima à experiência de David. Novamente, nós montamos um estande no centro estudantil, mas testamos com três condições e aplicamos outra tarefa.

Utilizando folhas de papel com sequências aleatórias de letras, pedimos aos participantes que encontrassem exemplos em que a letra S fosse seguida por outra letra S. Dissemos a eles que cada uma das folhas continha dez ocorrências de letras S consecutivas, e que eles deveriam encontrar todas elas para completar uma folha. Também explicamos o esquema de pagamento: 0,55 centavos de dólar pela primeira página preenchida, 0,50 pela segunda e assim por diante (da décima segunda página em diante, eles não receberiam nada).

---

* Creio que o "teste do pato" (se ele parece com um pato, nada como um pato e grasna como um pato, então provavelmente é um pato) seja a melhor maneira de definir o sentido no trabalho. Além disso, o aspecto importante dos nossos experimentos é justamente a diferença de sentido entre as condições, e não algum nível "absoluto" de sentido.

Na primeira condição (que chamamos de "reconhecida"), pedimos aos estudantes que escrevessem seus nomes em cada folha antes de iniciar a tarefa e, em seguida, encontrassem as dez ocorrências. Assim que terminassem uma página, entregariam ela ao pesquisador, que examinaria a folha de cima a baixo e acenaria positivamente com a cabeça antes de colocá-la de cabeça para baixo sobre uma grande pilha de folhas concluídas. As instruções para a condição "ignorada" eram basicamente as mesmas, mas não pedíamos aos participantes que escrevessem seus nomes no topo da folha. Depois de completar a tarefa, eles entregariam a folha ao pesquisador, que a colocaria em cima de outra pilha de papéis, sem nem sequer olhar de soslaio para eles. Na terceira condição, denominada, sinistramente, "retalhada", fizemos algo mais extremo. Assim que o participante entregasse sua folha, em vez de adicioná-la a uma pilha de papéis, o pesquisador imediatamente colocava o papel em uma trituradora, bem diante dos olhos do participante, sem nem mesmo encará-lo.

Ficamos impressionados com a diferença que um simples reconhecimento gerava. Com base nos resultados do experimento com Bionicles, esperávamos que os participantes na condição "reconhecida" fossem os mais produtivos. E, de fato, eles completaram muito mais folhas do que seus colegas na condição "retalhada". Quando observamos quantos dos participantes continuaram procurando pelos pares de letras após alcançarem o pagamento de 10 centavos por folha (a partir da décima folha), descobrimos que cerca de metade (49%) daqueles na condição "reconhecida" completaram dez ou mais folhas, enquanto apenas 17% na condição "retalhada" fizeram o mesmo. Parece que encontrar pares de letras pode ser algo agradável e interessante (se o seu esforço for reconhecido) ou uma chatice (se o seu trabalho for retalhado na sua frente).

E quanto aos participantes na condição "ignorada"? Seu trabalho não foi destruído, mas eles também não receberam qualquer tipo de feedback. Quantas folhas esses indivíduos preencheram? Seria o seu rendimento semelhante ao dos indivíduos na condição "reconhecida", ou será que eles aceitariam mal aquela ausência de reação, obtendo um rendimento próximo ao da condição "retalhada"? Ou será que seus resultados cairiam em algum lugar entre esses dois?

Por fim, o que os resultados revelaram foi que os participantes na condição "reconhecida" preencheram, em média, 9,03 folhas; já aqueles na condição "retalhada" completaram 6,34 folhas; aqueles na condição "ignorada", finalmente, (rufem os tambores) completaram 6,77 folhas, e apenas 18% deles completaram 10 folhas ou mais. A quantidade de trabalho produzido na condição "ignorada" foi muito mais próxima da condição "retalhada" do que da "reconhecida".

Esse experimento nos ensinou que tirar o sentido do trabalho é algo surpreendentemente fácil. Se você é um gerente e deseja desmotivar seus funcionários, basta destruir o trabalho deles diante dos seus olhos. Ou, se quiser ser um pouco mais sutil, simplesmente ignore-os. Por outro lado, se você deseja motivar as pessoas que trabalham com você e para você, convém prestar atenção nelas, nos seus esforços e nos frutos do seu trabalho.

Existe outra maneira de pensar sobre os resultados desse experimento. Os participantes na condição "retalhada" perceberam, rapidamente, que poderiam trapacear, já que ninguém se preocupou em olhar para o seu trabalho. Na verdade, eles realmente deveriam tê-lo feito se fossem racionais, pois persistiriam na tarefa por mais tempo e fariam mais dinheiro. O fato de que o grupo "reconhecido" tenha trabalhado mais e o grupo "retalhado", menos, sugere que, quando se trata de trabalhar, a motivação humana é complexa, e não pode ser reduzida a uma simples troca de "trabalho por dinheiro". Em vez disso, deveríamos reconhecer como os efeitos do sentido — ou a falta de sentido — sobre o trabalho são mais poderosos do que costumamos esperar.

A Divisão e o Sentido do Trabalho

A consistência entre os resultados dos dois experimentos e o impacto substancial dessas pequenas diferenças de sentido me surpreenderam. Também fiquei surpreso com a quase total ausência de prazer que os participantes na condição de Sísifo derivaram dos Legos. Enquanto eu refletia sobre as situações enfrentadas por David, Devra e outros, meus pensamentos finalmente se voltaram para o meu assistente administrativo.

No papel, Jay tinha uma descrição de trabalho bastante simples: ele gerenciava as minhas contas de pesquisa, pagava os participantes, encomendava materiais para pesquisa e organizava minha agenda de viagens. Mas a tecnologia de informação que Jay utilizava tornou seu trabalho uma espécie de tarefa de Sísifo. O software de contabilidade SAP, que ele usava diariamente, exigia o preenchimento de vários campos nos formulários eletrônicos apropriados, o subsequente envio desses para outras pessoas, que preenchiam mais alguns campos e que, por sua vez, os enviavam para uma outra pessoa responsável por aprovar as despesas, para, em seguida, repassá-las a uma outra, que efetivamente as conferia. Jay não só estava fazendo uma pequena parte de uma tarefa relativamente insignificante, como nunca teve a satisfação de ver esse trabalho concluído.

Por que as pessoas simpáticas do MIT e da SAP projetaram o sistema dessa forma? Por que eles dividiram as tarefas em tantos componentes, colocando cada pessoa no comando de pequenas partes e nunca mostrando o progresso geral ou a conclusão dessas tarefas? Suspeito que isso tenha a ver com as ideias de eficiência que herdamos de Adam Smith. Como Smith argumentou, em 1776, no seu livro *A Riqueza das Nações*, a divisão do trabalho é uma forma incrivelmente prática de se alcançar uma eficiência maior no processo de produção. Considere, por exemplo, suas observações sobre uma fábrica de alfinetes:

> Tomemos, pois, um exemplo, tirado de uma manufatura muito pequena, mas na qual a divisão do trabalho muitas vezes tem sido notada: a fabricação de alfinetes. Um operário não treinado para essa atividade (que a divisão do trabalho transformou em uma indústria específica) nem familiarizado com a utilização das máquinas ali empregadas (cuja invenção provavelmente também se deveu à mesma divisão do trabalho), dificilmente poderia fabricar um único alfinete em um dia, empenhando o máximo de trabalho; de qualquer forma, certamente não conseguirá fabricar 20. Entretanto, da forma como essa atividade é hoje executada, não somente o trabalho todo constitui uma indústria específica, mas ele está dividido em uma série de setores, dos quais, por sua vez, a maior parte também constitui provavelmente um ofício especial. Um operário desenrola o arame, outro o endireita, um terceiro o corta, um quarto faz as pontas, um quinto o afia nas pontas para a colocação da cabeça do alfinete; para fazer uma cabeça de alfinete requerem-se três ou quatro operações diferentes; montar a cabeça já é uma atividade diferente, e alvejar os alfinetes é outra; a própria embalagem dos alfinetes também constitui uma atividade independente. Assim, a importante atividade de fabricar um alfinete está dividida em aproximadamente 18 operações distintas, as quais, em algumas manufaturas são executadas por pessoas diferentes, ao passo que, em outras, o mesmo operário às vezes executa duas ou três delas. Vi uma pequena manufatura desse tipo, com apenas dez empregados, e na qual alguns desses executavam duas ou três operações diferentes. Mas, embora não fossem muito hábeis e, portanto, não estivessem particularmente treinados para o uso das máquinas, conseguiam, quando se esforçavam, fabricar em torno de 12 libras de alfinetes por dia. Ora, 1 libra contém mais do que 4 mil alfinetes de tamanho médio. Por conseguinte, essas 10 pessoas conseguiam produzir entre elas mais do que 48 mil alfinetes por dia.[1]

Quando pegamos tarefas e as dividimos em partes menores, criamos eficiências locais, em que cada pessoa pode se tornar cada vez melhor nas pequenas coisas que faz. (Henry Ford e Frederick Winslow Taylor estenderam o conceito de divisão do trabalho para a linha de montagem, descobrindo que essa abordagem reduzia erros, aumentava a produtividade e tornava possível a produção em massa de carros e outros bens.) Muitas vezes, no entanto, não percebemos que a divisão do trabalho também pode acarretar um custo humano. Já em 1844, Karl Marx — o filósofo alemão, economista político, sociólogo, revolucionário e um dos pais do comunismo — apontou para a importância do que chamou de "alienação do trabalho". Para Marx, um trabalhador alienado está separado de suas próprias atividades, dos objetivos de seu trabalho e do processo de produção. Isso faz do trabalho uma atividade externa, que não permite ao trabalhador encontrar identidade ou sentido na sua própria ocupação.

Estou longe de ser um marxista (apesar de muitas pessoas acharem que todos os acadêmicos são marxistas), mas não acho que devemos descartar totalmente essa ideia da alienação de Marx e o seu papel nos locais de trabalho. Na verdade, suspeito que essa alienação era menos relevante na época de Marx, quando, mesmo que os funcionários se esforçassem, era difícil encontrar algum sentido no trabalho. Na economia atual, à medida que mudamos para empregos que exigem imaginação, criatividade, pensamento e engajamento ininterruptos, a ênfase de Marx na alienação adiciona um ingrediente importante à mistura do trabalho. Suspeito, igualmente, que a ênfase de Smith na eficiência da divisão do trabalho fosse mais relevante durante sua época, quando o trabalho em questão se baseava majoritariamente em um modelo simples de produção, e seja menos relevante hoje em dia, nos tempos da economia do conhecimento.

Nessa perspectiva, a divisão do trabalho me parece apontar para um dos perigos da tecnologia baseada no trabalho. Afinal, as infraestruturas modernas de TI nos permitem dividir os projetos em partes muito pequenas e distintas, além de designar pessoas para fazerem apenas uma das muitas partes. As empresas que agem assim correm o risco de tirar o senso de propósito e de conclusão dos seus funcionários. O trabalho profundamente divisível poderia ser eficiente caso as pessoas fossem autômatos, e, todavia, dada a importância da motivação interior e do sentido para nossos ímpetos e nossa produtividade, essa abordagem pode sair pela culatra. Na ausência de um sentido, os trabalhadores do conhecimento podem se sentir como o personagem de Charlie Chaplin em *Tempos Modernos*, puxados pelas engrenagens das máquinas em uma fábrica e, consequentemente, sem qualquer desejo de colocar o coração e a alma em seu trabalho.

Em Busca de Sentido

Se olharmos para o mercado de trabalho por essa ótica, é fácil enxergar as várias formas pelas quais as empresas, ainda que involuntariamente, sufocam a motivação dos seus funcionários. Pense no seu local de trabalho por um instante, e tenho certeza de que será capaz de apresentar mais do que alguns exemplos.

Essa pode até ser uma perspectiva deprimente, mas também há espaço para algum otimismo. Visto que o trabalho é uma parte central das nossas vidas, é natural que as pessoas queiram encontrar um sentido nele — mesmo um menor e mais simples. As descobertas com os Legos e os pares de letras apontam para oportunidades de aumento da motivação e para os perigos de se esmagar todo e qualquer sentimento de contribuição. Se as empresas realmente querem que seus funcionários produzam, elas devem tentar transmitir um senso de objetivo e sentido — não apenas por meio de declarações de visão, mas permitindo que os funcionários tenham um senso de realização e garantindo que um trabalho bem feito seja reconhecido. Esses fatores podem exercer grande influência na satisfação e, consequentemente, na produtividade.

Outra lição sobre o sentido e a importância da realização vem de um dos meus heróis de pesquisa, George Loewenstein. George analisou relatos de um empreendimento particularmente desafiador: o montanhismo. Com base em suas análises, ele concluiu que escalar montanhas é "uma desgraça implacável, do começo ao fim", mas que transmite um grande senso de realização (o que contribui para uma ótima conversa à mesa de jantar). A necessidade de cumprir metas está profundamente enraizada na natureza humana — talvez tanto quanto em peixes, gerbos, ratos, camundongos, macacos, chimpanzés e papagaios brincando com SeekaTreats. É tal como George escreveu uma vez:

> Suspeito que o impulso em direção ao estabelecimento de metas e à sua conclusão seja "programado". Os seres humanos, como a maioria dos animais e até mesmo plantas, são mantidos por arranjos complexos de mecanismos homeostáticos que mantêm os sistemas do corpo em equilíbrio. Muitas das desgraças do montanhismo, como fome, sede e dor, são manifestações de mecanismos homeostáticos que motivam as pessoas a fazerem o que precisam para sobreviver [...]. A necessidade visceral de se cumprir metas pode ser, portanto, simplesmente outra manifestação da tendência do organismo para lidar com problemas — nesse caso, o de executar ações motivadas.[2]

Refletindo sobre essas lições, decidi tentar conferir um sentido ao trabalho de Jay, contextualizando-o. Comecei a passar algum tempo semanal explicando a ele sobre a pesquisa que vínhamos fazendo, o porquê daqueles experimentos e o que estávamos aprendendo com eles. Com isso, descobri que Jay ficava animado ao aprender e discutir sobre a pesquisa; alguns meses depois, entretanto, ele deixou o MIT para fazer um mestrado em jornalismo, então não sei se meus esforços foram bem-sucedidos ou não. Independente disso, continuo usando a mesma abordagem com as pessoas que trabalham comigo atualmente, incluindo minha incrível assistente e braço direito atual, Megan Hogerty.

Por fim, nossos resultados mostram que mesmo um pouco de sentido já pode nos fazer avançar. Em última análise, os gerentes (bem como cônjuges, professores e pais) podem não precisar aumentar o sentido do trabalho, desde que garantam não sabotar o trabalho em si. Talvez as palavras de Hipócrates, o antigo médico grego, sobre ter "por hábito duas coisas — ajudar ou pelo menos não produzir danos" —, sejam tão importantes para a medicina quanto para o local de trabalho.

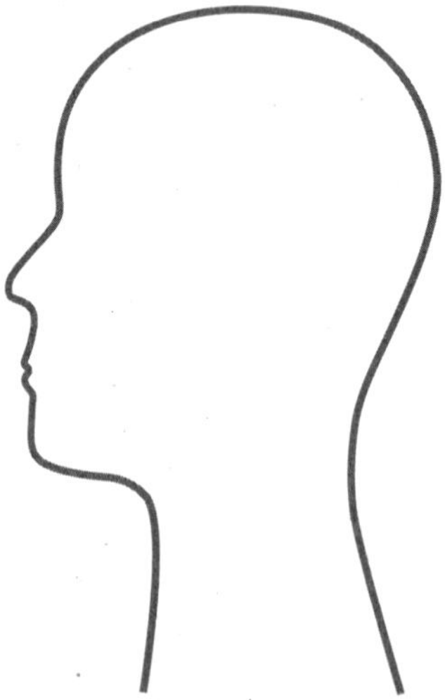

CAPÍTULO 3

O Efeito IKEA

Por que Nós Superestimamos o Que Fazemos

Cada vez que entro na IKEA, minha mente transborda de ideias para reformar a casa. A gigantesca loja cheia de móveis com desconto, no melhor estilo faça-você-mesmo, é como um enorme salão de jogos para adultos. Eu ando pelas várias salas de exibição e imagino como aquela escrivaninha, aquele abajur ou aquela estante estilosa ficariam bem na minha casa. Adoro inspecionar aquelas cômodas elegantes nas vitrines dos quartos e verificar todos os utensílios e pratos nas cozinhas reluzentes repletas de armários de automontagem. Sinto um ímpeto de comprar um caminhão cheio de móveis do tipo faça-você-mesmo e encher minha casa com tudo, desde regadores baratos e coloridos até armários altos.

Eu não sacio esse desejo de IKEA com frequência, mas dou um pulo até lá de vez em quando. Em uma dessas idas, comprei uma solução sueca ultramoderna para o problema dos brinquedos que estavam espalhados pela nossa sala de estar: um baú de brinquedos de automontagem. Levei-o para casa, abri as caixas, li as instruções e comecei a parafusar as várias peças no lugar. (Devo salientar que não sou exatamente talentoso no domínio da montagem física, mas tenho prazer no processo de construção — um possível resquício de brincar com Legos na infância.) Infelizmente, as peças não eram marcadas da forma clara que eu esperava, e as instruções eram superficiais, especialmente para algumas etapas essenciais. Como muitas experiências na vida, o processo de montagem seguiu a Lei de Murphy: sempre que era forçado a adivinhar a posição de um pedaço de madeira ou parafuso, eu errava. Às vezes, eu percebia o erro imediatamente; em outras, não o percebia até completar as três ou quatro etapas subsequentes, o que me obrigava a refazê-las.

Ainda assim, como eu gosto de quebra-cabeças, tentei ver o processo de reconstituição dos meus móveis IKEA como um quebra-cabeça enorme. Só que aparafusar e desaparafusar os mesmos itens tornava difícil manter essa mentalidade, e todo o processo demorou bem mais do que o esperado. Finalmente, me vi olhando para um baú perfeitamente montado. Juntei os brinquedos dos meus filhos e coloquei-os dentro dele. Eu estava orgulhoso da minha obra, e por semanas a fio sorri com orgulho cada vez que passava por ela. De um ponto de vista objetivo, sei que não era o móvel de altíssima qualidade que eu poderia ter comprado. Tampouco havia projetado ou medido alguma coisa, cortado madeira ou sequer martelado um prego. Todavia, suspeito que as poucas horas que dediquei àquele baú de brinquedos nos aproximou de alguma forma. Eu me sentia mais apegado a ele do que a qualquer outra peça de mobília da casa. E imaginei que ele também gostava mais de mim do que os outros móveis.

Direto do Forno

O orgulho da criação e da propriedade está profundamente enraizado nos seres humanos. Quando preparamos uma refeição ou construímos uma estante de livros, sorrimos e dizemos a nós mesmos: “Sinto-me orgulhoso pelo que acabei de fazer!" A questão é: por que assumimos a propriedade em alguns casos, mas não em outros? Até que ponto nos sentimos justificados em ter orgulho de algo em que trabalhamos?

Na parte inferior da escala de criação estão coisas como o macarrão instantâneo, que eu, pessoalmente, não considero nenhum feito artístico. Afinal, nenhuma habilidade única é necessária para fazê-lo e o esforço envolvido é mínimo: pegar um pacote, pagar por ele, levá-lo para casa, abri-lo, ferver a água, cozinhar e escorrer o macarrão, misturando-o com o tempero em pó. É muito difícil sentir qualquer orgulho ou propriedade por tal criação. No outro extremo da escala, está uma refeição feita do zero, como a receita de canja de galinha com macarrão da sua avó, ou os pimentões recheados, quiçá até uma torta de maçã. Nesses (raros) casos, sentimos, com razão, propriedade e orgulho de nossa criação.

E quanto às refeições que ficam em algum lugar entre esses extremos? Se misturarmos, por exemplo, um pote de molho de tomate da prateleira com ervas frescas da nossa horta e algumas lascas elegantes de queijo parmesão? E se acrescentarmos alguns pimentões assados? Faria alguma diferença se os pimentões fossem comprados ou cultivados no quintal? Em suma, quanto esforço devemos despender para sermos capazes de sentir orgulho das nossas criações?

Para entender a receita básica da mistura "propriedade e orgulho", vamos dar uma olhada histórica nos alimentos pré-preparados. A partir do momento em que as misturas instantâneas de todos os tipos (para crostas de torta, biscoitos e daí por diante) foram introduzidas no fim da década de 1940, elas tiveram presença marcada nos carrinhos de compras, nas despensas norte-americanas e, por fim, nas mesas de jantar. No entanto, nem todas as misturas foram recebidas com igual entusiasmo. As donas de casa eram particularmente reticentes quanto ao uso de misturas prontas para bolo, que exigiam simplesmente adicionar água. Alguns profissionais de marketing se perguntavam se essas misturas eram muito doces, ou se tinham um sabor muito artificial, para vender tão mal. E ninguém conseguia explicar porque, por exemplo, as misturas usadas para fazer crostas e biscoitos — compostas praticamente dos mesmos ingredientes básicos — eram tão populares. Por que as donas de casa não se importavam tanto se a massa da torta saía de uma caixa, mas eram tão sensíveis aos bolos?

Uma teoria era de que as misturas para bolo simplificavam o processo a tal ponto que as mulheres não sentiam que os bolos que faziam eram "seus". Como a escritora de culinária Laura Shapiro aponta em seu livro *Something from the Oven*[3] [*Direto do Forno*, em tradução livre], biscoitos e crostas de torta são importantes, mas não são "automontáveis", por assim dizer. Uma dona de casa poderia ser elogiada por um prato que incluísse um componente comprado, sem sentir que o elogio foi indevido. Um bolo, por outro lado, é muitas vezes servido sozinho e representa um percurso. Além disso, bolos podem carregar um grande significado emocional, simbolizando, por exemplo, uma ocasião especial.[*] Uma aspirante a padeira dificilmente estaria disposta a considerar-se (ou a admitir-se publicamente como) alguém que faz bolos de aniversário "apenas utilizando misturas". Ela não apenas se sentiria humilhada, ou mesmo culpada, como também poderia desapontar seus convidados, que não se sentiriam regalados por algo especial.

Naquela época, um psicólogo e especialista em marketing chamado Ernest Dichter especulou que retirar alguns dos ingredientes e permitir que as mulheres os acrescentassem à mistura poderia resolver o problema.[†] Essa ideia ficou conhecida como a "teoria do ovo". Efetivamente, uma vez

* Geralmente, estamos focados demais no final quando avaliamos qualquer experiência como um todo. Por essa perspectiva, um bolo ao final de uma refeição é de particular importância.

† O mesmo princípio também se aplica aos homens. Estou usando o gênero feminino porque, na época, era mais provável que as mulheres se encarregassem da cozinha.

que a empresa Pillsbury deixou de fora os ovos desidratados e exigiu que as mulheres acrescentassem ovos frescos, leite e óleo à mistura, as vendas dispararam. Para as donas de casa na década de 1950, acrescentar ovos e mais um ou dois ingredientes era, aparentemente, o suficiente para elevar as misturas para bolos do reino de "compradas na loja" para "servíveis", a despeito da receita ter sido apenas ligeiramente alterada. Esse impulso básico de se ter propriedade na cozinha, juntamente ao desejo por conveniência, é o motivo pelo qual o slogan da Betty Crocker — "Você e Betty Crocker podem assar a alegria de alguém" — é tão inteligente. O esforço ainda é seu, com um pouco de ajuda e economia de tempo provindos de um ícone doméstico. Não há vergonha alguma nisso, certo?

Na minha opinião, quem melhor entende o delicado equilíbrio entre o desejo pelo orgulho de ter propriedade sobre algum assunto e o desejo de não passar muito tempo na cozinha é Sandra Lee, famosa pela sua comida "semicaseira". Lee literalmente patenteou uma equação delineando o ponto em que se dá esse cruzamento: a "Filosofia 70/30 Semicaseira®". De acordo com Lee, cozinheiros sobrecarregados podem sentir o prazer da criação e economizar tempo usando produtos pré-fabricados para até 70% do processo (pense em misturas para bolo, potes de alho picado sem sal, molho marinara industrial etc.), enquanto os outros 30% ficam para os "toques criativos e originais" (um pouco de mel e baunilha para o bolo, manjericão fresco no molho marinara etc.). Para o deleite dos espectadores e a frustração de gastrônomos e *foodies*, ela combina produtos prontos para uso com a quantidade certa de personalidade.

Vejamos um exemplo de uma receita de Sandra Lee para "Trufas de Chocolate Sensuais":[4]

Tempo de preparação: 15 minutos

Nível: fácil

Rendimento: cerca de 36 trufas

Ingredientes:

1 caixa (450g) de cobertura de chocolate

¾ xícara de açúcar de confeiteiro polvilhado

1 colher de chá de extrato de baunilha puro

½ xícara de cacau em pó sem açúcar

Instruções:

Forre duas assadeiras com papel-manteiga. Com uma batedeira, bata a cobertura, o açúcar de confeiteiro e a baunilha em uma tigela grande até ficar homogêneo. Com uma colher de sopa, forme bolas e coloque--as na assadeira. Polvilhe as trufas com o cacau em pó. Cubra e leve à geladeira até chegar a hora de servir.

Sandra Lee, essencialmente, aperfeiçoou a supracitada teoria do ovo, demonstrando aos seus entusiasmados seguidores o mínimo de esforço necessário para se *possuir* um prato que, de outra maneira, seria impessoal.

Seu programa de televisão, sua revista e seus diversos livros de receitas oferecem evidências de que uma colher cheia de propriedade é um ingrediente crucial no exercício psicológico que é o ato de cozinhar.

É evidente que esse orgulho de propriedade dificilmente se limita às mulheres e às cozinhas. A Local Motors — empresa, por assim dizer, mais masculina — leva a teoria do ovo mais longe ainda. Essa pequena empresa permite que você projete e construa fisicamente o seu próprio carro por um período de aproximadamente quatro dias. Você pode escolher um design básico e personalizar o produto final a seu gosto, levando em conta aspectos regionais e climáticos. Você não o monta sozinho, é claro; um grupo de especialistas lhe auxilia no processo. A grande sacada por trás da Local Motors é permitir que os clientes vivenciem o "nascimento" de seu carro, oferecendo uma conexão profunda com algo pessoal e precioso. (Afinal, quantos homens se referem ao próprio carro como "meu bebê"?) É uma estratégia notavelmente criativa, já que a energia e o tempo investidos na construção do seu carro garantem que você irá amá-lo quase como ama seus preciosos filhos.

É claro que, às vezes, as coisas que valorizamos podem nos levar de uma ligação prazerosa a uma fixação absoluta, como no caso do precioso anel de Gollum na trilogia *O Senhor dos Anéis*, de J. R. R. Tolkien. Seja um anel mágico, um carro construído com amor ou um tapete novo, um objeto precioso pode, por si só, consumir certos tipos de pessoas. (Se você padece de um amor exacerbado por algum objeto, repita comigo: "É apenas um(a) [preencha o espaço em branco: carro, tapete, livro, caixa de brinquedos etc.].")

Eu Amo Meus Origamis

Claro, a noção de que um investimento de trabalho possa resultar em apego não é nova. Nas últimas décadas, muitos estudos mostraram que um aumento no esforço pode resultar em um aumento de valor nos mais variados domínios.* Por exemplo, à medida que o esforço que as pessoas investem para serem iniciadas em um grupo social — seja uma fraternidade ou um corpo docente estável — se torna mais cansativo, penoso e humilhante, mais os seus respectivos membros valorizam esse grupo. Outro bom exemplo seria um cliente da Local Motors que, depois de gastar 50 mil dólares e vários dias para projetar e construir seu carro, diz a si mesmo: "Tendo passado por todo esse esforço, posso dizer que eu *realmente* amo esse carro. Vou cuidar bem dele e estimá-lo para sempre."

Contei a história do meu baú de brinquedos para Mike Norton (atualmente, professor na Universidade de Harvard) e Daniel Mochon (pesquisador associado de pós-doutorado na Universidade da Califórnia, em San Diego), e nós três descobrimos que tivemos experiências semelhantes. Tenho certeza que você também. Digamos, por exemplo, que você esteja visitando sua tia Eva. As paredes da casa dela são decoradas com muita arte caseira: desenhos emoldurados de frutas ao lado de uma tigela, aquarelas indiferentes de árvores à beira de um lago, algo que lembra uma forma humana difusa e assim por diante. Ao olhar para essas obras de arte esteticamente desafiadoras, você se pergunta por que sua tia as penduraria na parede. Observando melhor, você percebe que a assinatura na parte inferior das pinturas é da própria tia Eva. De repente, fica claro que ela não tem apenas um gosto bizarro; ela está, antes de qualquer coisa, cega pelo apelo da sua própria criação. "Caramba!", você diz em voz alta. "Isso é incrível. Foi você mesma quem pintou? É tão... intrigante!" Ao ouvir

* Conforme discutido no Capítulo 2, até os animais preferem comer a comida pela qual trabalharam, de uma forma ou de outra.

tais elogios, a querida tia Eva resolve retribuir fazendo chover biscoitos caseiros de aveia e passas que, felizmente, são uma grande melhoria em relação ao seu trabalho artístico.

Mike, Daniel e eu decidimos que valia a pena testar a noção de apego às coisas que nós mesmos fazemos; queríamos entender, em particular, o processo pelo qual o trabalho gera amor. O primeiro passo (como em todos os projetos de pesquisa importantes) era criar um codinome para esse efeito. Em homenagem à inspiração para o estudo, decidimos chamar a supervalorização resultante do trabalho de "efeito IKEA". Mas não desejávamos simplesmente documentá-lo. Queríamos descobrir se o valor percebido, resultante do efeito IKEA, baseava-se no apego sentimental ("Ficou torta e mal segura os meus livros, mas é a *minha* estante!") ou na autoilusão ("Esta estante é tão boa quanto aquela de 500 dólares da Design Within Reach!").

EM SINTONIA COM a tia Eva e o tema da arte, Mike, Daniel e eu fomos visitar uma loja de arte em busca de materiais experimentais. Imaginando que argila e tinta seriam um pouco caóticas, decidimos basear nosso primeiro experimento na arte japonesa do origami. Poucos dias depois, montamos um estande de origami no centro estudantil em Harvard e oferecemos aos alunos a oportunidade de criarem uma rã ou uma garça de origami (que eram semelhantes em complexidade). Também dissemos a eles que suas obras tecnicamente pertenceriam a nós, mas que daríamos a oportunidade de licitarem seus origamis em um leilão.

Dissemos que essa licitação seria feita contra um computador utilizando um método especial denominado Becker-DeGroot-Marschak (em homenagem a seus inventores), que explicamos devidamente e nos mínimos detalhes. Em suma, um computador lançaria um número aleatório depois que o participante fizesse sua oferta pelo item. Se o lance de um participante fosse maior do que o do computador, ele receberia o origami e pagaria o preço lançado pelo computador. Por outro lado, se o lance de um participante fosse menor, ele não pagaria nada, e nem receberia o origami. O motivo pelo qual usamos esse procedimento foi para garantir que seria do interesse dos participantes dar o lance mais alto que estivessem dispostos a pagar por seu origami — nem um centavo a mais ou a menos.*

Uma das primeiras pessoas a se aproximar do estande foi Scott, um ávido estudante de ciências políticas do terceiro ano. Depois de explicar-lhe o experimento e as regras do leilão, passamos as instruções para a criação da rã e da garça (veja a figura na página seguinte). Se por acaso você tiver o papel apropriado em mãos, sinta-se à vontade para experimentar também.

Scott, que colocamos na condição de "criador", seguiu cuidadosamente as instruções, certificando-se de que cada dobra correspondesse ao diagrama. Ao final, ele havia feito uma rã bastante aceitável. Quando perguntamos quanto ofereceria (seguindo o método Becker-DeGroot-Marschak), ele fez uma pausa e disse com firmeza: "Vinte e cinco centavos". Seu lance ficou muito próximo do lance médio da condição de "criador" — 23 centavos.

Naquele momento, outro estudante, chamado Jason, aproximou-se da mesa e olhou para a pequena criação de Scott. "Quanto você daria por esta rã?", perguntou o experimentador. Como Jason era apenas um transeunte, ele estava na condição de "não criador"; seu trabalho era simplesmente nos dizer o quanto ele valorizava a criação de Scott. Jason pegou o papel dobrado, examinou sua cabeça bem formada e as pernas irregulares, e chegou até a empurrá-lo por trás, fazendo-o pular. Finalmente, seu lance pela rã (aplicando o mesmo método) foi de 5 centavos — a média para aqueles na condição de "não criador".

---

* O método Becker-DeGroot-Marschak é semelhante a um leilão de segundo preço contra uma distribuição aleatória.

Instruções para Origami

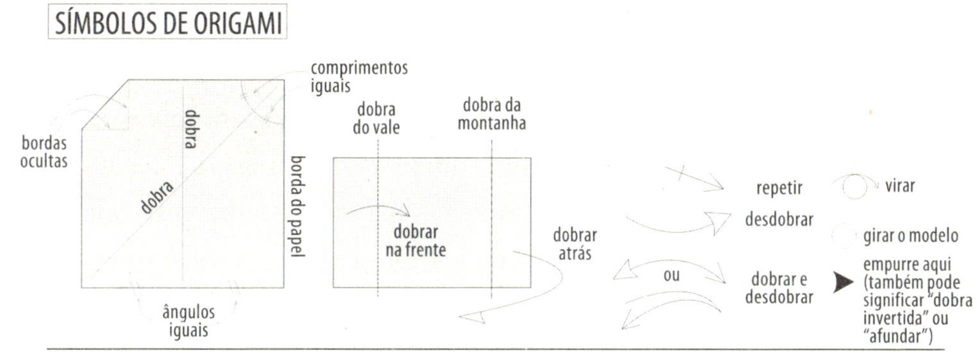
SÍMBOLOS DE ORIGAMI
comprimentos iguais
bordas ocultas
dobra
dobra
borda do papel
ângulos iguais
dobra do vale
dobra da montanha
dobrar na frente
dobrar atrás
repetir
desdobrar
ou
dobrar e desdobrar
virar
girar o modelo
empurre aqui (também pode significar "dobra invertida" ou "afundar")

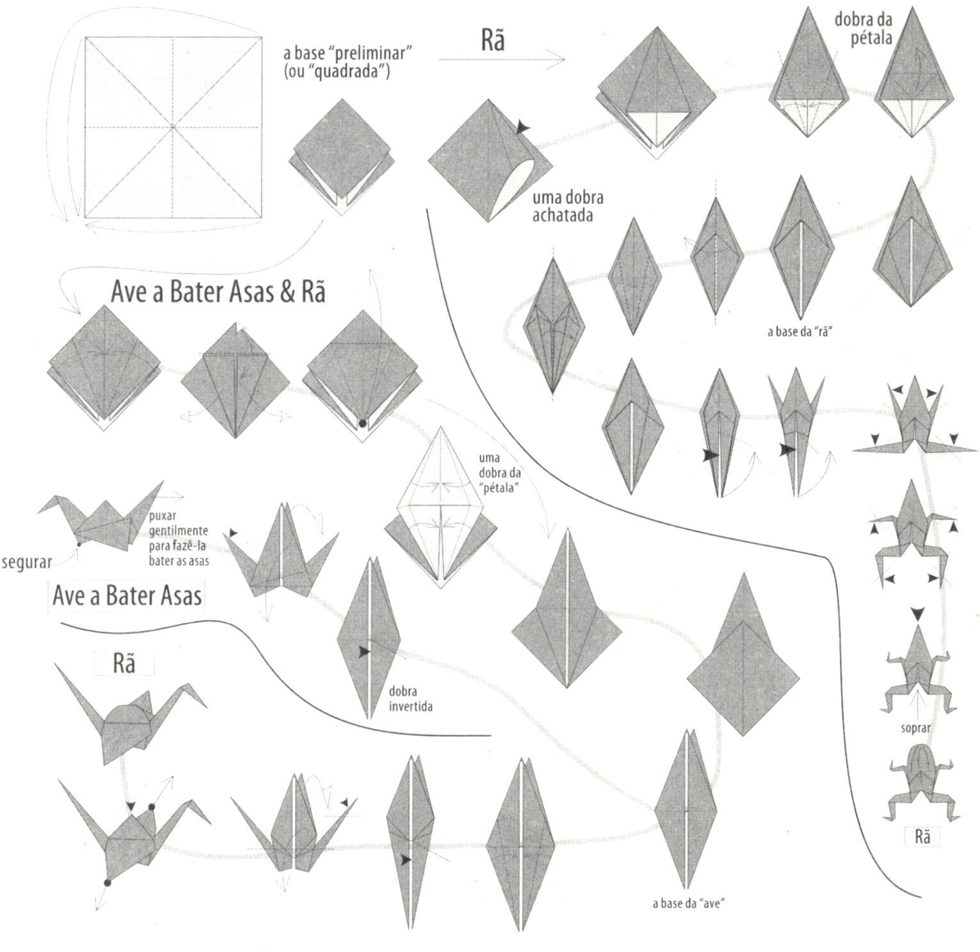
a base "preliminar" (ou "quadrada")
Rã
uma dobra achatada
dobra da pétala
a base da "rã"
Ave a Bater Asas & Rã
uma dobra da "pétala"
puxar gentilmente para fazê-la bater as asas
segurar
Ave a Bater Asas
dobra invertida
Rã
soprar
Rã
a base da "ave"

Houve uma diferença clara de avaliação entre as duas condições. Os não criadores, como Jason, viam apenas pedaços de papel que mais pareciam mutações, dobrados por um cientista do mal em um laboratório subterrâneo. Seus criadores, em contrapartida, claramente os valorizavam. Todavia, nós não sabíamos, a partir da diferença dos lances, o que causava essa disparidade nas avaliações. Os criadores simplesmente gostavam da arte do origami, enquanto os não criadores (que não tiveram a chance de fazer origamis) eram indiferentes? Ou será que os participantes em ambas as condições apreciavam o origami na mesma medida, e os criadores simplesmente ficavam apaixonados por suas próprias criações? Dito de outra forma, Scott e seus pares se apaixonaram pelo origami em geral, ou apenas por suas próprias criações?

Para obter uma primeira resposta a essas perguntas, pedimos a dois especialistas em origami que produzissem rãs e garças. Em seguida, pedimos a outro grupo de não criadores para que fizessem uma oferta por esses trabalhos. Dessa vez, os não criadores ofereceram uma média de 27 centavos: o seu nível de valoração dos origamis profissionais foi muito próximo aos lances feitos por Scott e outros criadores para as suas próprias obras amadoras (23 centavos), e muito maior do que os lances dos não criadores para essas mesmas obras (5 centavos).

Esses resultados nos mostraram que os criadores tinham uma tendência substancial na avaliação do seu próprio trabalho. Os não criadores viam as obras amadoras como inúteis e as profissionais como extremamente fascinantes, enquanto os criadores avaliavam seu próprio trabalho quase como aquele dos especialistas. A diferença entre criadores e não criadores não estava em como eles viam a arte do origami em geral, mas na maneira como os criadores passaram a amar e a supervalorizar suas próprias obras.

Em suma, esses experimentos iniciais sugerem que, uma vez que construímos algo, tendemos a enxergá-lo com olhos mais amorosos. É como diz um antigo ditado árabe: "O macaco, aos olhos de sua mãe, é uma gazela."

Customização, Trabalho e Amor

No nascimento da indústria automotiva, Henry Ford brincou que qualquer cliente poderia ter um Ford Modelo T pintado de qualquer cor, desde que fosse preto. Produzir carros de uma cor só mantinha os custos baixos para que mais pessoas pudessem comprá-los. Conforme a tecnologia de fabricação evoluiu, a Ford foi capaz de produzir diferentes marcas e modelos sem adicionar muito ao custo.

Avancemos para hoje, quando você pode encontrar milhões de produtos adequados ao seu gosto. Você não consegue, por exemplo, caminhar pela Quinta Avenida, em Nova York, sem se surpreender com os vários estilos de sapatos femininos incríveis e estranhos nas vitrines. Mas, à medida que mais e mais empresas convidam os clientes a participarem do design do produto, esse modelo também vai mudando e, graças aos avanços da internet e da automação, os fabricantes estão permitindo que os clientes criem produtos que se adaptem às suas idiossincrasias mais particulares.

Considere o Converse.com, um site no qual você pode criar seus próprios tênis. Depois de escolher o estilo de tênis que deseja (cano curto, cano médio, cano alto) e o material (pano, couro, camurça), você pode desfrutar de uma rodada de pintura por partes. Você escolhe uma paleta de cores e padrões, define as respectivas partes do calçado (parte interna do corpo, parede lateral de borracha, cadarços) e decora cada uma delas de acordo com a sua preferência. Ao lhe permitir criar os tênis de acordo com o seu gosto, a Converse oferece não apenas um produto do qual você realmente gosta, mas um que é exclusivo para você.

Mais e mais empresas estão entrando no ramo da personalização. Você pode projetar seus próprios armários de cozinha, montar seu próprio carro da Local Motors, seus próprios tênis Converse e muito mais. Se você segue os argumentos a favor desse tipo de adequação, pode pensar que o site ideal seria um clarividente — um que descobrisse rapidamente qual o seu calçado ideal e o entregasse para você com o mínimo de esforço possível da sua parte. Contudo, e por mais legal que pareça, se você utilizasse um processo de personalização tão eficiente assim, perderia os benefícios do efeito IKEA, no qual, por meio de raciocínio e esforço, podemos passar a amar muito mais as nossas criações.

Isso significa, porém, que as empresas devem sempre exigir que seus clientes façam o trabalho de design e mão de obra em todos os produtos? Claro que não. Existe um equilíbrio delicado entre a falta de esforço e a aplicação de esforço. Peça às pessoas para que se esforcem demais e você pode acabar afastando-as; peça-lhes pouquíssimo esforço e você não estará oferecendo oportunidades para customização, personalização e ligação. Tudo depende da importância da tarefa e do investimento pessoal, na categoria dos produtos. Para mim, uma abordagem de pintura por números para sapatos ou para um baú de brinquedos que funciona como um quebra-cabeças atinge o equilíbrio certo; qualquer coisa abaixo disso não afetaria o meu desejo pelo efeito IKEA, e qualquer coisa acima me faria desistir. À medida que as empresas começam a entender os verdadeiros benefícios da customização, elas podem começar a criar produtos que permitem aos seus clientes se expressarem através deles e, em última análise, dar-lhes maior valor e prazer.*

---

* Sobre alguns dos perigos da customização e dos riscos de nos apaixonarmos por nossas próprias criações, veja também a história de ultrapersonalização da minha própria casa em *Previsivelmente Irracional*.

Em nosso experimento subsequente, queríamos testar se a supervalorização dos 'criadores' persistiria caso removêssemos todas as possibilidades de customização individual. Nossos participantes, então, construiriam um pássaro, um pato, um cachorro ou um helicóptero a partir de conjuntos de Lego predefinidos. O uso desses conjuntos facilitou nosso objetivo de não adaptação porque os participantes foram obrigados a seguir as instruções, sem espaço para alterações. Assim, todas as criações ficariam idênticas. Como era de se esperar, os criadores ainda estavam dispostos a pagar muito mais pelo seu próprio trabalho, apesar do fato deste ser idêntico ao feito pelos outros criadores.

Os resultados desse experimento sugerem que o esforço envolvido no processo de montagem é um ingrediente crucial para o processo de amarmos as nossas próprias criações. Entretanto, embora a personalização seja uma força adicional que nos faz supervalorizar o que construímos, isso ocorre de qualquer maneira, a despeito dessa personalização.

Compreendendo a Supervalorização

Os experimentos com origami e Legos ensinaram que nos apegamos às coisas que nos esforçamos para criar, e que, quando isso acontece, começamos a supervalorizar esses objetos. Nossa próxima pergunta era se estávamos cientes ou não dessa tendência de atribuir maior valor às nossas amadas criações.

Pense nos seus filhos, por exemplo. Supondo que você seja como a maioria dos pais, é provável que tenha uma opinião muito elevada sobre sua prole (pelo menos até que eles entrem no furacão da adolescência). Se você não sabe que supervaloriza seus próprios filhos, isso pode levá-lo, erroneamente (e talvez precariamente), a acreditar que outras pessoas compartilham da sua opinião — de que seus filhos são adoráveis, inteligentes e talentosos. Por outro lado, se você estivesse ciente do fato, perceberia, com alguma dor, que as outras pessoas não os veem da mesma forma.

Como pai que frequentemente viaja de avião, experimento isso durante o ritual de troca de fotos. Uma vez que estamos a confortáveis 30 mil pés, pego meu notebook, onde guardo muitas fotos e vídeos dos meus filhos. Se a pessoa ao meu lado, inevitavelmente, espia a tela, e eu percebo qualquer interesse que seja, dou início a uma apresentação de slides do meu filho e da minha filha, que são as crianças mais adoráveis do mundo, obviamente. Também presumo que meu vizinho perceba como eles são maravilhosos e únicos, como seus sorrisos são encantadores, como ficam fofos em suas fantasias de Halloween etc. Às vezes, acontece dessa pessoa gostar dos meus filhos e sugerir que eu veja as fotos dos seus. Um ou dois minutos depois, eu já me pego pensando: "O que esse cara acha? Não quero ficar aqui por 25 minutos olhando fotos de crianças estranhas que eu nem conheço! Tenho trabalho a fazer! Quando é que este maldito avião vai pousar?"

Na realidade, suspeito que pouquíssimas pessoas estão totalmente inconscientes, ou absolutamente conscientes, dos dons e defeitos de seus próprios filhos, mas aposto que a maioria dos pais estão mais próximos do tipo que tende, inconscientemente, a favorecer seus filhos. Isso quer dizer que os pais não apenas pensam que seus filhos estão entre as coisas mais bonitinhas do planeta, como também acreditam que as outras pessoas concordam plenamente.

Provavelmente é por isso que a história de O. Henry, *O Resgate do Cacique Vermelho*, seja tão impactante. Nela, dois ladrões que procuram ganhar dinheiro rápido sequestram o filho de um homem proeminente do Alabama e exigem um resgate de 2 mil dólares. O pai se recusa a pagar, e eles rapidamente descobrem que o garoto ruivo (o Cacique Vermelho), na verdade, gosta de estar com eles. Além do mais, ele é um pirralho insuportável que gosta de pregar peças e transformar suas vidas em um inferno. Os sequestradores, então, diminuem o valor do resgate, mas o Cacique Vermelho segue atazanando os dois. Finalmente, o pai se oferece para pegar a criança de volta se os sequestradores *lhe* pagarem 250 dólares; por fim, e apesar dos protestos do Cacique, eles o liberam e fogem.

Agora imagine que você está participando de outro experimento com origamis. Você acabou de finalizar sua garça ou rã de papel, que agora pode ir a leilão. Você decide quanto quer oferecer por ela e propõe um valor decididamente alto. Você está ciente de que está exagerando, e de que as outras pessoas não verão a sua obra como você, ou acha que elas compartilharão da sua afinidade?

Para descobrir a resposta, comparamos os resultados de dois procedimentos de licitação diferentes, chamados leilões de primeiro e segundo preço. Sem entrar muito nas questões técnicas,[*] se você estava fazendo um lance e usando um procedimento de licitação de segundo preço, deveria considerar *apenas* o quanto você valoriza sua criatura de papel.[†] Por outro lado, se o lance fosse por um procedimento de licitação de primeiro preço, você deveria levar em consideração *tanto* o seu amor pelo objeto *quanto* o valor que você acha que os outros lançarão por ele. Por que precisamos dessa complexidade toda? Pela seguinte lógica: se os criadores percebessem que estavam demasiadamente impressionados pelas suas próprias rãs e garças, eles fariam lances maiores pelo leilão de segundo preço (quando apenas o seu valor importa) do que pelo de primeiro preço (quando também deve

* As diferenças entre os dois tipos de leilões são um tanto complexas — foi por isso que William Vickrey recebeu o Prêmio Nobel de Economia, em 1996, ao descrever algumas de suas nuances.

† Este procedimento é semelhante ao método de leilão utilizado pelo eBay, bem como ao método Becker-DeGroot-Marschak que nós usamos anteriormente.

se levar em consideração os valores alheios). Por outro lado, se os criadores não percebessem que eram os únicos a superestimar seus respectivos origamis e pensassem que os outros compartilhavam de suas opiniões, eles fariam lances aproximados em ambos os procedimentos de licitação.

Será, então, que os montadores de origami perceberam esse fato? Descobrimos, por fim, que eles ofereciam o mesmo valor, tanto ao considerarem apenas a sua própria avaliação do produto (leilão de segundo preço) quanto ao considerarem a dos não criadores (leilão de primeiro preço). A falta de uma diferença entre as duas abordagens de licitação sugere que nós não apenas supervalorizamos nossas próprias criações, como também desconhecemos, em grande parte, essa tendência; pensamos erroneamente que os outros amam o nosso trabalho tanto quanto nós mesmos.

A Importância da Finalização

Nossos experimentos sobre criação e supervalorização me lembraram de algumas habilidades que adquiri enquanto estava no hospital. Entre as muitas atividades dolorosas e irritantes que tive de suportar (acordar às 6h da manhã para exames de sangue, a excruciante remoção dos curativos, tratamentos apavorantes e assim por diante), uma das menos angustiantes, porém mais enfadonhas, era a terapia ocupacional. Durante meses, os terapeutas ocupacionais me puseram na frente de uma mesa e não me deixaram sair até que eu terminasse tarefas como colocar 100 parafusos nas porcas, grudar e desgrudar pedaços de madeira cobertos com velcro em outros pedaços, colocar estacas em buracos, entre outras tarefas monótonas.

No centro de reabilitação, do outro lado do corredor, havia uma área para crianças com problemas graves de desenvolvimento, onde lhes eram ensinadas diferentes habilidades práticas. Em um esforço para fazer coisas mais interessantes do que colocar parafusos em porcas, consegui me inserir nesse espaço. Durante alguns meses, aprendi a usar uma máquina de costura, a tricotar e a fazer alguns trabalhos básicos com madeira. Com a dificuldade que eu tinha para mover as mãos, essas tarefas não eram nada fáceis, e minhas obras nem sempre saíam conforme o planejado, mas eu realmente me esforcei para conseguir criá-las. Ao me dedicar a todas essas atividades, transformei a terapia ocupacional, uma parte terrível e entediante do meu dia, em algo pelo qual esperava ansiosamente. Embora os terapeutas ocupacionais tentassem, periodicamente, fazer com que eu voltasse àquelas tarefas entorpecentes — presumivelmente porque o seu valor terapêutico fisiológico poderia ser mais alto —, o prazer e o orgulho que obtive ao criar algo estavam em uma ordem de magnitude completamente diferente.

Meu maior sucesso foi com a máquina de costura; com o tempo, fiz até algumas fronhas e roupas descoladas para os meus amigos. Minhas obras de costura eram como os origamis amadores dos nossos participantes. Os cantos das fronhas não eram pontiagudos e as camisas eram deformadas, mas mesmo assim fiquei orgulhoso delas (especialmente de uma camisa azul e branca de estilo havaiano que fiz para o meu querido amigo Ron Weisberg). Afinal, eu havia investido uma quantidade enorme de esforço para fazê-las.

Isso foi há mais de 20 anos, mas ainda me lembro muito bem das camisas que fiz, das diferentes etapas de sua criação e do resultado final. Na verdade, o meu apego às minhas criações era tão forte que fiquei um tanto surpreso quando, alguns anos atrás, perguntei ao Ron se ele se lembrava da camisa que fiz para ele. Embora eu me lembrasse vivamente, ele tinha apenas uma vaga memória.

Também me lembro de outras criações nas quais trabalhei no centro de reabilitação. Tentei tecer um tapete, costurar uma jaqueta e fazer um conjunto de peças de xadrez de madeira. Comecei esses projetos com muito entusiasmo e investi muito esforço neles, mas descobri que estavam para além da minha capacidade, e acabei deixando-os pela metade. Curiosamente, quando reflito sobre essas obras incompletas, percebo que não tenho nenhuma afeição especial por elas. De alguma forma, apesar da quantidade de esforço investido, acabei não tendo nenhum amor por aqueles objetos inacabados.

Essas recordações do centro de reabilitação me fazem pensar na importância de se concluir um projeto para poder supervalorizá-lo. Em outras palavras, para desfrutar do efeito IKEA, é necessário que os nossos esforços sejam bem-sucedidos, mesmo que tal sucesso signifique simplesmente que o projeto tenha sido concluído?

De acordo com o nosso raciocínio por trás do efeito IKEA, um esforço maior inspira uma valorização e apreciação maiores. Isso significa que, para aumentar os sentimentos de orgulho e propriedade na sua vida cotidiana, você deve participar mais da criação das coisas que utiliza no dia a dia. Mas e se apenas investir esforços não for o suficiente? E se a finalização também for um ingrediente crucial para o apego? Se for assim, nós devemos pensar não somente em todos os objetos que podemos acabar adorando, mas também em todas as prateleiras instáveis, obras de arte execráveis e vasos de cerâmica tortos que provavelmente ficarão inacabados na garagem por anos a fio.

Para descobrir se a finalização é, de fato, um ingrediente crucial para se apaixonar pelas nossas próprias criações, Mike, Daniel e eu conduzimos um experimento semelhante ao nosso estudo original com origamis, mas com um acréscimo importante: introduzimos o elemento do fracasso.

Fizemos isso criando um outro conjunto de instruções de origami que — não muito diferente das minhas instruções IKEA — retinham algumas informações importantes.

Para ter uma ideia melhor, experimente as instruções que demos aos participantes na condição "difícil". Corte uma folha de papel A4 normal, de forma a criar um quadrado de lados idênticos (cerca de 21cm em cada lado), e siga as instruções na próxima página.

Se a sua rã parecer mais um acordeão que foi atropelado por um caminhão, não se sinta mal. Cerca de metade dos participantes que receberam essas instruções difíceis conseguiram criar algo de aparência estranha, enquanto o resto nem conseguiu chegar tão longe, ficando apenas com uma folha de papel toda dobrada.

Se você comparar essas instruções com aquelas, mais fáceis, do experimento original, poderá identificar facilmente as informações que faltam. Os participantes na condição difícil não sabiam que a flecha com uma pequena linha cruzada significava "repetir", ou que a flecha curvada com um triângulo na ponta significava "desdobrar".

Depois de executar esse experimento por algum tempo, ficamos com três grupos: um que recebeu as instruções fáceis e pôde completar a tarefa; um segundo, que trabalhou com as instruções incompletas, mas de alguma forma conseguiu completar a tarefa; e um terceiro, com as mesmas instruções incompletas, mas que não conseguiu completar a tarefa. As pessoas na condição difícil, que, por definição, tiveram que se esforçar mais, valorizaram suas criações desafortunadas mais do que aquelas que produziram, com alguma facilidade, garças e rãs de aparência decente? E como aquelas que dispunham do conjunto de instruções incompleto e difícil, mas que, todavia, conseguiram completar a tarefa, se comparam com aquelas que se esforçaram para nenhum fim?

Instruções para Origami (ligeiramente mais complexas)

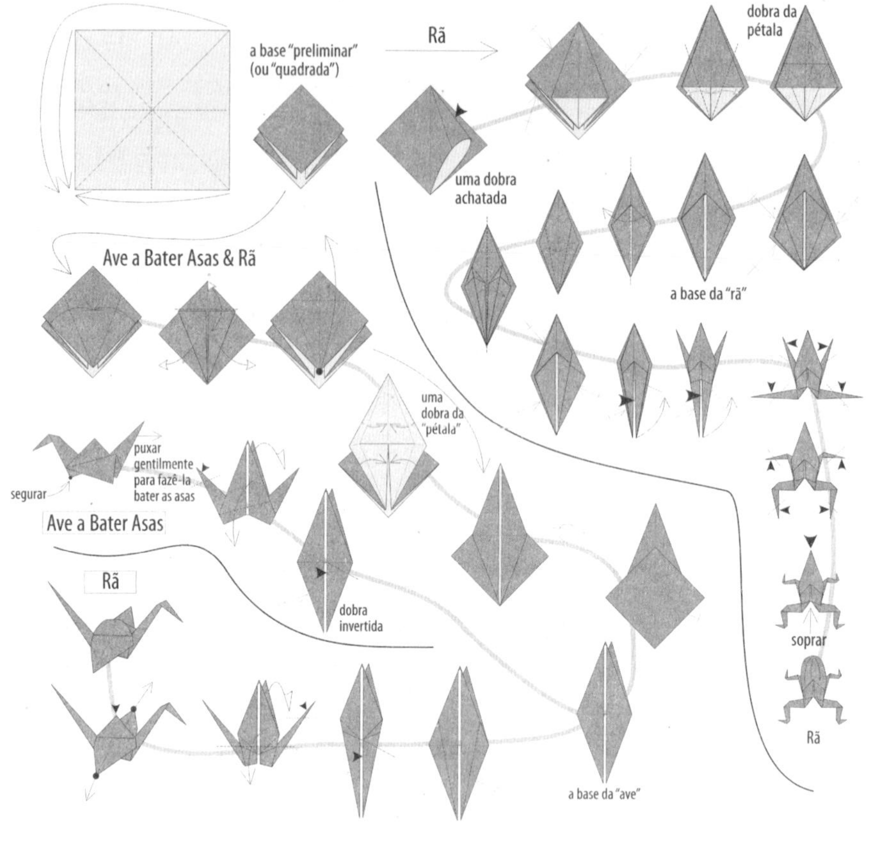

Descobrimos que aquelas pessoas que concluíram com algum sucesso os seus origamis na condição difícil valorizaram mais o seu trabalho, muito mais do que aqueles na condição fácil. Por outro lado, aqueles na condição difícil que não conseguiram concluir, valorizaram menos os seus resultados; bem menos do que aqueles na condição fácil. Esses resultados implicam que investir maiores esforços realmente é algo que aumenta a nossa afeição, mas somente quando eles levam a uma conclusão. Pois, quando o esforço é infrutífero, a afeição pelo trabalho despenca. (É por isso, também, que jogar duro no amor pode ser uma estratégia de sucesso.

Se você colocar um obstáculo no caminho de alguém de quem gosta e essa pessoa continuar investindo, você certamente fará com que ela o valorize ainda mais. Por outro lado, se você levar essa pessoa a extremos e seguir persistindo na rejeição, não ache que vão continuar "apenas amigos".)

Trabalho e Amor

Nossos experimentos demonstraram quatro princípios do empenho humano:

- O esforço que colocamos em algo não altera apenas o objeto — altera também a nós mesmos, e a maneira pela qual avaliamos esse objeto.
- Mais trabalho resulta em mais amor.
- A supervalorização das coisas que nós mesmos fazemos é tão enraizada que presumimos que os outros compartilham da nossa perspectiva tendenciosa.
- Quando não conseguimos completar algo para o qual nos esforçamos, não sentimos tanto apego.

À luz dessas descobertas, podemos revisitar nossas ideias sobre esforço e relaxamento. O modelo econômico simples de trabalho afirma que somos como ratos em um labirinto; que qualquer esforço direcionado a fazer algo nos tira da nossa zona de conforto, criando esforços indesejáveis, frustração e estresse. Se aceitarmos esse modelo, isso significa que o caminho para maximizar o prazer na vida é se concentrar em tentar evitar o trabalho e em aumentar o nosso nível de relaxamento mais imediato. É muito provável que, por essa razão, tantas pessoas pensem que as férias ideais envolvam deitar preguiçosamente em uma praia exótica e beber mojitos.

De forma similar, nós achamos que não vamos apreciar montar móveis com as próprias mãos, e por isso compramos a versão pronta. Queremos curtir filmes em som *surround*, mas, só de imaginar o estresse envolvido em tentar conectar um sistema de som estéreo com quatro alto-falantes a uma televisão, preferimos contratar outra pessoa para fazê-lo por nós. Gostamos de sentar no jardim, mas não queremos ficar suados e sujos cavando a terra ou aparando a grama, e pagamos um jardineiro para cortá-la e plantar algumas flores. Queremos desfrutar de uma boa refeição, mas fazer compras e cozinhar dá muito trabalho, então comemos fora ou simplesmente colocamos algo no micro-ondas.

Infelizmente, o que ganhamos em relaxamento, ao renunciar os nossos esforços em tais atividades, perdemos em um prazer mais profundo, já que, na verdade, e na maioria dos casos, é o esforço que nos traz satisfação a longo prazo. Claro, pode ser que outros possam fazer um trabalho melhor de fiação ou de jardinagem (no meu caso, isso é um fato), mas você sempre pode se perguntar: "O quanto eu aproveitaria mais a minha nova televisão/ meu estéreo/ meu jardim/ minha refeição se eu trabalhasse neles?" Se você acha que poderia apreciá-los mais dessa forma, talvez esses sejam exemplos nos quais investir algum esforço acabe valendo a pena.

E quanto à IKEA? Sim, seus móveis às vezes são complicados de montar, e as instruções podem ser difíceis de acompanhar. Mas, como eu valorizo a abordagem "semicaseira" em termos de móveis, prefiro poder suar um pouco entre os parafusos e porcas. Provavelmente, ficarei aborrecido outras vezes, quiçá quando for montar a minha próxima estante de livros, mas, no fim das contas, espero poder me apaixonar pelos móveis de arte moderna que fizer e colher maiores parcelas de prazer no longo prazo.

CAPÍTULO 4

A Tendência do "Não Inventado Aqui"

Por que as "Minhas" Ideias São Melhores Que as "Suas"

De vez em quando, apresento resultados de diversas pesquisas para grupos de executivos, na esperança de que eles possam utilizá-los para criar produtos melhores. Também espero que, depois de implantar as ideias em suas empresas, eles compartilhem os resultados comigo.

Durante uma dessas reuniões, apresentei a um grupo de executivos bancários algumas ideias sobre as maneiras pelas quais eles podiam ajudar os consumidores a economizar dinheiro para o futuro, em vez de incentivá-los a gastar os seus contracheques o mais rápido possível. Também descrevi algumas das dificuldades que todos nós temos ao pensar sobre o custo de oportunidade do dinheiro ("Se eu comprar aquele carro novo agora, o que não poderei fazer no futuro?"), e propus algumas maneiras pelas quais os banqueiros poderiam representar concretamente a compensação entre gastar agora e economizar amanhã, de forma a ajudar seus clientes a melhorarem suas decisões financeiras e, no processo, aumentar sua clientela, junto com sua fidelidade.

Infelizmente, os banqueiros não pareciam entusiasmados com o que eu tinha a dizer. Enquanto tentava atraí-los, lembrei-me de um ensaio de Mark Twain chamado *Some National Stupidities* [*Algumas Tolices Nacionais*, em tradução livre]. Nele, Twain elogia o fogão alemão e lamenta o fato de que os norte-americanos continuam a depender de fogões a lenha monstruosos, que praticamente exigem uma equipe dedicada em tempo integral para mantê-los funcionando:

> A lentidão de uma parte do mundo para adotar as ideias valiosas de outra parte é uma coisa curiosa e inexplicável. Essa forma de estupidez não se limita a nenhuma comunidade, a nenhuma nação; ela é universal. O fato é que a raça humana não é lenta apenas para tomar emprestadas as ideias valiosas — às vezes, ela insiste em não tomá-las.
>
> Pegue o fogão alemão, por exemplo — o enorme monumento de porcelana branca que se eleva em direção ao teto no canto da sala, solene, insensível e sugerindo morte, túmulo: onde você pode encontrá-lo fora dos países germânicos? Estou certo de nunca ter visto um onde o alemão não fosse a língua oficial. No entanto, é com certeza o melhor, mais conveniente e mais econômico fogão já inventado.[5]

De acordo com Twain, os norte-americanos torceram o nariz para os fogões alemães simplesmente por não haverem criado um design melhor. Analogamente, lá estava eu, olhando para um mar de rostos sem entusiasmo algum. Eu estava apresentando àqueles banqueiros uma ideia boa — não apenas uma noção vaga, mas uma apoiada em dados sólidos. Eles, no entanto, apenas se recostaram passivamente em suas cadeiras, claramente sem enxergar as possibilidades em questão. Comecei a me perguntar se aquela falta de entusiasmo se devia ao fato de a ideia ser minha, e não deles. Se fosse o caso, será que eu deveria tentar fazer com que os executivos pensassem que a ideia era deles, pelo menos parcialmente? Isso os tornaria mais abertos à experiência?

A situação me lembrou de um comercial que a FedEx veiculou um tempo atrás. Um grupo de funcionários usando camisa e gravata sentava-se ao redor de uma mesa de reuniões; o chefe, vestido de maneira mais formal, anunciava que seu objetivo era economizar dinheiro para a empresa. Então, um funcionário de aparência tristonha e cabelos cacheados oferecia a seguinte sugestão: "Bem, nós poderíamos fazer uma conta online da FedEx e economizar 10% em todos os nossos custos de frete." Os outros funcionários olharam ao redor em silêncio, esperando por um sinal do líder, que ouvia meditativamente, com as mãos cruzadas diante do rosto. Depois de um instante, ele cortava o ar enfaticamente com as mãos — e então repetia o que o funcionário tinha acabado de dizer. Os outros, bajuladores, aplaudiam. O sujeito que fez a sugestão ressaltava, então, que acabara de dizer a mesma coisa. "Mas você não o fez *assim*", respondia o chefe, repetindo o gesto enfático.

Para mim, esse comercial humorístico demonstrou uma questão crucial de como as pessoas se relacionam com as suas próprias ideias e as dos outros: quão importante é, para nós, ter uma ideia, ou pelo menos sentir que a ideia é nossa, para podermos valorizá-la?

A atração pelas ideias próprias não escapou da sabedoria coletiva do mundo dos negócios e, tal como outros processos de negócios importantes, esse também tem um termo não oficial associado a ele: a Tendência do "Não Inventado Aqui" (NIA). O princípio é basicamente este: "Se eu (nós) não inventei (não inventamos), então não tem muito valor."

Qualquer Solução, Desde que Seja Minha

Tendo em vista a nossa compreensão do apego humano a bens materiais feitos por nós mesmos (ver capítulo anterior, sobre o efeito IKEA), Stephen Spiller (um estudante de doutorado na Universidade de Duke), Racheli Barkan e eu decidimos examinar o processo pelo qual nos apegamos às ideias. Queríamos testar, especificamente, se o processo de elaborar uma ideia original é análogo à construção do seu próprio baú de brinquedos.

Pedimos a John Tierney, o redator de ciências do *New York Times*, para que postasse um link em seu blog[6] solicitando aos leitores que participassem de um estudo sobre ideias. Milhares de pessoas entraram no link, foram indagadas sobre alguns problemas gerais que o mundo está enfrentando e avaliaram soluções para esses problemas. Alguns participantes propuseram suas próprias respostas para esses problemas e depois as avaliaram, enquanto outros avaliaram as soluções que Stephen, Racheli e eu propusemos.

Em nosso primeiro experimento, pedimos a alguns participantes que olhassem, um de cada vez, uma lista de três perguntas e elaborassem suas próprias soluções para cada uma (chamamos isso de condição de "criação".) Seguem os problemas:

Pergunta 1: como as comunidades podem reduzir o gasto de água sem impor restrições muito rígidas?

Pergunta 2: como as pessoas podem ajudar a promover nossa "Felicidade Interna Bruta" (FIB)?

Pergunta 3: que mudança inovadora poderia ser feita em um despertador para torná-lo mais eficiente?

Assim que os participantes ofereceram suas soluções, pedimos que voltassem e avaliassem cada uma em termos de praticidade e probabilidade de sucesso. Também pedimos para que nos dissessem quanto do seu próprio tempo e dinheiro eles doariam para promover as soluções propostas.

Já na condição de "não criação", pedimos a outro grupo de participantes que olhassem para o mesmo conjunto de problemas, mas sem sugerir nenhuma solução. Em vez disso, eles avaliariam as soluções que Stephen, Racheli e eu propusemos, da mesma forma que os participantes na condição de criação avaliaram as suas próprias.

Em todos esses casos, os participantes avaliaram suas próprias soluções como as mais práticas, com maior potencial de sucesso e assim por diante, além de afirmar que investiriam mais tempo e dinheiro na promoção de suas ideias, em vez de qualquer outra.

Ficamos satisfeitos por sair de lá com esse tipo de evidência para sustentar nossa Tendência do "Não Inventado Aqui", mas não sabíamos exatamente por que nossos participantes se sentiam assim. Por um lado, era possível, objetivamente falando, que suas ideias fossem realmente melhores do que as nossas. E, ainda que não fosse o caso, as concepções dos participantes podiam se encaixar muito melhor com suas próprias perspectivas únicas do mundo. Esse princípio é chamado de encaixe idiossincrático. Para um exemplo extremo, imagine que um indivíduo estritamente religioso respondesse à pergunta de número 2 sugerindo que todos comparecessem aos cultos religiosos diariamente. Um ateu obstinado poderia responder à mesma pergunta sugerindo que todos abandonassem a religião e se concentrassem em seguir o tipo certo de dieta, além de um programa de exercícios. Cada pessoa pode preferir sua ideia à nossa, não porque ele ou ela a propôs, mas porque ela se ajusta de maneira idiossincrática às suas próprias crenças e preferências.

Ficou evidente que os resultados desse primeiro experimento demandavam mais investigações. Não sabíamos o quanto do aumento da empolgação dos participantes com suas próprias ideias se devia à qualidade objetiva delas, ao seu encaixe idiossincrático ou à propriedade sobre elas. Para concentrar os testes nesse aspecto de propriedade da Tendência do "Não Inventado Aqui", precisávamos criar uma situação em que nem a qualidade objetiva e nem o encaixe idiossincrático pudessem ser a força motriz. (Isso, aliás, não significa que essas duas outras forças não operem no mundo real — é claro que operam. Queríamos simplesmente testar se a propriedade sobre as ideias também era uma força que gerava supervalorizações.)

Para isso, montamos nosso próximo experimento. Dessa vez, pedimos a cada um de nossos participantes que examinassem e avaliassem seis problemas — os três do primeiro experimento e três adicionais (veja a lista de problemas e as soluções propostas a seguir). No entanto, em vez de algumas pessoas assumirem o papel de criadores e outras de não criadores, pedimos que todas elas participassem de ambas as condições (um "design junto aos participantes"). Assim, cada participante avaliou três dos problemas junto às nossas soluções propostas, o que os colocava no papel de não criadores. Contudo, para os três problemas restantes, pedimos que apresentassem suas próprias soluções e depois as avaliassem, o que os colocava no papel de criadores.*

Até aí, o procedimento parece basicamente o mesmo do primeiro experimento. A próxima diferença é que foi importante para discernir as várias explicações possíveis. Queríamos que os participantes apresentassem soluções por conta própria para que se sentissem responsáveis por elas, mas também queríamos que apresentassem *exatamente as mesmas soluções* que nós sugerimos (de modo que as melhores ideias ou um encaixe idiossincrático não participassem da jogada). Como poderíamos alcançar essa façanha?

---

* Os problemas foram apresentados para cada um deles em ordem aleatória.

Antes de contar o que nós fizemos, dê uma olhada nos seis problemas e nas soluções propostas a seguir. Lembre-se de que cada participante viu apenas três desses problemas com as nossas soluções já colocadas; para os outros três, eles mesmos apresentaram soluções.

Problema 1: como as comunidades podem reduzir o gasto de água sem impor restrições muito rígidas?

Solução proposta: irrigar gramados usando água cinza reciclada, recuperada dos drenos das casas.

Problema 2: como as pessoas podem ajudar a promover nossa "Felicidade Interna Bruta" (FIB)?

Solução proposta: realizar ações aleatórias de gentileza com alguma regularidade.

Problema 3: que mudança inovadora poderia ser feita em um despertador para torná-lo mais eficiente?

Solução proposta: se você apertar o botão soneca, seus colegas de trabalho serão notificados por e-mail de que você dormiu demais.

Problema 4: como as redes sociais podem proteger a privacidade dos seus usuários sem restringir o fluxo de informações?

Solução proposta: usar configurações de privacidade padrão rigorosas, mas permitir que usuários as flexibilizem conforme necessário.

Problema 5: como o público pode recuperar parte do dinheiro desperdiçado em campanhas políticas?

Solução proposta: desafiar os candidatos a equipararem seus gastos publicitários com contribuições de caridade.

Problema 6: qual seria uma boa maneira de incentivar os norte-americanos a economizarem mais para a aposentadoria?

Solução proposta: basta conversar com seus colegas sobre como economizar, sempre que possível.

Para cada um dos três problemas para os quais os participantes tiveram que encontrar suas próprias soluções, demos uma lista de 50 palavras e pedimos que usassem *apenas* elas para elaborar uma proposta de solução. O truque era que cada lista continha as palavras que compunham a nossa solução para aquele problema específico, e vários sinônimos para cada uma dessas palavras. Esperávamos que esse procedimento trouxesse um sentimento de propriedade aos participantes, além de garantir que suas respostas fossem iguais às nossas.

Veja, por exemplo, a próxima página, na qual encontra-se a lista de palavras possíveis para responder à pergunta 1.

Se você olhar atentamente para essa lista, poderá perceber outro truque. Nós colocamos as palavras que compunham nossa própria proposta de solução no topo da lista ("irrigar gramados usando água cinza reciclada, recuperada dos drenos das casas"), para que os participantes as vissem primeiro e, consequentemente, tivessem mais probabilidades de encontrar a mesma solução por conta própria.

água	reciclada	gramados	da casa	usando
tratada	recuperada	drenos	dos	cinza
irrigar	no	chuveiro	jardins	cultivos
para	utilizado	sobretudo	semi	embaixo
sujo	em vez de	limpo	a	doméstico
consumo	fixar	casa	um	já
irrigação	reutilizar	em partes	parcialmente	então
por	sistema	atividades	esclarecer	um
regador	usar	purificar	reciclar	outro
em	lavar	para	assim	de

Comparamos o valor que os participantes atribuíram às três soluções que oferecemos com as três que eles mesmos "criaram" e, novamente, descobrimos que eles apreciavam mais as suas próprias soluções. Mesmo quando não pudemos atribuir o aumento do brilhantismo percebido das ideias à sua qualidade objetiva ou ao encaixe idiossincrático, o elemento de "propriedade" da Tendência do "Não Inventado Aqui" seguia firme. No fim das contas, concluímos que, uma vez que sentimos ter criado algo, adquirimos também um senso maior de propriedade — passando, consequentemente, a supervalorizar a utilidade e a importância das "nossas" ideias.

Escolher algumas palavras de uma lista de 50 para gerar uma ideia não é uma tarefa difícil, mas ainda assim exige algum esforço. Nos perguntamos, então, se um esforço ainda menor faria as pessoas pensarem que uma determinada ideia era delas — o equivalente ao semicaseiro de Sandra Lee, mas no domínio das ideias. E se nós simplesmente déssemos uma solução de uma frase só para as pessoas, mas com as palavras em uma ordem mista? O simples ato de reordenar as palavras para formar uma solução seria suficiente para fazer as pessoas pensarem que a ideia era delas e, consequentemente, supervalorizá-la? Considere um dos problemas utilizados:

Problema: como as comunidades podem reduzir o gasto de água sem impor restrições muito rígidas?

Os leitores do *New York Times* ficariam menos impressionados com a solução se ela fosse escrita em uma ordem coerente, e lhes fosse solicitado apenas avaliá-la? O que aconteceria se fornecêssemos aos participantes a mesma solução em uma ordem misturada de palavras, e pedíssemos para que as reorganizassem coerentemente?

Esta é a solução escrita com as palavras em ordem:

Solução proposta: irrigar gramados usando água cinza reciclada, recuperada dos drenos das casas.

E aqui está a solução escrita com as palavras fora de ordem:

Palavras para a solução proposta: gramados drenos usando água reciclada cinza recuperada dos irrigar das casas.

Essa modificação fez alguma diferença? Pode apostar que sim! No fim das contas, mesmo o simples ato de reordenar as palavras foi o suficiente para que nossos participantes se sentissem responsáveis pelas ideias, e gostassem mais delas do que daquelas que lhes foram dadas de mão beijada.

Infelizmente, também descobrimos que Mark Twain estava certo.

Uma Corrente Negativa

Agora, você pode se perguntar: “Não existem áreas — como a pesquisa científica — nas quais a preferência humana-demasiado-humana pelas próprias ideias fica em segundo plano? Onde uma ideia é julgada pelos seus méritos objetivos?”

Como acadêmico, gostaria de poder lhe dizer que a tendência de se apaixonar pelas nossas próprias ideias não acontece no mundo sóbrio e objetivo da ciência. Afinal, preferimos pensar que os cientistas se preocupam mais com evidências e dados e que todos trabalham coletivamente, sem orgulho ou preconceito, em direção a um objetivo comum no avanço do conhecimento. Isso seria magnífico, mas a realidade é outra. A ciência, afinal, é feita por seres humanos. Os cientistas, portanto, são limitados pelo mesmo dispositivo de computação de 20watts-hora (o cérebro) e pelas mesmas tendências (como a preferência pelas nossas próprias criações) que outros mortais. No mundo científico, a Tendência do "Não Inventado Aqui" é carinhosamente chamada de "teoria da escova de dentes". A ideia é que todos querem uma escova de dentes, todos precisam de uma, todos têm uma, mas ninguém quer usar a de outra pessoa.

"Espere um pouco", você pode argumentar. "É bom que os cientistas se apeguem excessivamente às suas próprias teorias. Afinal, isso pode motivá-los a passar semanas e meses em pequenos laboratórios e porões, trabalhando em tarefas chatas e entediantes." De fato, a Tendência do "Não Inventado Aqui" pode gerar um nível mais alto de comprometimento, fazendo com que as pessoas sigam suas próprias ideias (ou aquelas que elas pensam ser suas).

Entretanto, como você provavelmente já deve ter adivinhado, a Tendência do "Não Inventado Aqui" também pode ter um lado obscuro. Consideremos aqui um exemplo famoso de alguém que se apaixonou profundamente por suas próprias ideias, e o custo associado a essa fixação. Em seu livro *Blunder*, Zachary Shore descreve como Thomas Edison, o inventor da lâmpada, se apaixonou pela eletricidade de corrente contínua (CC). Um inventor sérvio, chamado Nikola Tesla, trabalhou para Edison e desenvolveu a chamada eletricidade de corrente alternada (CA) sob a supervisão de Edison. Tesla argumentou que, ao contrário da corrente contínua, a corrente alternada poderia não apenas iluminar lâmpadas a distâncias maiores, como também alimentar máquinas industriais gigantescas utilizando a mesma rede elétrica. Resumindo, Tesla afirmou que o mundo moderno exigia CA — e estava certo. Somente a CA poderia fornecer a escala e o escopo necessários para o uso extenso de eletricidade.

Edison, contudo, protegia tanto a sua criação que descartou as ideias de Tesla como "esplêndidas, mas totalmente impraticáveis".[7] Edison poderia ter obtido a patente da CA, já que Tesla havia trabalhado para ele quando a elaborou, mas seu amor pela CC era grande demais.

Edison resolveu descredibilizar a CA como perigosa — e, de fato, naquela época, ela era. O pior que poderia acontecer a qualquer pessoa que tocasse em um fio de CC energizado seria um eletrochoque poderoso — mas não letal. Por outro lado, tocar em um fio de CA energizado poderia matar alguém instantaneamente. Os primeiros sistemas de CA do fim do século XIX, na cidade de Nova York, eram feitos de fios entrecruzados, que pendiam de maneira totalmente exposta. Os reparadores tinham que atravessar cabos mortos para poder reconectar aqueles que estivessem defeituosos, sem qualquer proteção adequada (algo que os sistemas modernos já possuem). Ocasionalmente, as pessoas eram eletrocutadas pela corrente alternada.

Um caso especialmente hediondo ocorreu na tarde de 11 de outubro de 1889. No alto de um emaranhado de fios elétricos aéreos, em um distrito movimentado no centro de Manhattan, um eletricista reparador chamado John Feeks tocou acidentalmente em um deles, que entrara em curto nas proximidades. O choque foi tão intenso que lançou-o contra os outros fios. O conjunto das cargas incendiou seu corpo inteiro, emitindo raios de luz azul pelos seus pés, boca e nariz. O sangue escorreu para a rua logo abaixo, enquanto os transeuntes mantinham expressões boquiabertas de espanto e horror. O caso era exatamente o que Edison precisava para reforçar suas acusações sobre o perigo da CA e, portanto, a superioridade de sua amada CC.

Como um inventor competitivo, Edison não estava disposto a deixar o futuro da corrente contínua ser ditado pelo acaso, e então deu início a uma grande campanha de relações públicas contra a corrente alternada, tentando gerar medo no público a respeito da tecnologia concorrente. Inicialmente, ele demonstrou os perigos da CA orientando seus técnicos a eletrocutarem cães e gatos vira-latas, e usou isso para mostrar os riscos potenciais da corrente alternada. Na etapa seguinte, ele financiou, secretamente, o desenvolvimento de uma cadeira elétrica em corrente alternada como instrumento de pena de morte. A primeira pessoa a ser executada na cadeira elétrica, William Kemmler, foi cozida viva e lentamente. É fato que esse período não foi o ápice de Edison, mas foi muito eficaz e assustador para demonstrar os perigos da corrente alternada. No entanto, apesar de todas as tentativas de Edison, a corrente alternada acabou prevalecendo.

A insensatez de Edison também é uma demonstração de como as coisas podem ir mal quando nos tornamos muito apegados às nossas próprias ideias, já que, a despeito dos perigos da CA, ela também tinha um potencial muito maior para abastecer o mundo. Felizmente, para a maioria de nós, nossos apegos irracionais raramente terminam tão mal quanto os de Edison.

É CLARO QUE AS consequências negativas da Tendência do “Não Inventado Aqui” se estendem para além dos exemplos de alguns indivíduos. As empresas, em geral, tendem a criar culturas centradas em suas próprias crenças, linguagens, processos e produtos. Englobadas por tais forças culturais, as pessoas que trabalham em uma empresa tendem a aceitar naturalmente essas ideias desenvolvidas internamente como mais úteis e importantes do que as de outros indivíduos e organizações.*

Se pensarmos na cultura organizacional como um componente importante da mentalidade do "Não Inventado Aqui", uma maneira de acompanhar essa tendência pode ser observando a velocidade com que as siglas florescem dentro das empresas, indústrias e profissões. (Por exemplo, ICRM: *Innovative Customer Relationship Management* [ou, em tradução livre, "Gestão de Relacionamento com o Cliente"]; KPI: *Key Performance Indicator* ["Indicador-chave de desempenho", em tradução livre]; OPR: *Other People's Resources* ["Recursos Alheios", em tradução livre]; QSC: *Quality, Service, Cleanliness* ["Qualidade, Serviço e Limpeza", em tradução livre — máxima da empresa McDonald's]; GAAP: *Generally Accepted Accounting Principles* ["Princípios Contábeis Geralmente Aceitos"]; SaaS: *Software as a Service* ["Software como Serviço"]; TCO: *Total Cost of Ownership* ["Custo Total da Posse"]; e assim por diante). Siglas proporcionam uma espécie de conhecimento interno secreto, oferecendo às pessoas uma maneira de falar em abreviações sobre as ideias. E, além de aumentarem a percepção da importância dessas ideias, elas ajudam a impedir que outras ideias entrem no círculo privado.

As siglas não são especialmente prejudiciais, mas surgem alguns problemas quando as empresas se tornam vítimas de suas próprias mitologias e adotam um foco interno limitador. A Sony, por exemplo, tinha um longo histórico de invenções de grande sucesso — o rádio transistorizado, o *Walkman*, a televisão de tubo Trinitron. Depois de uma longa série de sucessos, a empresa provou do seu próprio remédio. "Se algo não foi inventado

* Existem algumas exceções à regra, já que certas empresas parecem ser ótimas em adotar ideias externas e avançar com elas em grande estilo. A Apple, por exemplo, pegou muitas ideias da Xerox PARC, enquanto a Microsoft, por sua vez, tomou emprestadas ideias da Apple.

pela Sony, eles não queriam ter nada com isso", escreveu James Surowiecki no *New Yorker*. O próprio CEO da Sony, Sir Howard Stringer, admitiu que os engenheiros da empresa sofreram de uma tendência prejudicial de "Não Inventado Aqui". Mesmo com os rivais lançando produtos de nova geração que sumiam das prateleiras, a exemplo do iPod e do Xbox, o pessoal da Sony não acreditava que as ideias externas fossem tão boas quanto as deles. Eles perderam oportunidades em produtos como tocadores de MP3 e TVs de tela plana, enquanto investiam seus esforços no desenvolvimento de produtos que quase ninguém queria, como câmeras que não eram compatíveis com as formas mais populares de armazenamento de memória.[8]

Correntes Opostas

Os experimentos que realizamos para testar o efeito IKEA mostraram que, quando fazemos as coisas com nossas próprias mãos, tendemos a valorizá-las mais. Nossos experimentos para testar a Tendência do "Não Inventado Aqui" demonstraram que a mesma coisa acontece em relação às nossas ideias. Independentemente do que criamos — baús de brinquedos, uma fonte de eletricidade, um novo teorema matemático —, boa parte do que realmente importa para nós é que se trata de uma criação nossa. E, contanto que a criemos, tendemos a ter segurança de que se trata de algo mais útil e importante do que outras ideias semelhantes, provindas de outras pessoas.

Como muitas descobertas no campo da economia comportamental, isso pode ser útil e prejudicial ao mesmo tempo. Vendo pelo lado positivo, se você entender o sentimento de propriedade e orgulho que decorre do tempo e da energia investidos em projetos e ideias, pode inspirar a si mesmo e aos outros a estarem mais comprometidos e interessados nas tarefas em questão. Não é preciso muito para se aumentar o sentimento de propriedade. Da próxima vez que você desembrulhar um objeto manufaturado, olhe para a etiqueta; é bem capaz de você encontrar o nome de alguém orgulhosamente exibido nela. Ou ainda: pense no que poderia acontecer se você ajudasse seus filhos a plantar vegetais no jardim. Provavelmente, se eles cultivarem sua própria alface, tomates e pepinos, e ajudarem a prepará-los para uma salada no jantar, irão comer e amar todos esses vegetais. Analogamente, se eu tivesse organizado minha apresentação para os banqueiros menos como uma palestra e mais como um seminário, no qual eu faria uma série de perguntas sugestivas, eles poderiam ter sentido que aquelas ideias eram originalmente suas e, portanto, teriam adotado elas de coração.

Mas é claro que também existe um lado negativo nisso tudo. Por exemplo, alguém que sabe como manipular a ânsia de propriedade de uma outra pessoa pode levar uma vítima desavisada a fazer algo por ela. Se eu quisesse fazer alguns dos meus alunos de doutorado trabalharem em um projeto de pesquisa específico para mim, eu precisaria apenas levá-los a acreditar que *eles mesmos* tiveram essa ideia, fazendo-os realizar um pequeno estudo, analisar os resultados e *voilà*, eles seriam fisgados. E, como no caso de Edison, o processo de se apaixonar pelas nossas próprias ideias pode levar a uma fixação. Uma vez que isso acontece, é muito menos provável que sejamos flexíveis quando necessário ("manter o rumo" é desaconselhável, em muitos casos), e corremos o risco de rejeitar ideias alheias que podem simplesmente ser melhores do que as nossas.

Como muitos outros aspectos de nossa natureza interessante e curiosa, a tendência a supervalorizar o que criamos é uma mistura de bom e ruim. Nossa maior tarefa é descobrir como extrair o máximo do bom e o mínimo do ruim de nós mesmos.

Agora, se você não se importar, organize as seguintes palavras em uma frase coerente e indique o quanto a considera importante:

uma parte importante básica e nós de mesmos a irracionalidade é.

Em uma escala de 0 (nada importante) a 10 (muito importante), avalio essa ideia em ______________, conforme a sua importância.

CAPÍTULO 5

Em Defesa da Vingança

O Que Nos Faz Buscar Justiça?

No romance de Alexandre Dumas, *O Conde de Monte Cristo*, o protagonista, Edmond Dantès, passa muitos anos sofrendo na prisão sob falsas acusações. Ele finalmente escapa e encontra um tesouro deixado por um companheiro de prisão, e que transforma sua vida. Sob uma nova identidade assumida como o Conde de Monte Cristo, ele usa cada porção de sua riqueza e inteligência para aprisionar e manipular seus traidores, vingando-se deles e até mesmo de suas famílias. Depois de examinar os destroços humanos deixados para trás, o Conde finalmente percebe que levou seu desejo de vingança longe demais.

Dada a oportunidade, a maioria de nós geralmente fica mais do que satisfeita em buscar vingança, embora poucos levem isso ao mesmo extremo que Dantès. A vingança é um dos instintos mais arraigados que possuímos. Ao longo da história, rios de sangue foram derramados e um número infinito de vidas foram arruinadas em um esforço para acertar contas — mesmo quando nada de bom pudesse resultar disso.

Mas imagine o seguinte cenário: você e eu vivemos há 2 mil anos em uma antiga terra deserta, e eu possuo um jumento jovem e bonito que você deseja roubar. Se você achar que eu tomo decisões racionalmente, pode pensar consigo mesmo: "Dan Ariely levou dez dias inteiros cavando poços para ganhar dinheiro suficiente para comprar aquele animal. Se eu roubá-lo à noite e fugir para um lugar distante, Dan provavelmente decidirá que não vale a pena perder tempo me perseguindo. Em vez disso, vai considerar o fato como um prejuízo e vai cavar mais poços, a fim de ganhar dinheiro suficiente para comprar um novo jumento." Mas se você sabe que eu nem sempre sou uma pessoa racional, que na verdade sou o tipo de alma trevosa e vingativa que irá persegui-lo até os confins da terra, levando de volta não apenas o meu jumento, como todas as suas cabras, indo embora e deixando um rastro de sangue para trás — ainda assim você roubaria o meu jumento? Acredito que não.

Tendo isso em vista, e a despeito de todos os danos causados pelo ato vingativo (qualquer pessoa que já passou por uma separação ruim ou divórcio sabe do que estou falando), parece que a própria ameaça de vingança — ainda que a grandes custos pessoais — pode servir como um mecanismo eficaz de aplicação da cooperação e da ordem social. Embora eu não recomende o "olho por olho e dente por dente", suspeito que, de modo geral, a ameaça de vingança possui certa eficácia.*

Quais são, exatamente, os mecanismos e as motivações subjacentes a esse desejo primordial? Em quais circunstâncias as pessoas desejam se vingar? O que nos leva a gastar nosso próprio tempo, dinheiro e energia — e até mesmo correr riscos — apenas para fazer outra pessoa sofrer?

---

* Na verdade, a vingança é uma boa metáfora para a economia comportamental em geral. Embora o instinto não seja racional, ele tampouco é isento de sentido, sendo até mesmo útil, às vezes.

O Prazer da Punição

Para começar a entender a profundidade do desejo humano de vingança, convido você a considerar um estudo conduzido por um grupo de pesquisadores suíços liderados por Ernst Fehr, que examinou a vingança usando uma versão de um jogo experimental que chamamos de Jogo da Confiança. Aqui estão as regras, explicadas detalhadamente a todos os participantes.

Você joga com outro participante, mas cada um é mantido em um quarto separado, e um nunca saberá a identidade do outro. O experimentador dá dez dólares para cada um. Você faz a primeira jogada, tendo que decidir entre enviar seu dinheiro para o outro participante ou ficar com ele para si. Se você mantê-lo, ambos ficarão com seus dez dólares, e o jogo acaba. No entanto, se você enviar o dinheiro para o outro jogador, o experimentador quadruplicará essa quantia — de modo que o outro jogador fique com seus 10 dólares originais e some mais 40 a estes (os 10 dólares multiplicados por 4). Agora, o outro jogador tem a opção de: (a) ficar com todo o dinheiro, o que significa que ele receberia 50 dólares e você não receberia nada; ou (b) enviar metade do dinheiro de volta para você, o que significa que cada um ficaria com 25 dólares.*

A questão, evidentemente, é se você vai confiar na outra pessoa. Você enviaria o dinheiro, sacrificando, potencialmente, o seu próprio lucro? E a outra pessoa honraria sua confiança, dividindo os ganhos? A previsão da economia racional é muito simples: ninguém jamais devolveria metade dos seus 50 dólares e, sendo esse comportamento tão obviamente previsível de uma perspectiva econômica racional, ninguém nem sequer enviaria os 10 dólares iniciais, para começo de conversa. Nesse caso, a teoria econômica

* Existem muitas versões desse jogo, com regras e quantias de dinheiro diferentes, mas o princípio básico é sempre o mesmo.

simples é imprecisa, e há uma boa notícia: as pessoas confiam mais e são mais recíprocas do que a economia racional quer que acreditemos. Muitas pessoas acabam repassando os seus 10 dólares, e seus parceiros geralmente retribuem, enviando 25 de volta.

Esse é o jogo básico da confiança, mas a versão suíça incluía outra etapa interessante: se o seu parceiro escolhesse ficar com os 50 dólares para si, você poderia usar o seu próprio dinheiro para puni-lo. Para cada dólar de seu dinheiro doado ao experimentador, dois dólares seriam descontados do seu parceiro ganancioso. Isso significa que, se você decidisse gastar, digamos, 2 dólares do seu próprio dinheiro, seu parceiro perderia 4, e, se você decidisse gastar 25, seu parceiro perderia tudo. Se estivesse jogando e a outra pessoa traísse a sua confiança, você optaria por essa vingança dispendiosa? Você sacrificaria seu próprio dinheiro para fazer o outro jogador sofrer? Se sim, quanto?

O experimento revelou que muitas das pessoas que tiveram a oportunidade de se vingar de seus parceiros o fizeram, punindo-os severamente. No entanto, essa descoberta não foi a parte mais interessante do estudo. Enquanto tomavam suas decisões, os cérebros dos participantes eram escaneados por tomografias por emissão de pósitrons (PET). Dessa forma, os experimentadores puderam observar a atividade cerebral dos participantes enquanto eles se decidiam. Os resultados mostraram um aumento da atividade no corpo estriado, que é uma parte do cérebro associada à forma como experimentamos recompensas. Em outras palavras, de acordo com a PET, parecia que a decisão de punir os outros estava relacionada a uma sensação de prazer. Além do mais, aqueles que tinham um alto nível de atividade no estriado puniam os outros em maior grau.

Tudo isso sugere que punir uma traição, mesmo com algum custo, tem seus fundamentos biológicos — e que esse comportamento é, de fato, prazeroso (ou pelo menos provoca uma reação semelhante ao prazer).

O desejo de punir também existe entre os animais. Em um experimento realizado no Instituto de Antropologia Evolucionária, em Leipzig, na Alemanha, Keith Jensen, Josep Call e Michael Tomasello queriam descobrir se os chimpanzés detinham algum senso de justiça. A configuração experimental exigia colocar dois chimpanzés em duas gaiolas vizinhas e uma mesa com uma pilha alta de comida ao alcance de ambos, do lado de fora das gaiolas. A mesa estava equipada com roldanas e uma corda em cada extremidade. Os chimpanzés podiam agarrar a mesa e movê-la para mais perto ou mais longe de sua gaiola. As cordas estavam presas na parte de baixo e, se um chimpanzé a puxasse, a mesa desabaria e toda a comida cairia no chão, fora de alcance.

Quando os pesquisadores colocaram um chimpanzé em uma das gaiolas e deixaram a outra vazia, ele puxou a mesa e comeu contentemente, sem puxar a corda. No entanto, as coisas mudaram quando um segundo chimpanzé foi colocado na gaiola vizinha. Contanto que os dois compartilhassem a comida, tudo ficava bem; mas, se acontecesse de um deles puxar a mesa para muito perto de si — fora do alcance do outro chimpanzé —, o animal, irritado, costumava puxar a "corda da vingança" e derrubar a mesa. Não apenas isso, mas os pesquisadores relataram que, quando a mesa caía para longe do alcance, os chimpanzés explodiam de raiva, transformando-se em bolas de pelo pretas estridentes. A semelhança entre humanos e chimpanzés sugere que ambos têm um senso inerente de justiça e que a vingança, mesmo às custas pessoais, desempenha um papel significativo na ordem social de ambos.

A vingança, entretanto, vai além de meramente satisfazer um desejo pessoal de revidar. A vingança e a confiança são, na verdade, faces opostas da mesma moeda. Como vimos no jogo da confiança, as pessoas geralmente estão dispostas a colocar sua fé nos outros, mesmo em pessoas que não conhecem e que nunca encontrarão (do ponto de vista da economia racional, as pessoas confiam demais). Esse elemento básico de confiança é também o motivo pelo qual ficamos tão chateados quando o contrato social, baseado na confiança, é violado — e o porquê de, em tais circunstâncias, estarmos dispostos a gastar nosso próprio tempo e dinheiro, às vezes até nos arriscando fisicamente, para punir os infratores. Sociedades crédulas possuem benefícios enormes em relação às incrédulas, e é nosso objetivo tentar, instintivamente, manter um nível de confiança elevado em nossa sociedade.

A RAIVA DE UM LEGISLADOR

O trecho a seguir, extraído da carta de um legislador anônimo postada no site progressista "Open Left", ilustra bem a raiva que muitas pessoas sentiram em resposta ao resgate bancário de 2008:[9]

> Paulsen e os demais republicanos do Congresso, ou os poucos que realmente votarão a favor disso (cuja maioria não estará disposta a assumir a responsabilidade pelas consequências), disseram que não pode haver "acréscimos" ou cláusulas adicionais. Não interessa. Eu realmente não gostaria de desencadear uma depressão mundial (isso não é uma hipérbole, e sim uma possibilidade), mas não vou votar em um cheque em branco de 700 bilhões de dólares para aqueles porcos.
>
> Nancy [Pelosi] disse que queria incluir o segundo pacote de "estímulos" que o governo Bush e os republicanos no Congresso bloquearam. Eu não quero trocar uma oferta de 700 bilhões de dólares para os seres humanos mais impiedosos do planeta só para levantar algumas pontes medíocres. Eu quero reformas na indústria, e quero que sejam as mais punitivas possíveis.

Henry Waxman sugeriu reformas corporativas no governo, incluindo compensações para CEOs, como um preço a se pagar por isso. Enquanto isso, alguns membros sugeriram publicamente a permissão de alterações das hipotecas em caso de falência, e a equipe do Comitê Judiciário da Câmara parece interessadíssima. Isso é uma possibilidade concreta.

Podemos retirar todas as doações à indústria do projeto de lei predatório dos empréstimos hipotecários que a Câmara aprovou em novembro — que não foi aprovado no Senado —, e incluí-las na conta. Existem outras ideias circulando, mas será difícil desenvolvê-las antes da próxima semana. Também me vejo atraído por providências que não teriam nenhum propósito útil além de insultar a indústria, como exigir que os CEOs, CFOs e presidentes dos conselhos de quaisquer entidades que vendam títulos relacionados a hipotecas para o Departamento do Tesouro certifiquem-se de que completaram um curso aprovado em orientações financeiras. Afinal, isso é requerido dos consumidores que declaram falência, apenas para que se sintam devidamente humilhados por estarem afogados em dívidas, embora a maioria tenha perdido o controle de suas finanças por causa de uma doença grave na família. Sim, isso seria mesquinho e infantil, totalmente adequado para mim. Estou aberto a outras ideias e procuro voluntários que queiram agarrar esses desgraçados para que eu possa espancá-los.

Tomates Podres para Banqueiros

Não é de surpreender que o desejo de vingança tenha atingido muitos cidadãos após o colapso financeiro de 2008. Como resultado do colapso do mercado de títulos lastreados em hipotecas, os bancos institucionais caíram como peças de dominó. Em maio de 2008, a JPMorgan Chase adquiriu o banco de investimentos Bear Stearns. Em 7 de setembro, o governo interveio para resgatar as empresas Fannie Mae e Freddie Mac. Uma semana depois, em 14 de setembro, o Merrill Lynch foi vendido para o Bank of America. No dia seguinte, o Lehman Brothers declarou falência. Então, um dia depois (16 de setembro), a Reserva Federal dos EUA emprestou dinheiro à AIG para evitar o colapso da empresa. Em 25 de setembro, as subsidiárias bancárias do Washington Mutual foram parcialmente vendidas para a JPMorgan Chase e, no dia seguinte, a holding do Washington Mutual e sua subsidiária remanescente recorreram ao Capítulo 11 (o equivalente norte-americano à recuperação judicial no Brasil).

Na segunda-feira, 29 de setembro, o Congresso votou contra o pacote de resgate proposto pelo presidente George W. Bush, resultando em uma queda de 778 pontos no índice Dow Jones Industrial Average. E, enquanto o governo trabalhava para elaborar um pacote que seria aprovado, o Wachovia tornou-se mais uma vítima ao entrar em negociações com o Citigroup e o Wells Fargo (esse último comprou a companhia no dia 3 de outubro).

Quando olhei em volta e pude observar a indignação pública frente ao plano de resgate bancário de mais de 700 bilhões de dólares, parecia que as pessoas realmente queriam explodir aqueles banqueiros que jogaram suas carteiras de investimento no vaso sanitário. Um amigo meu, quase apoplético, propôs uma solução à maneira antiga: "Em vez de nos cobrar para resgatar aqueles bandidos", declarou, "o Congresso deveria colocá-los em troncos de madeira, com seus pés, mãos e cabeças expostos. E eu aposto que todos nos Estados Unidos da América pagariam pelo prazer de poder jogar tomates podres em todos eles!"

Agora considere aquilo que transpareceu da perspectiva do jogo da confiança. Confiamos os nossos fundos de aposentadoria a esses banqueiros, nossas economias e hipotecas. E eles, basicamente, saíram com os 50 dólares (seguidos de alguns zeros). Consequentemente, nós nos sentimos traídos e zangados, e queríamos que eles pagassem caro por isso.

Para equilibrar a economia, os bancos centrais mundiais tentaram injetar dinheiro no sistema, concedendo empréstimos de curto prazo aos bancos, aumentando a liquidez, recomprando títulos lastreados em hipotecas e utilizando todas as outras cartas na manga possíveis. Essas medidas extremas, no entanto, não alcançaram o efeito desejado, especialmente se considerarmos o impacto relativamente deplorável que essa injeção maciça de dinheiro de fato teve na restauração da economia.* O povo, obviamente, permaneceu furioso, já que a questão central da reconstrução da confiança foi negligenciada. Na verdade, suspeito que a confiança pública tenha se desgastado ainda mais devido a três fatores: a versão legal do resgate que acabou sendo aprovada (e que reduziu diversos impostos não relacionados); os bônus ultrajantes pagos para membros do setor financeiro; e a atitude de "voltar aos negócios habituais" em Wall Street.

A Vingança do Consumidor: Minha História, Parte I

Quando o nosso filho Amit tinha 3 anos, e Sumi e eu estávamos esperando nossa segunda criança, Neta, decidimos comprar um carro novo para a família e acabamos ficando com um Audi pequeno. Não chegava a ser uma minivan, mas era vermelho (a cor mais segura!) e, além disso, era um *hatchback* (versátil!). A empresa tinha uma ótima reputação no

---

* O resgate realmente ajudou muitos bancos, que rapidamente voltaram a uma situação de rentabilidade e passaram a distribuir grandes bônus para as cúpulas da alta administração. Já para a economia, a diferença não foi tão significativa assim.

atendimento ao cliente, e o carro vinha com quatro anos de trocas de óleo gratuitas. Esse Audi era excelente — enérgico, estiloso, com bom manuseio: nós o adoramos.

Na época, estávamos morando em Princeton, Nova Jersey, e a distância do nosso apartamento no Instituto de Estudos Avançados até a creche de Amit era de 200 metros, enquanto até o meu escritório era cerca de 400 metros; assim, as oportunidades de dirigir eram limitadas a algumas viagens ocasionais para fazer compras no mercado e a visitas bimestrais ao MIT, em Cambridge, Massachusetts. Nas noites anteriores ao meu horário previsto para o MIT, eu geralmente saía de Princeton por volta das 20h para evitar o trânsito, e chegava em Cambridge mais ou menos à meia-noite; no caminho de volta, seguia o mesmo procedimento.

Em uma dessas ocasiões, saí do MIT por volta das 20h com Leonard Lee, um colega da Universidade de Columbia cuja visita a Boston acabou coincidindo com a minha. Leonard e eu não tivemos muito tempo para conversar nos meses precedentes, e ambos estávamos ansiosos para a viagem. Com mais ou menos uma hora de estrada, eu estava dirigindo a cerca de 120km/h na movimentada rodovia Massachusetts Turnpike quando, de repente, o motor parou de responder ao acelerador. Eu tirei o pé do pedal e pressionei-o novamente. O carro acelerou em resposta, mas não houve alteração na velocidade. Era como se estivéssemos em ponto morto.

O carro estava perdendo velocidade rapidamente. Liguei a seta para a direita e olhei por cima do ombro: dois caminhões de 18 rodas vinham na minha direção, um atrás do outro, não parecendo se importar com a minha sinalização. Não havia como prosseguir. Depois que eles passaram, tentei entrar na pista certa, mas a distância que os motoristas de Boston costumam manter do carro à frente só é visível com um bom microscópio.

Enquanto isso, meu colega, tipicamente falador e sorridente, estava quieto e com uma expressão séria em seu rosto. Quando a velocidade do carro já havia caído para 30km/h, eu finalmente consegui abrir caminho para a pista da direita e de lá para o acostamento, com o coração na garganta. Não consegui chegar até a extremidade da direita porque o carro já havia perdido toda a velocidade, mas pelo menos estávamos fora das vias de circulação.

Desliguei o carro, esperei alguns minutos e tentei ligá-lo novamente para ver se a transmissão engataria. Nada. Abri o capô e chequei o motor. Quando eu era mais jovem, conseguia entender como funcionava o motor de um carro, já que antigamente era possível ver o carburador, os pistões, as velas de ignição e alguns tubos e correias; mas esse Audi novo tinha um grande bloco de metal sem partes visíveis, então acabei desistindo e chamando a assistência rodoviária. Uma hora depois, fomos rebocados de volta para Boston.

Pela manhã, liguei para o atendimento ao cliente da Audi e descrevi a experiência da maneira mais vívida e gráfica que consegui. Até entrei em detalhes, lembrando dos caminhões, do medo de não conseguir sair da rodovia, do fato de ter um passageiro cuja vida estava em minhas mãos e da dificuldade de se dirigir um carro cujo motor tinha simplesmente parado de funcionar. A mulher do outro lado da linha parecia estar lendo um roteiro: "Sinto muito pelo seu inconveniente."

Aquele tom de voz me fez querer agarrar sua garganta através da linha telefônica. Lá estava eu, com o que me parecia ter sido uma experiência de quase morte — sem mencionar que um carro de apenas cinco meses havia parado de funcionar na minha mão —, e a melhor descrição que ela arranjou para o ocorrido foi "inconveniência". Eu praticamente conseguia vê-la ali, me escutando enquanto lixava as unhas.

O diálogo subsequente foi mais ou menos assim:

ELA: O senhor está atualmente em sua cidade natal?

EU: Não. Atualmente, eu moro em Nova Jersey e estou preso em Massachusetts.

ELA: Estranho. Nossos registros indicam que o senhor mora em Massachusetts.

EU: Normalmente eu moro, mas estou passando dois anos em Nova Jersey. Além disso, comprei o carro lá.

ELA: Nós temos uma política de reembolso para pessoas que não estão na cidade onde residem. Podemos pagar uma passagem de avião ou de trem para ajudá-los a voltar para casa. No entanto, uma vez que nossos registros mostram que o senhor mora em Massachusetts, infelizmente o senhor não se qualifica para nenhum desses.

EU (*aumentando o tom de voz*): Você quer dizer que a culpa é minha que os seus registros estejam incorretos? Posso fornecer todas as provas que você quiser de que agora eu vivo em Nova Jersey.

ELA: Sinto muito. Nós seguimos os nossos registros.

EU (*já decidido a não insistir, para poder ter o meu carro consertado o quanto antes*): E quanto ao meu carro?

ELA: Vou ligar para a concessionária. Manterei o senhor informado.

Mais tarde, naquele mesmo dia, descobri que a concessionária levaria pelo menos quatro dias para simplesmente verificar o meu carro. Então, aluguei um carro e seguimos em frente novamente, eu e Leonard — dessa vez com mais êxito.

Liguei para o atendimento ao cliente da Audi duas ou três vezes por semana durante o mês seguinte, conversando com representantes de atendimento ao cliente e com supervisores de todos os níveis, pedindo cada vez mais informações sobre o estado do carro, sem qualquer sucesso. Depois de cada ligação, meu humor piorava. Então, percebi três coisas: algo muito ruim havia acontecido com meu carro; o atendimento ao cliente da Audi assumiria a menor responsabilidade possível; e que, a partir de então, eu não apreciaria dirigir aquele carro da mesma maneira, porque minha experiência agora estava contaminada por vários sentimentos negativos.

Tenho um amigo no escritório da promotoria de Massachusetts que me passou os regulamentos da "Lei do Limão". Então, voltei a ligar para o atendimento ao cliente da Audi, dessa vez para falar a respeito disso. A pessoa do outro lado da linha ficou surpresa ao saber que havia algo chamado Lei do Limão. Ela me convidou a entrar com um recurso (consegui imaginá-la sorrindo ao pensar: "E os nossos advogados ficarão muito felizes em envolver o seu advogado em um processo longo e dispendioso.").

Depois dessa conversa, ficou claro que eu não tinha nenhuma chance. Contratar um advogado para resolver a disputa me custaria muito mais do que simplesmente vender o carro e aceitar o prejuízo. Cerca de um mês depois que o carro havia quebrado, ele foi finalmente consertado. Então, dirigi o carro alugado de volta a Boston, entrei no meu Audi e voltei para Princeton, mais insatisfeito do que o normal: me sentia desamparado e frustrado com toda a experiência. É claro que, em primeiro lugar, eu fiquei desapontado com o próprio fato de o carro ter quebrado, mas compreendo que carros sejam coisas mecânicas, e que quebrem de vez em quando — não há muito o que fazer a respeito disso. Acontece que eu tive o azar de comprar um carro com defeito. Mas o que realmente me incomodou foi a maneira como fui tratado pelo pessoal do atendimento. Sua evidente falta de consideração e a estratégia de bater de frente comigo me irritaram. Agora, eu também queria machucá-los.

Não Pegue Neste Telefone!

Mais tarde, tive um ótimo momento de desabafo com uma das minhas melhores amigas, Ayelet Gneezy (professora da Universidade da Califórnia em San Diego). Ela entendeu o meu desejo de contra-atacar a Audi e sugeriu que examinássemos o fenômeno juntos. Decidimos realizar alguns experimentos sobre a vingança do consumidor na esperança de que, durante o processo, fôssemos capazes de compreender melhor nossos próprios sentimentos e comportamentos vingativos.

Nossa primeira tarefa foi criar condições experimentais que fizessem os participantes quererem se vingar de nós. Não parece algo positivo, eu sei, mas precisávamos agir assim para conseguir medir a extensão desse tipo de comportamento. A configuração ideal para tal experimento seria recriar um alto nível de aborrecimento do cliente — algo análogo à minha história com a Audi. Embora a empresa parecesse muito satisfeita em me irritar, suspeitamos que estaria disposta a incomodar — a fim de ajudar com o nosso projeto de pesquisa, é claro — metade das pessoas que ligassem para a central de atendimento, e a outra metade, não. Para tanto, tivemos que tentar elaborar uma configuração semelhante.

De certa forma, embora pudesse ter sido bom — por razões experimentais — criar uma irritação bem dramática para nossos participantes, não queríamos que as pessoas parassem na cadeia, ou que sangue fosse derramado — especialmente o nosso. Sem contar que seria um pouco antiético sujeitá-las a uma pressão emocional considerável com o propósito de estudar a vingança; além disso, e por motivos de pesquisa, também preferimos um experimento que envolvesse apenas um baixo nível de aborrecimento do consumidor. Por quê? Ora, se pudéssemos estabelecer que mesmo um baixo nível de irritação seria o suficiente para fazer as pessoas se sentirem vingativas e agirem de acordo, poderíamos também extrapolar que, no mundo real, no qual questões irritantes podem ser muito mais potentes, a probabilidade de vingança seria muito mais alta.

Nos divertimos muito pensando em maneiras de irritar as pessoas. Pensamos em fazer o experimentador comer alho e baforar nos participantes enquanto explicasse uma tarefa, ou talvez derramar algo sobre eles ou até mesmo pisar em seus pés. Eventualmente, acabamos decidindo por pedir ao experimentador para que pegasse seu celular no meio de uma explicação, falasse com outra pessoa por alguns segundos, desligasse e, por fim, sem reconhecer a interrupção, retomasse a explicação como se nunca a tivesse interrompido. Achamos que essa era uma abordagem menos invasiva e nociva do que as outras.

Portanto, tendo escolhido o nosso aborrecimento, que oportunidade de vingança poderíamos oferecer aos participantes, e como a mediríamos? Podemos dividir os tipos de atos vingativos em duas classes: "fracos" e "fortes". A vingança fraca é o tipo que se enquadra nas normas morais e legais de comportamento, como quando eu reclamo em voz alta com vizinhos e amigos (e com você, caro leitor) sobre o péssimo atendimento ao cliente da Audi. É perfeitamente normal expressar-se dessa maneira, e ninguém dirá que eu evadi qualquer norma ao fazê-lo. Por outro lado, a vingança torna-se forte quando alguém se afasta das normas aceitáveis para vingar-se de um ofensor — digamos, ao quebrar uma janela, gerar algum dano físico, roubar etc. Decidimos, por fim, analisar as vinganças fortes.

Estudante de atuação desempregado na Universidade de Boston, Daniel Berger-Jones, um rapaz de 20 anos, talentoso, inteligente e bonito (alto, cabelo escuro, ombros largos e uma cicatriz aventureira na bochecha esquerda), era exatamente o que estávamos procurando. Ayelet e eu contratamos Daniel no verão para irritar as pessoas nos ubíquos cafés de Boston. Bom ator, Daniel era facilmente bem-sucedido, conseguindo manter sempre um rosto encantadoramente sério; ele também conseguia repetir suas performances de forma consistente, vez após outra.

Tendo se estabelecido em um café, Daniel observou se as pessoas entravam sozinhas. Depois que se acomodavam em uma cadeira com suas respectivas bebidas, ele se aproximava e dizia: "Com licença, vocês gostariam de participar de uma tarefa de cinco minutos em troca de cinco dólares?" A maioria das pessoas adorou a ideia, já que o valor cobria o custo do café, e ainda sobrava. Quando concordavam, Daniel entregava-lhes dez folhas de papel cobertas com letras aleatórias (muito parecidas com as que utilizamos no experimento de cartas descrito no Capítulo 2).

"Eis o que eu gostaria que você fizesse", ele instruía cada pessoa. "Encontre tantas letras S adjacentes quanto possível e circule-as. Se você terminar todos os pares de letras em uma folha, passe para a próxima. Quando os cinco minutos acabarem, voltarei para pegar as folhas e pagarei os cinco dólares. Você tem alguma pergunta?"

Cinco minutos depois, Daniel voltava à mesa, recolhia as folhas e entregava aos participantes uma pequena pilha de notas de um dólar junto com um recibo, no qual se lia:

> Eu, ______________________, recebi cinco dólares por participar de um experimento.
>
> Assinatura: ____________________ Data: ____________________

"Conte o dinheiro, assine o recibo e deixe-o sobre a mesa. Voltarei para pegá-lo mais tarde", dizia Daniel. Então saía para procurar outro participante. Essa era a condição "controlada", ou de "não aborrecimento".

Outro conjunto de clientes — aqueles na condição de "aborrecidos" — teve contato com um Daniel ligeiramente diferente. Enquanto explicava a tarefa, ele fingia que seu celular estava vibrando. Então, enfiava a mão no bolso, sacava o telefone e dizia: "Oi, Mike. E aí?" Após uma breve pausa, acrescentava, com entusiasmo: "Pizza hoje às 20h30. Minha casa ou a sua?" Em seguida, encerrava a ligação com um "Até mais tarde". A conversa falsa durava cerca de 12 segundos.

Depois que Daniel guardava o celular de volta no bolso, não fazia qualquer referência à interrupção, e simplesmente continuava descrevendo a tarefa. Dali em diante, tudo permanecia igual à condição controlada.

Esperávamos que as pessoas que vivenciaram aquela interrupção com a ligação ficariam mais irritadas e dispostas a buscar algum tipo de vingança, mas como foi que medimos até que ponto elas o faziam? Quando Daniel entregava a pilha de notas a todos, dizia: "Aqui estão seus cinco dólares. Conte e assine o recibo." Só que ele sempre dava um valor a mais, como que distraidamente. Às vezes, ele dava seis dólares, às vezes sete, e às vezes até nove. Estávamos interessados em saber se os participantes, pensando que foram pagos a mais por engano, exibiriam o comportamento de uma vingança forte ao violar uma norma social — nesse caso, ficar com o valor extra —, ou se devolveriam o dinheiro. Particularmente, nós queríamos medir quantas vezes as pessoas que foram interrompidas pela ligação falsa ficariam com o dinheiro extra, em relação àquelas que não o foram — isso nos daria a medida da vingança. Também escolhemos essa abordagem por ser semelhante às pequenas oportunidades de vingança que as pessoas têm no seu dia a dia. Imagine que você vá a um restaurante e descubra que o garçom cometeu algum erro com a conta — você o avisaria ou tomaria o dinheiro para si? E se ele o irritasse, você estaria mais propenso a fazer vista grossa?

Diante desse dilema básico, o que os nossos participantes fizeram? A quantidade de dinheiro extra que os participantes receberam (1, 2 ou 4 dólares) não impactou a sua tendência de fazer vista grossa. O fato de Daniel atender ao telefonema, no entanto, fez uma grande diferença. Apenas 14% dos participantes que experimentaram o lado rude de Daniel devolveram o dinheiro, em comparação com os 45% na condição de não aborrecidos. O fato de que apenas 45% das pessoas devolveram o dinheiro, mesmo quando não se aborreceram, já é algo triste de se constatar. Mas é verdadeiramente perturbador que um telefonema de 12 segundos diminua tão enormemente a probabilidade do dinheiro ser devolvido, ao ponto em que apenas uma pequena minoria das pessoas optasse pela honestidade.

Um Péssimo Hotel e Outras Histórias

Para o meu espanto, descobri que não sou a única pessoa a se sentir ofendida depois de ser maltratada pelos representantes dos clientes. Tomemos, por exemplo, os empresários Tom Farmer e Shane Atchison. Se você pesquisar por eles na internet, poderá encontrar uma apresentação divertida chamada "Seu Hotel é Péssimo",[10] — uma interessante vingança, em PowerPoint, contra a administração do hotel Doubletree Club, em Houston.

Em uma noite fria do ano de 2001, os dois empresários chegaram a esse hotel, no qual tinham conseguido, e confirmado, suas reservas. Só que, infelizmente, eles também foram informados de que o hotel estava lotado e de que havia apenas um quarto disponível — um que estava interditado devido a problemas com o ar-condicionado e com o encanamento.

Embora a notícia fosse inconveniente por si só, o que realmente irritou Farmer e Atchison foi a atitude indiferente do recepcionista noturno, que se chamava Mike.

Mike não fez nenhum esforço para encontrar acomodações alternativas, nem para tentar ajudá-los de alguma forma. Na verdade, seu comportamento rude, irreverente e desdenhoso enfureceu Farmer e Atchison muito mais do que a questão do quarto, propriamente. Sendo Mike o atendente, eles sentiram que era seu trabalho demonstrar pelo menos alguma compaixão; quando isso não aconteceu, eles se zangaram e resolveram se vingar. Como todos os bons consultores, prepararam uma apresentação em PowerPoint em que descreviam toda a sequência de eventos — acrescentando algumas citações humorísticas do "Recepcionista Mike". Nela, incluíram um cálculo do rendimento potencial que a incompetência de Mike custaria à rede de hotéis, além da probabilidade de que eles mesmos voltassem ao Doubletree Club.

No slide de número 15, intitulado "É muito provável que jamais voltemos ao Doubletree Club Houston", Tom e Shane descrevem esta probabilidade:

É MUITO PROVÁVEL QUE JAMAIS VOLTEMOS AO DOUBLETREE CLUB HOUSTON

- **Chances de se morrer em uma banheira: 1 em cada 10.455**
  (Conselho Nacional de Segurança)
- **Chances de a Terra ser ejetada do Sistema Solar pela atração gravitacional de uma estrela passante: 1 em cada 2.200.000**
  (Universidade de Michigan)
- **Chances de se ganhar na loteria do Reino Unido: 1 em cada 13.983.816 (loteria do Reino Unido)**
- **Chances de voltarmos ao Doubletree Club Houston: inferior a todas essas mencionadas acima**
  (E, de qualquer forma, quais são as chances de que vocês reservem quartos para nós?)

Os empresários enviaram o arquivo por e-mail para o diretor geral do hotel Doubletree Club, bem como para seus clientes em Houston. A apresentação viralizou na internet e o Doubletree acabou se oferecendo para fazer as pazes com Farmer e Atchison. Os dois solicitaram, simplesmente, que o hotel resolvesse seus problemas de atendimento ao cliente, o que supostamente acabou acontecendo.

Outra história de vingança com um final relativamente feliz é a dos irmãos Neistat, que fizeram um vídeo detalhando sua experiência com o atendimento ao cliente da Apple. Quando a bateria do iPod de um deles morreu, e eles ligaram para pedir uma substituta, o atendente responsável disse que o ano de garantia já havia expirado e que seriam cobrados 255 dólares, mais uma taxa de entrega, para consertar o problema. Por fim, ele acrescentou: "Só que, por esse preço, talvez você prefira comprar um novo."

Em resposta, os irmãos picharam a frase "**a bateria insubstituível do iPod dura apenas 18 meses**" em todos os pôsteres multicoloridos do iPod que puderam encontrar nas ruas da cidade de Nova York. Eles também filmaram a experiência e a postaram como "Segredinho do iPod" no YouTube e em outros sites. Essas ações forçaram a Apple a mudar sua política de substituição das baterias (infelizmente, contudo, a Apple continua a fazer iPods e iPhones com baterias difíceis de substituir).*

Claro, a condição *sine qua non* de um péssimo atendimento ao cliente na consciência do público é excelência das companhias aéreas. Voar pode, muitas vezes, ser um exercício de construção de hostilidades. Do lado da segurança, existem aquelas verificações extremamente invasivas que incluem, entre outras coisas, revistar senhoras de idade com próteses no

* Esse é outro exemplo de vingança forte, uma vez que os irmãos Neistat infringiram algumas leis relativas à destruição de propriedade quando desfiguraram os cartazes do iPod.

quadril. Precisamos tirar os sapatos e nos certificar de que nossas pastas de dente, hidratantes e outros itens líquidos sejam limitados a 85 gramas cada, e que caibam em um *ziploc* transparente. Além disso, existem inúmeros outros aborrecimentos e frustrações, incluindo filas enormes, assentos desconfortáveis e voos atrasados.

Ao longo dos anos, as companhias aéreas começaram a cobrar por quase tudo, entupindo os voos com o maior número de assentos e de pessoas possível, deixando um espaço entre os assentos que só poderia ser confortável para uma criança pequena. Eles cobram até por malas despachadas, água e lanches a bordo. Além do mais, otimizaram o tempo aéreo, fazendo com que os aviões passem mais tempo no ar e menos no solo; como consequência, adivinha o que acontece quando há um atraso? Sim, uma longa sequência de atrasos em vários aeroportos e que são atribuídos ao mau tempo em algum lugar ("Não é culpa nossa", dizem as companhias aéreas). Como resultado de todos esses acidentes e insultos, os passageiros, muitas vezes, se sentem irritados e hostis, e expressam isso de várias maneiras.

Um desses aspirantes à vingança me fez sofrer em um voo de Chicago para Boston. Tive o enorme prazer de ficar com um assento do meio (17B) entre dois indivíduos robustos que se esparramavam sobre mim. Logo após a decolagem, peguei uma revista da companhia aérea no bolso do assento. Em vez de sentir o papel, senti algo melado e frio, que poderia educadamente ser chamado de sobra. Tirei a mão, me espremi para sair do assento e ir ao banheiro para lavar as mãos. Lá, encontrei superfícies cobertas com papel higiênico, o chão molhado de urina e a saboneteira vazia. Os passageiros do voo anterior, assim como aquele cujo assento eu estava ocupando agora, devem ter ficado muito zangados (sensação que também pode ter contagiado a tripulação de limpeza e manutenção). Desconfio que a pessoa que me deixou o presente melado no bolso do assento, assim como os passageiros que bagunçaram com o vaso sanitário, não me odiavam pessoalmente. No entanto, em sua tentativa de expressar raiva contra a companhia aérea, eles descarregaram seus sentimentos em outros passageiros, que agora estavam mais propensos ainda a uma vingança.

Olhe ao redor. Você consegue perceber uma reação geral de vingança por parte do público em resposta ao aumento dos maus-tratos por parte de empresas e instituições? Você encontra mais grosseria, ignorância, indiferença, e às vezes até hostilidade, nas lojas, nos voos, nas locadoras de automóveis e assim por diante? Não sei quem começou esse problema do ovo e da galinha, mas conforme nós, consumidores, nos deparamos com um serviço problemático, tendemos a ficar mais irritados e a descontar no próximo prestador de serviço — independentemente de ele ser ou não responsável pela nossa experiência ruim. As pessoas que recebem nossas explosões emocionais seguem adiante para servir outros clientes; entretanto, como também estão de mau humor, elas não conseguem ficar em uma posição cortês ou educada. E assim segue o carrossel de aborrecimentos, frustrações e vinganças, em um ciclo cada vez maior.

Representantes e Dirigentes

Um dia, Ayelet e eu fomos almoçar para falar sobre os experimentos envolvendo Daniel e seu telefone celular. Uma jovem garçonete, que mal tinha saído da adolescência e parecia um tanto distraída, anotou nosso pedido. Ayelet pediu um sanduíche de atum e eu, uma salada grega.

Vários minutos depois, a garçonete reapareceu, trazendo uma salada Caesar e um sanduíche de peru. Ayelet e eu nos entreolhamos e olhamos para ela.

"Nós não pedimos isso", eu disse.

"Ah, me desculpe. Vou levá-los de volta."

Ayelet estava com fome. Quando olhou para mim, dei de ombros. "Está tudo bem", disse a ela. "Nós comemos esses aí mesmo."

A garçonete nos lançou um olhar desesperado. "Sinto muito", disse, e depois desapareceu.

"E se ela cometer um erro na conta e nos cobrar menos?", Ayelet me perguntou. "Comentaríamos com ela, ou nos vingaríamos sem dizer nada?" Essa pergunta estava relacionada ao nosso primeiro experimento, mas também diferia em um aspecto importante. Se a questão fosse sobre o tamanho da gorjeta que deixaríamos para ela, seria simples: como ela era a pessoa a nos ofender um pouco (a "dirigente", em linguagem econômica), lhe daríamos uma gorjeta um pouco menor, como punição. Um erro na conta, por outro lado, custaria ao restaurante, e não à garçonete; no que se refere à conta, portanto, a garçonete era a "representante", enquanto o restaurante era o "dirigente". Se detectássemos um erro na nossa fatura, mas não chamássemos a atenção por termos ficado incomodados com o desempenho dela, seria o dirigente aquele a pagar pelo erro do representante. Será que nós nos vingaríamos do dirigente, mesmo que o erro fosse culpa do representante? Então, nos perguntamos: "E se a garçonete fosse a dona do restaurante?" Nesse caso, ela seria a dirigente e a representante ao mesmo tempo. Tal situação nos tornaria mais propensos à vingança?

Nossa especulação concluiu que seríamos muito menos propensos a nos vingar do restaurante/dirigente se a garçonete fosse apenas uma representante, e muito mais propensos a não relatar o erro de fatura se ela fosse a dirigente. (Por fim, não houve qualquer erro na conta, e, embora não estivéssemos satisfeitos com o serviço da garçonete, de qualquer forma demos uma gorjeta para ela.) A noção de que a distinção entre representantes e dirigentes faria uma diferença na nossa tendência à vingança parecia razoável para nós. Decidimos colocar nossa intuição à prova e estudar esse problema mais detalhadamente.

Antes de eu contar o que fizemos e o que descobrimos, imagine que, um dia, você entre em uma loja de roupas de marca e seja atendido por uma vendedora irritante. Ela fica ali, atrás do balcão, tagarelando com um colega sobre o último episódio de *American Idol*, enquanto você tenta chamar sua atenção. Você já está irritado com o fato de que ela o está ignorando, e até pensa em ir embora, mas gostou tanto das roupas que, ao final, coloca as peças no balcão. Então, você percebe que a vendedora se esqueceu de verificar o preço do suéter, e que, consequentemente, o pagamento insuficiente penalizará o dono da loja (o dirigente), e não ela (a representante). Você ficaria quieto nessa situação ou apontaria para o erro dela?

Agora, considere um caso um pouco diferente: você vai a uma loja de roupas parecida com a outra, e novamente se depara com um vendedor irritante, que por acaso também é o dono do estabelecimento. Novamente, você tem a chance de obter, por engano, um suéter "grátis", só que, nesse caso, o dirigente e o representante são a mesma pessoa; não mencionar a omissão, então, puniria ambos. Como você agiria agora? Faria diferença se a pessoa a sofrer com sua vingança também fosse a responsável pela sua raiva?

A CONFIGURAÇÃO do nosso experimento subsequente foi semelhante à anterior, no café. Dessa vez, no entanto, Daniel apresentou-se para alguns dos clientes dizendo: "Olá, fui contratado por um professor do MIT para trabalhar em um projeto." Nessa condição, ele era o representante, tal como a garçonete e o vendedor, e, se alguém aborrecido decidisse ficar com o dinheiro extra, estaria prejudicando o dirigente (ou seja, eu). Para outros clientes, Daniel simplesmente disse: "Olá, estou trabalhando na minha tese e pagando esses estudos com meu próprio dinheiro." Isso fazia dele o dirigente, tal como o dono do restaurante ou da loja. Será que aqueles clientes cafeinados estariam mais propensos a buscar vingança se a sua ação punisse o próprio Daniel? Eles reagiriam de maneira semelhante, independentemente de quem fosse prejudicado?

Os resultados foram deprimentes. Conforme descobrimos em nosso primeiro experimento, as pessoas que ficavam incomodadas com o telefonema tinham uma probabilidade muito menor de devolver o dinheiro extra do que aquelas cujas conversas não eram interrompidas. O mais surpreendente foi descobrir que essa tendência a buscar vingança não dependia diretamente do desgosto por Daniel (o representante) ou por mim (o dirigente). Isso nos fez lembrar de Tom Farmer e Shane Atchison. Naquele caso, eles também estavam irritados, principalmente com Mike, o recepcionista noturno (um representante), mas a apresentação em PowerPoint foi direcionada, principalmente, para o hotel Doubletree Club (o dirigente). Aparentemente, no momento em que sentimos o desejo de vingança, não nos importamos com quem será punido — só queremos ver alguém pagar, independentemente de ser dirigente ou representante. Dado o número crescente de dualidades representante-dirigente no mercado e a popularidade da terceirização (que salienta ainda mais essas dualidades), consideramos que esse era um resultado realmente preocupante.

A Vingança do Consumidor: Minha História, Parte II

Aprendemos que mesmo as transgressões mais simples podem inflamar nosso instinto de vingança. Uma vez que sentimos a necessidade de reagir, não distinguimos bem entre a pessoa que nos deixou em tal estado e aquela que sofre as verdadeiras consequências da nossa retaliação. Essa é uma péssima notícia para as empresas que defendem o atendimento de suporte aos clientes da boca para fora (isso se elas fizerem tanto). Atos vingativos, afinal, não são fáceis de observar de dentro do escritório de um CEO (e, quando os consumidores se envolvem em atos daquilo que denominamos como vingança "forte", também se esforçam ao máximo para manter suas ações disfarçadas). Suspeito que empresas como Audi, Doubletree, Apple e muitas companhias aéreas não façam ideia da relação de causa e efeito entre sua abordagem ofensiva e os impulsos retaliatórios de seus clientes incomodados.

Como, então, eu resolvi expressar minha vingança à Audi? Já vi muitos vídeos divertidos no YouTube em que as pessoas desabafam sobre seus problemas, mas essa abordagem não convinha a mim. Em vez disso, decidi escrever um estudo de caso fictício para a famosa revista de negócios *Harvard Business Review (HBR)*. A história era sobre uma experiência negativa que Tom Zacharelli teve com seu novo carro da marca Atida (eu inventei o nome "Atida" e usei o primeiro nome de Tom Farmer; observe, também, a semelhança entre "Ariely" e "Zacharelli"). Aqui está a carta que Tom Zacharelli escreveu para o CEO da Atida:

Caro Sr. Turm,

Estou escrevendo para você como um cliente de longa data e antigo fã da Atida, que agora se encontra à beira do desespero. Vários meses atrás, comprei o novo Andromeda XL, que era enérgico, elegante e bom de dirigir. Eu adorei o carro.

No dia 20 de setembro, enquanto dirigia de volta para Los Angeles, o carro parou de responder ao acelerador. Era como se eu estivesse dirigindo em ponto morto. Tentei jogar para a pista da direita e, olhando por cima do ombro, notei dois caminhões enormes vindo na minha direção enquanto eu me deslocava. Os motoristas quase me acertaram, mas, de alguma forma, consegui chegar vivo ao acostamento. Foi uma das experiências mais assustadoras da minha vida.

A partir daí a experiência só piorou, graças ao seu atendimento ao cliente. Eles foram rudes, pouco solícitos e recusaram-se a reembolsar minhas despesas. Um mês depois, peguei meu carro de volta, mas agora me vejo nervoso, rancoroso e quero que vocês compartilhem do meu infortúnio. Preciso me vingar de alguma forma.

Estou pensando em fazer um pequeno filme, astuto e bastante desagradável, sobre a sua empresa, para depois postá-lo no YouTube. Garanto que vocês não ficarão satisfeitos.

Atenciosamente,

Tom Zacharelli

A principal questão apresentada era esta: como a Atida Motors deveria ter reagido à raiva de Tom? Não ficou claro se a fabricante tinha qualquer obrigação legal para com Tom, e os gerentes da empresa se perguntaram se deveriam ignorá-lo ou apaziguá-lo. Por que, afinal, ele estaria disposto a gastar ainda mais tempo e esforço para fazer um vídeo que geraria uma imagem negativa da Atida Motors? Ele já não havia perdido tempo suficiente tendo que lidar com seus problemas referentes ao carro? Ele não tinha nada melhor para fazer? Contanto que a Atida deixasse claro que não moveria um só dedo para apaziguá-lo, por que ele iria querer perder tempo se vingando?

Meu editor na *HBR*, Bronwyn Fryer, pediu que quatro especialistas refletissem sobre o caso. Um deles era ninguém menos que Tom Farmer, do famoso "Seu Hotel É Péssimo", que, não surpreendentemente, censurou a Atida e ficou do lado de Tom Zacharelli. Ele abriu seu comentário declarando: "Quer a Atida saiba ou não, ela é uma organização de serviços que vende carros, e não uma organização que fabrica automóveis e por acaso presta serviços."

No fim das contas, todos os quatro críticos concordaram que a Atida tratou Tom mal e que ele tinha potencial para causar danos com seu vídeo. Além disso, também propuseram que os benefícios potenciais de se fazer as pazes com um cliente visivelmente chateado superavam os custos.

Quando esse estudo de caso surgiu, em dezembro de 2007, enviei uma cópia para o chefe do atendimento ao cliente da Audi com uma nota dizendo que o artigo fora baseado na minha experiência com a Audi. Nunca recebi qualquer resposta, mas já me sinto melhor com a coisa toda, embora não tenha certeza se foi porque consegui me vingar de alguma forma ou porque já passou tempo suficiente desde então.

O Poder das Desculpas

Quando finalmente peguei meu carro, o mecânico-chefe me deu as chaves e, ao nos separarmos, disse: "Sinto muito, às vezes os carros simplesmente quebram." Essa declaração, com uma verdade bem simples, teve um efeito surpreendentemente relaxante em mim. "Sim", disse a mim mesmo, "os carros quebram. Isso não é nenhuma surpresa, e não há razão para ficar tão chateado, assim como não há razão para ficar chateado quando a minha impressora emperra".

Por que, então, eu fiquei tão zangado? Suspeito que, se o representante do atendimento ao cliente tivesse dito o mesmo que o mecânico e me mostrado um pouquinho de simpatia sequer, tudo teria se desenrolado de outra forma. Será, então, que um pedido de desculpas pode melhorar as interações e acalmar o instinto de vingança, tanto nos negócios quanto nas trocas pessoais?

Dada a frequência com a qual tenho que pedir desculpas à minha adorável esposa, Sumi, e dado que muitas vezes isso funciona bem para mim (Ayelet é basicamente uma santa, e nunca precisa se desculpar por nada), nos decidimos por examinar, na iteração seguinte, o poder da palavra "desculpa".

A configuração era muito semelhante à do experimento original. Novamente, enviamos Daniel para perguntar aos clientes de um café se eles realizariam nossa tarefa de letras correspondentes em troca de cinco dólares. Dessa vez, porém, tivemos três condições. Na condição "controlada" (sem aborrecimentos), Daniel começava perguntando aos clientes se eles estariam dispostos a participar de uma tarefa de cinco minutos em troca de cinco dólares. Quando eles concordavam (e quase todos o faziam), ele entregava as mesmas folhas e explicava as mesmas instruções de antes. Cinco minutos depois, voltava à mesa, recolhia as folhas, entregava quatro dólares extras aos participantes (quatro notas de 1 e uma de 5) e pedia para que preenchessem um recibo de cinco dólares. Para aqueles na condição de "aborrecidos", o procedimento era basicamente o mesmo, exceto que, enquanto repassava as instruções, Daniel fingia, novamente, atender a uma ligação.

O terceiro grupo estava basicamente nas mesmas condições que os aborrecidos, mas havia uma pequena alteração. Dessa vez, ao entregar o pagamento aos participantes e pedir para que assinassem o recibo, Daniel acrescentava um pedido de desculpas. "Sinto muito", dizia, "não deveria ter atendido aquela ligação".

Com base no experimento original, esperávamos que as pessoas aborrecidas tivessem uma probabilidade menor de devolver o dinheiro extra; e de fato, foi o que os resultados mostraram. Mas e quanto ao terceiro grupo? Surpresa! — o pedido de desculpas foi o remédio perfeito. A quantia de dinheiro extra devolvida na condição das "desculpas" foi a mesma de quando as pessoas não se sentiam aborrecidas. Na verdade, descobrimos que a palavra "desculpa" neutralizava completamente o efeito do aborrecimento. Isso nos mostrou que desculpas funcionam, ao menos temporariamente. (Como referência útil, segue a fórmula mágica: 1 aborrecimento + 1 pedido de desculpas = 0 aborrecimento.)

Antes de decidir que está tudo bem começar a agir como um canalha e pedir desculpas imediatamente depois de irritar alguém, um pequeno aviso: nosso experimento envolveu uma única interação entre Daniel e os clientes do café. Não está claro o que teria acontecido se eles tivessem passado pelo experimento e recebido pedidos de desculpa por muitos dias consecutivos. Como sabemos pela fábula "O Pastor Mentiroso e o Lobo", é possível utilizar uma palavra em excesso — e um "me desculpe" excessivo pode muito bem perder sua força.

Também verificamos um outro remédio para o sentimento vingativo dos bebedores de café em Boston: aumentar o tempo entre o telefonema desrespeitoso de Daniel e a oportunidade de vingança dos participantes — ou seja, quando lhes era oferecido o pagamento extra e o recibo para assinar —, mesmo dentro de 15 minutos, já abafava alguns desses sentimentos de vingança e, portanto, nos devolviam mais do nosso dinheiro. (Aqui, cabe um outro aviso importante: quando o aborrecimento é excessivo, não há certeza de que simplesmente deixar passar algum tempo seja o suficiente para eliminar o desejo de vingança.)

Se Você For Tentado

Vários sábios nos alertaram contra os pretensos benefícios da vingança. Mark Twain disse: "É aí que reside o defeito da vingança: ela só encontra valor na expectativa, pois, em si mesma, é dolorosa, e não prazerosa; pelo menos a dor é seu fim derradeiro." Walter Weckler observou que "a vingança não tem efeito saciante maior sobre as emoções do que a água salgada sobre a sede." E Albert Schweitzer: "Vingança... é como uma pedra que rola e, quando um homem a eleva ao cume, pode observá-la voltar sobre si com violência, quebrando os ossos cujos tendões lhe deram movimento."

Levando em consideração todos esses bons conselhos sobre não nos envolvermos com a vingança, será que realmente podemos evitá-la? Da minha parte, considero o desejo de vingança uma reação humana das mais básicas, que está ligada à nossa incrível capacidade de confiar nos outros; além disso, uma vez que faz parte da nossa natureza, é um instinto difícil de superar. Talvez possamos adotar uma abordagem de vida mais zen. Talvez possamos adquirir uma visão de longo prazo. Talvez possamos contar até dez — ou dez milhões — e deixar que a passagem do tempo nos ajude. Mas é muito provável que essas etapas ofereçam apenas uma ligeira atenuação daquilo que é, infelizmente, um sentimento muito comum. (Para um outro passeio pelo lado obscuro das nossas emoções, consultar o Capítulo 10.)

QUANDO OS MÉDICOS SE DESCULPAM

Por mais que algumas pessoas pareçam, ou queiram, pensar o contrário, médicos são seres humanos e também cometem erros de vez em quando. Quando isso acontece, o que eles devem fazer? É melhor, para eles, admitir erros médicos e pedir desculpas? Ou será que deveriam negar seus próprios erros? O raciocínio por trás desse último argumento é claro: em uma sociedade litigiosa, o médico que confessar seus erros tem muito mais chances de perder uma ação judicial se ela for aberta. Por outro lado, você pode argumentar que o pedido de desculpas do médico tem chances de acalmar o paciente, diminuindo, assim, a própria probabilidade de ele ser processado.

Acontece que, na batalha entre a humildade e as boas maneiras de um lado, e uma abordagem calculista e legalista de outro, pedir "desculpa" tende a ganhar no fim do dia. Por exemplo, quando pesquisadores da Escola de Saúde Pública Johns Hopkins Bloomberg, de Baltimore,[11] mostraram aos participantes vídeos de médicos respondendo aos seus próprios erros, eles avaliaram de forma muito mais favorável aqueles que expressaram um pedido de desculpas e que assumiram responsabilidade pelos seus atos. Além disso, outra equipe de pesquisa da Escola de Medicina da Universidade de Massachusetts descobriu que as pessoas expressavam menos interesse em processar os médicos que assumiam sua responsabilidade, se desculpavam e planejavam meios de evitar o mesmo erro no futuro.[12]

Agora, se você for um cirurgião que operou um joelho errado ou deixou uma ferramenta dentro do corpo de um paciente, um pedido de desculpas faz bastante sentido. Seu paciente pode não se sentir tão indignado assim, e pode até mesmo não querer entrar no seu consultório para chutá-lo com a outra perna boa e jogar seu peso de papel favorito pela janela. Também pode fazer você parecer muito mais humanista e evitar um processo. Em consonância com essas descobertas, muitas vozes médicas estão sugerindo que os médicos devam ser encorajados a se desculpar e a admitir quando erros forem cometidos. É claro, contudo, que negar os nossos erros e culpar os outros é parte do ser humano — mesmo quando isso venha a aumentar o ciclo de raiva e vingança.

Talvez possamos, quando não suprimirmos totalmente nossos sentimentos de vingança, ao menos descobrir como desabafá-los propriamente, sem incorrer em consequências negativas. Talvez possamos preparar uma placa laminada na qual se lê "TENHA UM BOM DIA" em letras garrafais de um lado, e um "vai se ferrar" em letras menores, do outro. Podemos manter essa placa no porta-luvas do carro e, quando alguém dirigir rápido demais, entrar na nossa pista ou nos colocar em perigo durante a condução, mostrá-la para o bendito motorista, com a mensagem "TENHA UM BOM DIA" voltada para ele. Talvez possamos escrever piadas vingativas sobre um determinado ofensor e publicá-las anonimamente na internet. Talvez desabafar com alguns amigos. Podemos até mesmo fazer uma apresentação em PowerPoint sobre o ocorrido, ou escrever um estudo de caso para a *Harvard Business Review*.

A Vingança Útil

Sem contar a já relatada experiência de quase morte na rodovia, eu diria que a minha experiência geral com a Audi foi positiva. Pude refletir sobre o fenômeno da vingança, fazer alguns experimentos, compartilhar minha perspectiva textualmente, e até mesmo escrever este capítulo. Na verdade, existem muitas histórias de sucesso pautadas na motivação por vingança, e que geralmente envolvem empreendedores e empresários cuja autoestima está intimamente ligada ao seu trabalho. Quando destituídos de seus cargos como CEOs ou presidentes, eles fazem da vingança sua missão de vida. Às vezes, conseguem reconquistar sua posição anterior, ou até mesmo criar um novo e bem-sucedido concorrente para disputar com a sua ex-empresa.

Perto do fim do século XIX, por exemplo, Cornelius Vanderbilt era dono de uma empresa de navios a vapor chamada Accesory Transit Company. Tudo estava indo bem, até ele decidir passar as férias na Europa, em seu barco. Quando voltou de viagem, descobriu que os dois associados que deixara no comando da empresa haviam vendido sua participação para si próprios. "Cavalheiros, vocês se comprometeram a me enganar. Não vou processá-los, porque a lei é lenta demais. Mas vou arruinar os dois", disse ele. Em seguida, converteu seu barco em um navio de passageiros e iniciou uma empresa rival, apropriadamente chamada de "Opposition". Essa nova empreitada obteve sucesso rapidamente, e Vanderbilt finalmente recuperou o controle de sua empresa anterior. Entretanto, e embora a empresa de Vanderbilt fosse maior, ela tinha pelo menos dois funcionários duvidosos a menos.[13]

Aqui está uma outra história de vingança que fez sucesso:[14] após ser demitido da Walt Disney Company, Jeffrey Katzenberg não só ganhou 280 milhões de dólares em compensação, como também fundou a DreamWorks SKG, concorrente da Disney que conseguiu lançar um grande sucesso — *Shrek*. O filme não apenas tirou sarro dos contos de fadas da Disney, como também tem no seu vilão uma paródia do chefe da Disney na época (e antigo chefe de Katzenberg), Michael Eisner. Agora que você conhece a história por trás de *Shrek*, recomendo que revisite o filme para ver o quão construtiva (e divertida) a vingança pode ser.

Parte II

FORMAS INESPERADAS DE DESAFIAR A LÓGICA EM CASA

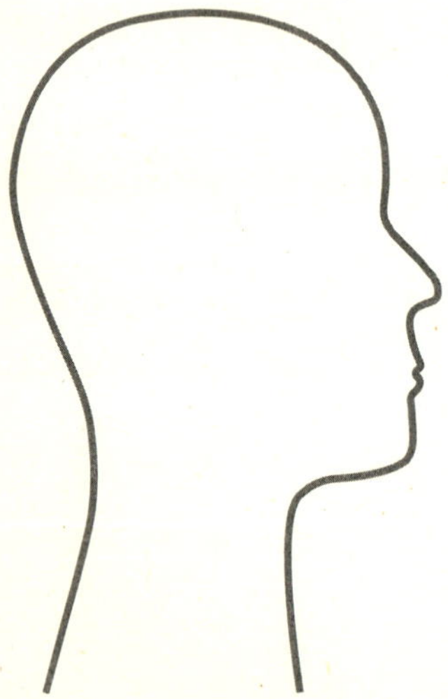

CAPÍTULO 6

Sobre Adaptação

Por que Nos Acostumamos com as Coisas (Mas Nem Todas, e Nem Sempre)

A melhor definição que posso dar de um homem é a de um ser que se habitua a tudo.

— Fiódor Dostoiévski

O fim do século XIX foi uma época difícil para sapos, minhocas e várias outras criaturas. À medida que o estudo da fisiologia floresceu na Europa e na América (graças, em parte, a Charles Darwin), os cientistas foram à loucura realocando, separando e desmembrando esses espécimes infelizes. De acordo com os mitos científicos, eles também eram aquecidos lentamente para testar até que ponto conseguiam se adaptar às mudanças no ambiente.

O exemplo mais famoso desse tipo de pesquisa é a história apócrifa da rã em água fervente. Supostamente, se você colocar uma rã em uma panela com água muito quente, ela vai se mexer e saltar rapidamente para fora. No entanto, se você colocá-la em uma panela com água em temperatura ambiente, ela ficará lá dentro, tranquilamente. Agora, se você aumentar a temperatura aos poucos, a rã ficará parada enquanto se aclimata à mudança crescente de temperatura. Continue aumentando o fogo, e ela ferverá até morrer.

Não posso afirmar que esse experimento com a rã funcione, já que nunca o testei (suspeito que ela pularia para fora, de fato), mas a parte em que ela ferve aos poucos é a quintessência do princípio da adaptação. A premissa geral é que todas as criaturas, incluindo os seres humanos, podem se acostumar com quase tudo no decorrer do tempo.

A história da rã geralmente é usada de forma pejorativa. Al Gore descobriu que é uma analogia útil para apontar a ignorância das pessoas sobre os efeitos do aquecimento global. Outros a utilizaram para alertar sobre a lenta erosão dos direitos civis. O pessoal de negócios e do marketing, para ilustrar que as alterações nos produtos, serviços e regulamentos — tal como o aumento dos preços — devem ser graduais a fim de que os clientes tenham tempo de se ajustar (de preferência, sem perceber). Essas analogias com a adaptação são tão comuns, na verdade, que James Fallows, do *Atlantic*, argumentou, em uma coluna online chamada "Boiled-frog Archives" ["Acervo da Rã Fervida", em tradução livre], que "as rãs já têm uma vida difícil, com pântanos cada vez menores e águas cada vez mais poluídas. A retórica política também tem seus problemas. Pelo bem das rãs, e por um discurso público menos ignorante, vamos acabar com essa falácia".[15]

Na verdade, as rãs são extremamente adaptáveis. Elas podem viver na água e na terra, podem mudar de cor para se camuflar no ambiente, e algumas até imitam seus primos tóxicos para tentar assustar predadores. Os seres humanos, por sua vez, também têm uma capacidade incrível de se adaptar fisicamente a seus ambientes, desde o gélido ártico até desertos áridos e escaldantes. A adaptação física é uma habilidade muito badalada no currículo coletivo da humanidade.

Para ter um ângulo melhor sobre as maravilhas da adaptação, consideremos o funcionamento do nosso sistema visual. Se você já saiu de um cinema escuro diretamente para um estacionamento ensolarado, o primeiro momento do lado de fora é de um brilho intenso, até que, com relativa rapidez, seus olhos se ajustam. A transição de um cinema escuro para o sol forte nos revela dois aspectos da adaptação. Em primeiro lugar, operamos bem em um espectro amplo de intensidades de luz, variando da plena luz do dia (onde a luminosidade pode ser tão alta quanto 100.000lx) ao pôr do sol (onde pode atingir até 1lx); conseguimos ver até mesmo a luz das estrelas (cuja luminosidade pode ser tão baixa quanto 0,001lx). Em segundo lugar, leva um pouco de tempo para que os nossos olhos se ajustem à luminosidade. Quando passamos da escuridão para a luz, não conseguimos abrir totalmente os olhos, mas depois de alguns minutos nos acostumamos com o ambiente novo — tão depressa que, passado um tempo, mal notamos a intensidade da luz ao nosso redor.

Nossa capacidade de adaptação à luz é apenas um dos vários exemplos das nossas habilidades gerais de adaptação. O mesmo processo ocorre quando encontramos, pela primeira vez, um novo cheiro, uma textura, uma temperatura ou um ruído de fundo. Inicialmente, estamos atentos a essas sensações, mas, com o passar do tempo, prestamos cada vez menos atenção a elas, até que, em algum momento, nos adaptamos e elas se tornam quase imperceptíveis.

O ponto principal é que nós temos apenas uma quantidade limitada de atenção para observar e apreender o mundo ao nosso redor — e a adaptação é um filtro extremamente importante que nos ajuda a concentrar essa atenção limitada nas coisas que estão mudando, e que podem, portanto, representar tanto oportunidades quanto perigos. É ela que nos permite atender às mudanças importantes entre as milhões que ocorrem ao nosso redor o tempo todo, e ignorar aquelas sem importância. Se o ar tiver o mesmo cheiro que nas últimas cinco horas, você não perceberá. No entanto, se você começar a sentir cheiro de gás enquanto lê um livro no sofá, rapidamente irá percebê-lo, e então sairá de casa e ligará para a companhia de gás. Felizmente, o corpo humano é um mestre na adaptação em vários níveis diferentes.

O que a Dor Tem a Nos Ensinar sobre Adaptação?

Outro tipo de adaptação é a chamada adaptação hedônica, que tem a ver com a maneira pela qual respondemos a experiências dolorosas ou prazerosas. Tente o seguinte experimento mental: feche os olhos e pense no que aconteceria caso você se ferisse gravemente em um acidente de carro e ficasse paralisado da cintura para baixo. Você se enxerga em uma cadeira de rodas, incapaz de andar ou correr. Começa a se imaginar lidando com as dificuldades diárias e as dores da deficiência, sendo incapaz de retomar muitas das atividades de que gosta atualmente, e vendo muitas das suas possibilidades futuras se fechando. Ao imaginar tudo isso, você provavelmente pensa que perder as pernas tornaria sua vida infeliz.

Acontece que somos muito bons em conceber o futuro, mas não em prever como nos adaptar a ele. É difícil imaginar que, com o tempo, você poderia se acostumar com as mudanças no seu estilo de vida, se adaptar a essa lesão e até mesmo descobrir que ela não é tão terrível quanto você pensava. Mais difícil ainda é conseguir imaginar a descoberta de novas alegrias inesperadas nessa situação.

No entanto, vários estudos já mostraram que nós nos adaptamos mais rapidamente e em um grau maior do que a princípio imaginamos. A questão é: como a adaptação funciona, e em que grau ela altera o nosso contentamento — se é que o altera?

DURANTE O MEU PRIMEIRO ano na Universidade de Tel Aviv, tive a oportunidade de refletir a respeito e testar empiricamente a ideia de adaptação à dor.* Uma das primeiras aulas a que assisti foi sobre a fisiologia do cérebro. O objetivo era entender a estrutura das diferentes partes do cérebro e relacioná-las aos comportamentos. Como, perguntou o professor Hanan Frenk, a fome, a epilepsia e a memória funcionam? O que possibilita a criação e o desenvolvimento da linguagem? Eu não tinha grandes expectativas em relação a uma aula de fisiologia, mas a experiência acabou sendo extraordinária em muitos aspectos — incluindo o fato de que o professor Frenk confiou na sua própria história pessoal para direcionar seus interesses de pesquisa.

Hanan nasceu na Holanda e emigrou para Israel em 1968, quando tinha cerca de 18 anos. Pouco depois de se juntar ao exército israelense, um veículo blindado no qual ele viajava passou por cima de uma mina

* A dor é uma experiência influenciada por componentes físicos e hedônicos, e, como tal, é uma ponte útil entre a adaptação física (uma rã acostumando-se à água gradualmente mais quente) e a adaptação hedônica (uma pessoa ficando insensível ao cheiro do seu carro novo).

terrestre e explodiu, deixando-o com as duas pernas amputadas. Dada essa experiência, não é de surpreender que um dos principais interesses de pesquisa de Hanan fosse a dor, que nós investigamos detalhadamente nessa aula. Como eu também tinha interesse no assunto, parava no escritório dele de vez em quando para poder conversar mais a fundo. Devido às nossas experiências terem sido semelhantes, essas conversas eram tanto pessoais como profissionais, e logo nós estávamos trocando experiências compartilhadas sobre dores, cura e os desafios de superar nossos ferimentos. Também descobrimos que tínhamos sido hospitalizados no mesmo centro de reabilitação e tratados pelos mesmos médicos, enfermeiras e fisioterapeutas, embora com anos de diferença.

Durante uma dessas visitas, mencionei a Hanan que tinha acabado de ir ao dentista e não havia tomado nenhuma novocaína ou outro analgésico durante a perfuração. "Foi uma experiência interessante", disse a ele. "Foi tudo muito doloroso, e eu podia sentir a perfuração e o nervo, mas não fiquei tão incomodado." Surpreso, Hanan me disse que também havia começado a recusar novocaína no dentista, desde seu acidente. Começamos a nos perguntar se éramos apenas dois indivíduos masoquistas ou se havia algo sobre a nossa longa exposição à dor que tornava a experiência relativamente amena de perfurar dentes numa coisa menos assustadora. Intuitivamente, e talvez egoisticamente, concluímos que provavelmente se tratava da segunda opção.

Cerca de uma semana depois, Hanan me pediu que passasse em seu escritório. Ele estivera pensando na nossa conversa e sugeriu que testássemos empiricamente a hipótese de que — supondo que fôssemos indivíduos "normais" — as nossas experiências nos deixaram menos preocupados com a dor. E assim nasceu a minha primeira pesquisa prática em ciências sociais.

Montamos um pequeno centro de testes na enfermaria de um clube de campo especial para pessoas que foram feridas enquanto serviam no exército. O clube de campo era um lugar fantástico. Havia jogos de basquete para cadeirantes, aulas de natação para aqueles sem pernas ou braços, e até basquete para cegos (que se parece muito com handebol, sendo jogado em toda a extensão da quadra, e cuja bola tem um sino dentro). Um dos meus fisioterapeutas no centro de reabilitação, Moshe, era cego e fazia parte de um dos times; eu adorava vê-lo jogar.

Colocamos cartazes em todo o clube: "Procuram-se voluntários para um estudo rápido e interessante." Quando os participantes, todos empolgados e repletos de ferimentos, chegaram às nossas instalações de teste, nós os saudamos com uma banheira de água quente equipada com um gerador de calor e um termostato. Tínhamos aquecido a água a 48 graus centígrados e pedimos a cada participante que mergulhasse um braço nela. No momento em que a mão de um deles tocava na água quente, nós acionávamos um cronômetro e pedíamos que o participante (todos eram do sexo masculino) nos dissesse o ponto exato em que a sensação de calor se transformava em uma sensação de dor (o que denominamos "limiar da dor"). Em seguida, solicitávamos que mantivesse a mão na água até não aguentar mais e, nesse ponto, tirasse o braço da banheira (essa era a nossa medida de tolerância à dor). Em seguida, repetíamos o mesmo procedimento com o outro braço.

Assim que terminávamos de infligir dor física nos participantes, fazíamos algumas perguntas sobre a história dos seus ferimentos e sobre suas experiências com a dor durante o período inicial da hospitalização (na média, os participantes sofreram seus respectivos ferimentos 15 anos antes de se submeterem ao nosso teste), bem como nas últimas semanas. Demorou um pouco, mas conseguimos coletar informações sobre cerca de 40 participantes.

Em seguida, queríamos descobrir se a capacidade dos participantes de suportar a dor era maior devido aos seus ferimentos. Para fazer isso, tivemos que encontrar um grupo de controle e contrastar os limiares e as tolerâncias à dor entre os dois grupos. Pensamos em recrutar pessoas que não tivessem sofrido quaisquer ferimentos graves — estudantes ou pessoas em um shopping. Pensando melhor, entretanto, temíamos que tal comparação pudesse introduzir outros fatores. Os estudantes, por exemplo, eram muito mais jovens do que o nosso grupo experimental, e outras pessoas selecionadas aleatoriamente provavelmente teriam histórias, lesões e experiências de vida muito diferentes.

Assim, optamos por outro tipo de abordagem. Pegamos as fichas médicas dos 40 participantes e as mostramos para um médico, duas enfermeiras e um fisioterapeuta no hospital de reabilitação em que Hanan e eu estivemos muito tempo atrás. Pedimos, então, que as dividissem em dois grupos: os levemente feridos e os gravemente feridos. Em seguida, Hanan e eu ficamos cada um com um dos dois grupos, que eram relativamente similares em muitos aspectos (todos os participantes estiveram no exército, foram feridos e hospitalizados, e faziam parte do mesmo clube de campo de veteranos), mas que diferiam pela gravidade dos ferimentos. Ao compará-los, esperávamos ver se a gravidade das lesões influenciava na forma como eles sentiam dores mesmo depois de tantos anos.

O grupo dos gravemente feridos era formado por pessoas como Noam, cujo trabalho no exército era desmontar minas terrestres. Em algum momento infeliz, uma dessas minas explodiu em suas mãos, perfurando seu corpo com vários estilhaços e custando-lhe uma perna e a visão de um olho. No grupo dos levemente feridos estavam homens como Yehuda, que quebrou o cotovelo em serviço. Ele foi submetido a uma operação que envolveu a restauração da junta com a adição de uma placa de titânio; fora isso, ele estava bem de saúde.

Os participantes com ferimentos leves relataram que a água quente tornou-se dolorosa (limiar da dor) após cerca de 4,5 segundos, enquanto os que sofreram ferimentos graves começaram a sentir dor após 10 segundos. O mais interessante é que os indivíduos levemente feridos retiraram as mãos da água (tolerância à dor) após cerca de 27 segundos, enquanto os gravemente feridos mantiveram as mãos submersas por cerca de 58 segundos.

Essa diferença, em particular, nos impressionou, já que, para garantir que ninguém se queimasse, não permitimos que os participantes mantivessem as mãos submersas em água quente por mais de 60 segundos. Não avisamos com antecedência sobre essa regra, mas, se eles atingissem essa marca, pedíamos que tirassem as mãos. Não precisamos falar com nenhum participante do grupo dos ferimentos leves, mas precisamos pedir a todos aqueles com ferimentos graves, exceto um, que tirassem as mãos da água quente.

O final feliz? Hanan e eu descobrimos que não éramos tão estranhos quanto pensávamos, pelo menos no que diz respeito à nossa resposta às dores. Além disso, descobrimos que parece haver uma adaptação generalizada no processo de aclimatação à dor. Mesmo que as pessoas em nosso estudo tivessem sofrido seus ferimentos muitos anos antes, sua reação geral à dor e à capacidade de tolerá-la pareciam ter mudado — e essa mudança durou por muito tempo.

Por que essa experiência passada com a dor alterou as respostas dos participantes a tal ponto? Duas pessoas em nosso estudo deram uma dica. Ao contrário do resto de nossos participantes, esses indivíduos não sofreram lesões traumáticas, mas doenças infelizmente terminais. Um teve câncer e o outro, uma doença intestinal terrível. Nos cartazes que colocamos solicitando participantes para o estudo, não indicamos quaisquer pré-

-requisitos, então quando esses dois — que não tinham os tipos de lesões que estávamos procurando — se ofereceram para ajudar, eu não soube bem o que fazer, pois não queria que sofressem mais dores sem motivo, e nem que se sentissem desvalorizados ou indesejados. Portanto, decidi ser cortês e deixei-os participar do estudo, mas sem utilizar seus dados na análise.

Depois que o estudo foi finalizado, olhei para esses dados e encontrei algo bastante intrigante. Não apenas sua tolerância à dor foi menor do que a das pessoas gravemente feridas (ou seja, eles mantiveram as mãos na água quente por um período mais curto), como também foi menor do que a das pessoas com ferimentos leves. Embora seja impossível concluir qualquer coisa com base nos dados de apenas dois participantes, me perguntei se o contraste entre suas doenças e os tipos de lesões que os outros participantes (e eu) sofreram poderia oferecer alguma pista do porquê as lesões graves levam as pessoas a se preocuparem menos com a dor.

Quando estava no hospital, muitas das dores que suportei eram associadas à melhora. As operações, a fisioterapia e a hidroterapia eram agonizantes, mas mesmo assim as suportei, esperando que levassem a uma melhora da minha condição. E inclusive quando os tratamentos eram frustrantes, ou até quando não funcionavam, eu compreendia que haviam sido projetados para ajudar na minha recuperação.

Uma das experiências mais difíceis que enfrentei nos primeiros anos após a minha lesão, por exemplo, foi conseguir esticar a pele. Cada vez que me sentava com os cotovelos ou joelhos dobrados, mesmo que somente por uma hora, as cicatrizes diminuíam ligeiramente, e o decorrente endurecimento da pele em cicatrização tirava a minha capacidade de esticar completamente os braços e as pernas. Para lutar contra isso, eu precisava esticar minha pele sozinho e com ajuda da fisioterapia — sempre puxando com alguma força, mas tomando cuidado para não rasgar as cicatrizes, embora a sensação fosse exatamente essa. Se eu não esticasse as cicatrizes várias vezes por dia, o endurecimento pioraria até que eu não pudesse retomar inteiramente os movimentos. Quando isso acontecesse, os médicos realizariam mais uma operação de transplante de pele para acrescentar outra camada às minhas cicatrizes reduzidas, e todo o processo de esticamento recomeçaria novamente.

Uma luta particularmente desagradável com a minha pele enrijecida envolveu as cicatrizes na frente do meu pescoço. Cada vez que eu olhava para baixo, ou relaxava meus ombros, a rigidez nessa pele reduzia e as cicatrizes começavam a diminuir. Para esticá-las, os fisioterapeutas me fizeram passar a noite inteira deitado de costas com a cabeça caindo na beirada do colchão. Dessa forma, a frente do meu pescoço se esticou até o limite (a dor no pescoço que eu ainda sinto hoje em dia é uma lembrança diária daquela postura desconfortável).

A questão é que mesmo esses tratamentos muito desagradáveis foram direcionados para melhorar minhas limitações e aumentar minha amplitude de movimento. Suspeito que pessoas com ferimentos como o meu aprendam a associar as dores à esperança de um bom resultado — e esse elo entre sofrimento e esperança elimina parte do medo inerente às experiências dolorosas. Por outro lado, os dois indivíduos com doenças crônicas que participaram do estudo não conseguiram estabelecer nenhuma relação entre sua dor e a esperança de melhora. Eles provavelmente associaram a dor ao agravamento da doença e à proximidade da morte. Na ausência de uma associação positiva, a dor deve ter sido mais assustadora e intensa para eles.

Essas noções casam com um dos estudos mais interessantes já realizados sobre a dor. Durante a Segunda Guerra Mundial, um médico chamado Henry Beecher foi designado para uma base situada em Anzio, na Itália, onde tratou 201 soldados feridos. Ao registrar seus tratamentos, ele observou que apenas três quartos dos soldados feridos solicitaram analgésicos, apesar de terem sofrido ferimentos graves, indo de feridas profundas a feridas extensas em tecidos moles. Beecher comparou essas observações a tratamentos com pacientes civis feridos em todo tipo de acidentes, e descobriu que os civis pediam mais medicamentos do que os soldados feridos em batalha.

Tais observações mostraram que a experiência da dor é bastante complexa. Beecher concluiu que a quantidade de dor que sentimos não depende apenas da intensidade da ferida, mas também do contexto em que vivenciamos essa dor e da interpretação e do significado que atribuímos a ela. Como Beecher provavelmente teria previsto, eu saí do meu ferimento um pouco menos preocupado com a minha própria dor. Eu não aprecio sentir dor, ou sinto menos do que as outras pessoas; em vez disso, estou sugerindo apenas que a adaptação e as associações positivas que eu fiz entre a dor e a cura me ajudam a silenciar algumas das emoções negativas que geralmente acompanham a dor.

Adaptação Hedônica

Agora que você, caro leitor, tem uma compreensão geral de como funciona a adaptação física (seu sistema visual, por exemplo) e a adaptação à dor, vamos examinar casos mais gerais de adaptação hedônica — o processo de se acostumar com os lugares em que habitamos: nossas casas, nossos companheiros amorosos e quase tudo o mais.

Quando nos mudamos para uma casa nova, podemos ficar encantados com o piso de madeira reluzente ou chateados com os armários de cozinha verde-limão embutidos. Depois de algumas semanas, esses fatores vão ficando em segundo plano; acrescente aí alguns meses, e já não ficamos tão incomodados com a cor dos armários, ao mesmo tempo em que não apreciamos tanto o piso de madeira. Esse tipo de nivelamento emocional — quando as percepções positivas e negativas iniciais desaparecem — é um processo que chamamos de adaptação hedônica.

QUEIMADURAS VERSUS PARTO

De volta à universidade, a professora Ina Weiner, que ministrava um curso de psicologia da aprendizagem, nos dizia que as mulheres tinham um limiar e uma tolerância à dor maiores do que os homens, já que tinham de lidar com o parto. Embora a teoria parecesse perfeitamente plausível, não estava de acordo com a minha experiência pessoal no departamento de queimaduras. Lá eu havia conhecido Dalia, uma mulher de cerca de 50 anos que foi hospitalizada depois de desmaiar enquanto cozinhava. Ela caiu em um fogão quente e teve uma queimadura extensa no braço esquerdo, que requeria um transplante de pele para cerca de 2% do seu corpo (relativamente menor em comparação com a de muitos outros pacientes). Dalia detestava a hidroterapia e a troca dos curativos tanto quanto o resto de nós, e me disse que, em sua mente, a dor do parto não era nada comparada à dor da queimadura e dos tratamentos.

Eu comentei a respeito disso com a professora Weiner, mas ela não ficou impressionada com a anedota. Sendo assim, resolvi montar meu equipamento de aquecimento de água em um laboratório de informática no qual eu tinha um emprego de meio expediente programando experimentos, e conduzir um pequeno teste. Convidei vários estudantes de passagem a colocarem a mão na água quente e mantê-la até não aguentarem mais, para medir sua tolerância à dor. Registrei seus respectivos gêneros. Os resultados foram muito claros. Os homens mantiveram as mãos na banheira por muito mais tempo do que as mulheres.

No início da aula seguinte, eu, entusiasmado, levantei a mão e contei para a professora e toda a turma sobre meus resultados. Imperturbável, e sem perder o prumo, ela me disse que tudo que eu havia conseguido provar era que os homens eram idiotas. "Por que alguém iria", zombou, "manter a mão em água quente para o seu estudo? Se houvesse algum objetivo real para essa dor, você veria do que as mulheres são realmente capazes".

Aprendi algumas lições importantes sobre ciência naquele dia — e sobre as mulheres. Aprendi também que, se alguém acredita fortemente em algo, é muito difícil convencê-lo do contrário.*

Assim como os nossos olhos se adaptam às variações na luminosidade e no ambiente, também podemos nos adaptar às mudanças de expectativa e de experiência. Andrew Clark, por exemplo, mostrou que a satisfação no trabalho entre os trabalhadores britânicos estava diretamente correlacionada às *mudanças* na sua remuneração, e não ao nível da remuneração, propriamente. Em outras palavras, as pessoas tendem a se acostumar com seu nível de pagamento atual, seja ele baixo ou alto. Um aumento sempre é maravilhoso, e um corte, desagradável, independentemente do valor real do salário bruto.

---

* Quanto a saber se são os homens ou as mulheres a possuírem um limiar de dor mais alto, e se de alguma forma isso está relacionado ao parto, ainda é uma questão em aberto.

Em um dos primeiros estudos sobre adaptação hedônica, Philip Brickman, Dan Coates e Ronnie Janoff-Bulman compararam a felicidade geral na vida de três grupos: paraplégicos, ganhadores de loteria e pessoas "normais", sem deficiências ou sorte de qualquer espécie. Se a coleta de dados tivesse ocorrido imediatamente após o evento que levou à deficiência, ou no dia seguinte ao ganho na loteria, seria de se esperar que os paraplégicos ficassem muito mais infelizes do que as pessoas normais, e os ganhadores da loteria, muito mais felizes. No entanto, os dados foram coletados um ano após os respectivos eventos. Verificou-se que, embora houvesse diferenças nos níveis de felicidade entre os grupos, elas não eram tão pronunciadas quanto você poderia esperar. Embora os paraplégicos não estivessem tão satisfeitos com a vida quanto as pessoas normais, e os ganhadores da loteria estivessem mais satisfeitos, ambos estavam surpreendentemente próximos dos níveis normais de satisfação com a vida. Em outras palavras, embora um evento como uma lesão grave ou ganhar na loteria possam ter um enorme impacto inicial na felicidade, esse efeito pode, em grande parte, desaparecer com o tempo.

Uma quantidade significativa de pesquisas na última década reforçou a ideia de que, embora a felicidade interna possa se desviar do seu "estado de repouso" reagindo aos eventos da vida, ela geralmente retorna ao seu padrão com o passar do tempo. Embora não nos adaptemos hedonicamente a cada situação nova, nos adaptamos, sim, a muitas delas, e em grande escala — quer estejamos nos acostumando com uma casa ou um carro novos, a novos relacionamentos, ferimentos, empregos, ou até mesmo a um encarceramento.

No geral, a adaptação parece ser uma característica humana bastante útil. Entretanto, a adaptação hedônica pode ser um obstáculo para tomadas de decisão eficazes, já que muitas vezes não conseguimos prever com precisão o fato de que nos adaptaremos — pelo menos não no nível em que realmente o fazemos. Voltemos aos paraplégicos e ganhadores de loteria. Nem eles, nem suas famílias e seus amigos poderiam ter previsto até que ponto se adaptariam às situações novas. Evidentemente, o mesmo se aplica a muitas outras variações das nossas circunstâncias, desde rompimentos amorosos até o fracasso em conseguir uma promoção no trabalho, ou o candidato favorito perder uma eleição presidencial. Em todos esses casos, imaginamos uma infelicidade duradoura quando as coisas não funcionam da maneira esperada; pensamos também, é claro, que seremos eternamente felizes se as coisas acontecerem do jeito que desejamos. Geralmente, todas essas previsões estão erradas.

No fim das contas, embora possamos prever com precisão o que acontece quando caminhamos de um cinema escuro para um estacionamento ensolarado, fazemos um trabalho relativamente ruim ao prever a extensão ou a velocidade das adaptações hedônicas. E costumamos errar em ambos os casos: a longo prazo, não acabamos tão felizes quanto esperávamos quando coisas boas acontecem conosco, e nem tão tristes quando se trata de coisas ruins.

Uma das razões para a nossa dificuldade em prever a amplitude da nossa adaptação hedônica é que, ao fazer previsões, geralmente nos esquecemos de levar em consideração o fato de que a vida continua e que, com o tempo, outros eventos, positivos e negativos, influenciarão o nosso sentimento de bem-estar. Imagine, por exemplo, que você é um violoncelista profissional que vive para tocar Bach. Sua música é seu sustento e sua alegria. Um dia, um acidente de carro esmaga sua mão esquerda, acabando para sempre com a sua habilidade de tocar violoncelo. Logo após o acidente, é provável que você fique extremamente deprimido e acredite que continuará assim pelo resto da vida. Afinal, a música sempre foi sua razão de viver, e agora as coisas mudaram. No entanto, no meio da infelicidade e da tristeza, você não consegue entender o quão extraordinariamente flexível realmente é.

Considere a história de Andrew Potok, um escritor cego que mora em Vermont. Potok era um pintor talentoso, que gradualmente começou a perder a visão devido a uma doença ocular hereditária, a retinite pigmentosa. Quando sua visão se exauriu, algo aconteceu: ele começou a perceber que podia pintar com palavras tão bem quanto com as cores, e escreveu um livro sobre sua experiência de ficar cego.[16] Ele escreveu: "Pensei que iria afundar, atingir o fundo do poço e ficar preso na lama, mas a libertação chegou a mim de uma forma mágica. Uma noite, tive um sonho em que palavras saíam da minha boca como aquelas línguas de sogra que você ganha em festinhas de aniversário. As palavras eram coloridas por tons magníficos. Acordei do sonho com a percepção de que algo novo era possível para mim, e senti uma leveza no coração conforme aquelas palavras agradáveis saíam de mim. Para a minha total surpresa, contudo, elas também acabaram agradando aos outros e, quando foram publicadas, eu me percebi como uma pessoa recém-fortalecida."

UM BÁLSAMO PARA CORAÇÕES PARTIDOS

Quando Romeu sofre por causa do rompimento com sua primeira namorada, Rosalina, você acha que é o fim para ele. Ele ficou acordado a noite toda, trancado em seu quarto. Seus pais estavam preocupados. Quando seu primo perguntou como ele estava, Romeu disse que morreria de um amor desesperado pela garota que o rejeitara: "[Ela] Fez um juramento de não amar jamais, um só momento. E nesse voto infausto eu vivo morto só de a todos contar meu desconforto." Naquela mesma noite, ele conheceu Julieta e rapidamente se esqueceu de Rosalina.

Embora a maioria de nós não seja tão inconstante como Romeu, somos muito mais resistentes do que pensamos quando se trata de nos recuperar de um coração partido. Em um estudo com estudantes universitários que durou 38 semanas, Paul Eastwick, Eli Finkel, Tamar Krishnamurti e George Loewenstein compararam intuições amorosas com a realidade nua e crua. Os pesquisadores primeiro perguntaram aos estudantes que estavam em relacionamentos amorosos sobre como eles esperavam se sentir após um término (e eles estavam próximos ao Romeu pós-Rosalina), e então esperaram. Durante esse longo estudo, alguns dos estudantes invariavelmente viram suas relações chegarem ao fim, o que deu aos pesquisadores a oportunidade de descobrir como eles realmente se sentiam depois de terem caído em um abismo amoroso. Em seguida, as previsões dos participantes foram comparadas com seus sentimentos reais.

Verificou-se que esses términos não foram tão devastadores quanto os alunos esperavam, e o luto emocional durou muito menos do que eles haviam pensado originalmente. Isso não quer dizer que um término não seja angustiante; ele é apenas menos intenso do que a princípio esperamos.

É verdade que os universitários são muito inconstantes (principalmente quando se trata de um romance), mas há uma boa probabilidade de que essas descobertas se apliquem a pessoas de todas as faixas etárias. Em geral, não somos bons em prever a nossa própria felicidade. Pergunte a um casal feliz como eles se sentiriam ao enfrentar o divórcio, e eles preverão uma devastação enorme. Porém, e embora haja alguma exatidão nisto, o divórcio costuma ser menos devastador para um casal do que qualquer um dos dois poderia prever. Não tenho certeza se agir com base nessa

conclusão levaria a um bom resultado social, mas certamente implica que não devemos nos preocupar tanto com uma separação. Afinal, sempre conseguiremos nos adaptar até certo ponto, e há uma boa chance de continuarmos a viver e a amar no futuro.

"Um dos maiores problemas da cegueira é a desaceleração de tudo", acrescentou Potok. "Você está tão ocupado tentando descobrir onde se encontra em suas viagens que precisa prestar muita atenção o tempo todo. Parece que todo mundo passa zunindo por você. Um dia, então, você percebe que a lentidão não é tão ruim assim, que prestar mais atenção traz algumas recompensas, e que você quer escrever um livro chamado *In Praise of Slowness* [*Em Louvor à Lentidão*, em tradução livre]." Potok, é claro, ainda lamenta sua cegueira, já que ela apresenta mil desafios ao cotidiano. Só que ela também foi um passaporte para um país novo, que ele nunca teria imaginado visitar um dia.

Imagine novamente que você é aquele violoncelista que sofreu um acidente. Eventualmente, você mudaria seu estilo de vida e se envolveria com coisas novas: poderia formar novos relacionamentos, passar mais tempo com as pessoas que ama, seguir uma profissão em história da música ou fazer uma viagem ao Taiti. Qualquer uma dessas coisas provavelmente teria uma grande influência no seu estado de espírito e capturaria sua atenção emocional. Você sempre se arrependerá do acidente — tanto fisicamente quanto como um lembrete de como a vida poderia ter transcorrido —, mas a influência desse sentimento não será tão vívida ou incessante quanto você originalmente pensava. "O tempo cura todas as feridas" precisamente porque, com o tempo, você se adapta parcialmente ao estado atual do seu mundo.

A Esteira Hedônica

Ao falharmos na previsão da extensão de nossa adaptação hedônica, nós continuamente aumentamos, enquanto consumidores, as nossas aquisições, na esperança de que novos produtos nos tornem mais felizes. Um carro novo pode, sim, ser algo maravilhoso, mas, infelizmente, a sensação dura apenas alguns meses. Nós nos acostumamos a dirigi-lo, e o burburinho passa. E é aí que procuramos alguma outra coisa que nos faça felizes: novos óculos de sol, um computador, outro carro novo. Este ciclo, que, entre outras coisas, nos leva a querer manter o estilo de vida alheio, também é conhecido como esteira hedônica. Ansiamos pelas coisas que nos farão felizes, mas não percebemos o quão breve será esse estado de felicidade: quando a adaptação se efetiva, procuramos pela próxima novidade. "Desta vez", dizemos a nós mesmos, "essa coisa vai me deixar feliz de verdade e por muito tempo". A tolice da esteira hedônica está ilustrada no desenho a seguir: a mulher pode ter um carro adorável, quiçá uma cozinha nova, mas a longo prazo seu nível de felicidade não mudará tanto. Como diz o ditado: "Aonde quer que você vá, lá você está."

Um estudo ilustrativo desse princípio foi conduzido por David Schkade e Danny Kahneman. Eles decidiram inspecionar a crença genérica de que os californianos são mais felizes — afinal, eles moram na Califórnia, onde o clima costuma ser maravilhoso.* Não surpreendentemente, eles descobriram que os habitantes do Centro-Oeste consideram que os californianos, com seu tempo bom, estão majoritariamente mais satisfeitos com suas vidas; os próprios californianos, por outro lado, pensam que aqueles que vivem no Centro-Oeste estão menos satisfeitos com suas vidas, já que têm de sofrer longos invernos abaixo de zero. Consequentemente, as pessoas de ambas as regiões esperam que um cidadão de Chicago que se mude para a

* Sendo São Francisco uma possível exceção.

ensolarada Califórnia tenha uma melhora considerável no estilo de vida, enquanto o cidadão de Los Angeles que se muda para o Centro-Oeste tem uma redução dramática em sua felicidade.

"Dan, quando compramos este carro no ano passado, eu estava em êxtase, mas agora ele não me deixa mais tão feliz. O que você acha de reformar a cozinha?"

Quão precisas são essas previsões? Um tanto, ao que parece. Novos residentes realmente experimentam o esperado aumento, ou redução, na qualidade de vida devido ao clima. Entretanto, assim como ocorre com outras coisas, uma vez que a adaptação se instaura e eles se acostumam com a nova cidade, sua qualidade de vida retorna ao nível da pré-mudança. Conclusão: mesmo que você tenha um determinado gosto por alguma coisa no curto prazo, no longo prazo essa coisa provavelmente não o deixará tão extasiado ou deprimido quanto você imagina.

Superando a Adaptação Hedônica

Dado que a adaptação hedônica é uma mescla de coisas, como nós podemos usar nossa compreensão para tirar mais proveito da vida? Quando a adaptação funciona a nosso favor (como quando nos acostumamos a conviver com uma lesão), devemos deixar que o processo ocorra naturalmente. Mas e quanto aos casos em que não desejamos nos adaptar? Podemos, de alguma forma, estender a sensação de euforia gerada por um carro novo, uma cidade nova, um relacionamento novo, e assim por diante?

Uma chave para alterar o processo de adaptação é interrompê-lo. E foi exatamente isso que Leif Nelson e Tom Meyvis fizeram. Em um conjunto de experimentos, eles mediram como pequenas interrupções — que eles chamaram de interrupções hedônicas — influenciam na alegria e na irritação gerais que obtemos, respectivamente, de experiências prazerosas e dolorosas. Eles queriam, essencialmente, observar se pequenas pausas no meio de experiências agradáveis as realçariam, e se interromper experiências desagradáveis pioraria as coisas.

Antes de descrever seus experimentos e resultados, pense em uma tarefa que você não deseja fazer, como organizar seu imposto de renda, estudar para uma prova, limpar as janelas da casa ou escrever cartões de agradecimento por aquele feriado terrível com sua tia Tess e outros membros da família. Você reservou um tempo significativo para realizar essa tarefa chata em um dia só, e agora enfrenta a seguinte questão: é melhor concluir a tarefa de uma vez, ou fazer uma pausa no meio? Para um exemplo diverso, digamos que você está em uma banheira de hidromassagem com uma xícara de chá de framboesa ao seu lado, comendo uma tigela cheia de morangos frescos, ou deleitando-se em uma massagem com pedras quentes. Você gostaria de experimentar esse prazer de uma vez só, ou fazer uma pausa para algo diferente por alguns instantes?

Leif e Tom descobriram que, em geral, quando indagadas sobre suas preferências quanto à interrupção de uma experiência, as pessoas preferem interromper experiências irritantes e desfrutar de experiências prazerosas sem interrupções. Entretanto, seguindo os princípios básicos de adaptação, Leif e Tom suspeitaram que a intuição dessas pessoas estava completamente equivocada: que elas sofreriam menos sem interromper experiências desagradáveis, e desfrutariam mais de suas experiências prazerosas intercalando-as com outras coisas. Qualquer interrupção, eles supunham, impediria as pessoas de se adaptarem à experiência, o que significa que seria ruim interromper as experiências irritantes e, todavia, útil interromper as prazerosas.

Para testar a parte dolorosa de sua hipótese, Leif e Tom colocaram fones de ouvido nos participantes de um grupo e tocaram os melódicos sons de... um aspirador de pó barulhento, velho e grande, por 5 segundos. Um segundo grupo de participantes, mais infeliz ainda, teve a mesma experiência, mas durante 40 segundos irritantes. Imagine o ranger de dentes dessas pobres almas.

Um terceiro grupo experimentou o desprazer do mesmo som por 40 segundos, seguidos por alguns segundos de silêncio, e então por mais uma explosão de 5 segundos do ruído do aspirador. Em termos objetivos, esse último grupo obviamente experimentou uma quantidade maior de ruído desagradável do que os outros dois. Eles ficaram mais irritados? (Você pode tentar isso em casa. Peça a alguém para que ligue e desligue o aspirador enquanto você deita do lado dele. Considere o quão irritado você ficou nos últimos 5 segundos de cada uma dessas condições.)

Por fim, os participantes avaliaram seus níveis de irritação durante os últimos 5 segundos da experiência. Leif e Tom descobriram que os participantes mais bem tratados, que suportaram apenas os 5 segundos iniciais, estavam muito mais irritados do que aqueles que tiveram de ouvir o som por mais tempo. Esse resultado sugere que aqueles que sofreram com o som do aspirador por 40 segundos se adaptaram, e não acharam os últimos 5 segundos tão ruins assim. Mas o que aconteceu com aqueles que tiveram uma pequena pausa? Ao que parece, tal interrupção piorou as coisas. A adaptação saiu de cena, e o aborrecimento voltou.

Avaliando uma experiência irritante, com e sem pausa

Os participantes foram expostos ao som de um aspirador de pó por 5 segundos (A), por 40 segundos (B) e por 40 segundos seguidos por uma pausa de alguns segundos, acrescida de mais 5 (C). Em todos os casos, foi solicitado aos participantes que avaliassem sua irritação durante os 5 segundos finais da experiência.

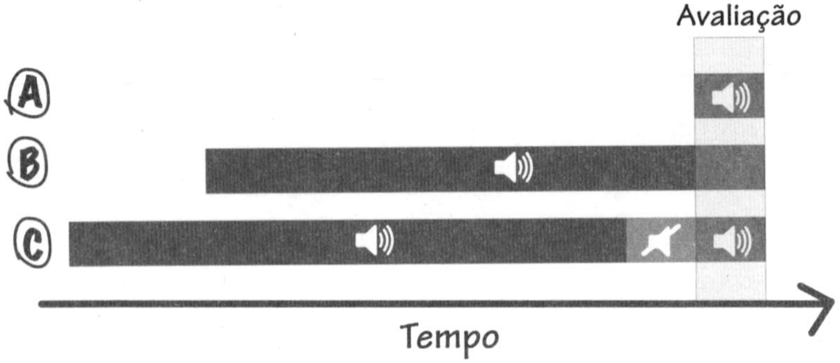

Moral da história: você pode achar que fazer uma pausa durante uma experiência irritante ou entediante lhe fará bem, mas na verdade isso diminui a sua capacidade de adaptação, fazendo com que a experiência pareça ainda pior quando você tem que voltar a ela. Na hora de limpar a casa ou pagar impostos, o truque é persistir até terminar.

E quanto às experiências prazerosas? Bem, Leif e Tom presentearam dois outros grupos de participantes com massagens de 3 minutos em uma daquelas cadeiras fabulosas pelas quais as pessoas fazem fila nos shoppings. O primeiro grupo recebeu um tratamento ininterrupto de 3 minutos. O segundo recebeu massagem por 80 segundos, seguida por um intervalo de 20 segundos, após o qual a massagem recomeçava por mais 80. Tempo final da massagem: 2 minutos e 40 segundos — 20 segundos a menos do que o grupo ininterrupto. Ao final das massagens, foi solicitado a todos que avaliassem o quanto haviam gostado do tratamento. No fim das contas, aqueles que receberam massagens mais curtas, com o intervalo, não apenas usufruíram mais de suas experiências, como também disseram que pagariam o dobro por aquela massagem intercalada.

Esses resultados são claramente contraintuitivos. Que outro prazer é maior do que aquele momento em que você se permite deixar de pagar seus impostos, mesmo que por apenas alguns minutos? Por que você largaria a colher no meio de uma tigela de sorvete artesanal, especialmente quando estava ansioso por isso o dia todo? Por que sair da banheira de hidromassagem quentinha direto para o ar frio para pegar outra bebida, em vez de pedir a outra pessoa para fazer isso por você?

Aqui está um truque: em vez de pensar na pausa como o alívio de uma tarefa chata, pense em como será mais difícil retomar essa tarefa depois. Da mesma forma, se você não quiser tomar a iniciativa de sair da hidromassagem para pegar sua bebida (ou a de seu par amoroso), considere a alegria que será voltar para a água quentinha (sem falar que seu par não perceberá que você está fazendo isso para estender seu prazer próprio e, consequentemente, apreciará o seu "sacrifício").*

* Falando em interrupções, pensemos um pouco sobre a televisão. Gastamos dinheiro em serviços como o TiVo para cortar os comerciais. Mas será que poderíamos aproveitar ainda mais um episódio de *Lost*, ou *House*, com as interrupções periódicas dos comerciais? Leif, Tom e Jeff Galak testaram exatamente isso, e descobriram que, quando as pessoas assistem a programas de TV sem interrupções, seu prazer diminui à medida que o programa avança; quando há uma interrupção por intervalos comerciais, por outro lado, seu prazer aumenta. A despeito dessas curiosas descobertas, admito que vou continuar usando o TiVo.

Avaliando uma experiência prazerosa, com e sem pausa

Os participantes foram expostos a uma massagem de 3 minutos (A) ou de 80 segundos, seguida por um intervalo de 20 e de outra massagem de 80 segundos (B). Em todos os casos, foi solicitado aos participantes que avaliassem o quanto gostaram da experiência.

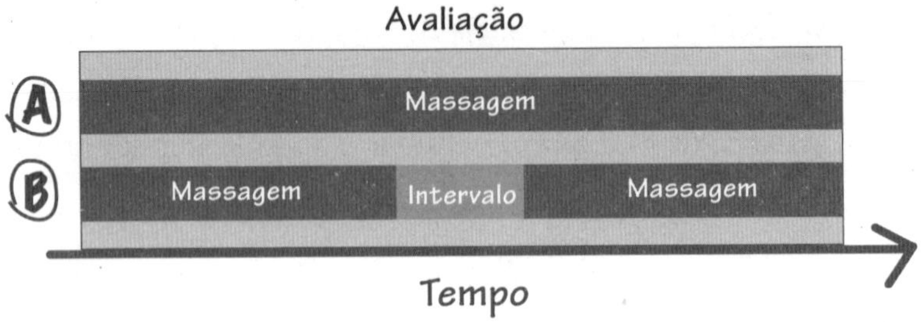

Adaptação: A Nova Fronteira

A adaptação é um processo geral que opera a níveis fisiológicos, psicológicos e ambientais profundos, e que nos afeta em diversos aspectos das nossas vidas. Por causa de sua generalidade e difusão, ainda há muito a ser compreendido. Não está claro, por exemplo, se nós experimentamos uma adaptação hedônica completa ou parcial à medida que nos acostumamos a novas circunstâncias da vida, nem tampouco como ela opera sua mágica em nós, ou se existem caminhos variados para alcançá-la. Mesmo assim, os relatos pessoais a seguir podem lançar alguma luz sobre esse tópico importante (e fique antenado, porque mais pesquisas sobre adaptação hedônica estão a caminho).

Para ilustrar a complexidade do tema, quero compartilhar algumas maneiras pelas quais não me adaptei totalmente às circunstâncias. Como grande parte da minha lesão é visível (tenho cicatrizes no pescoço, rosto, pernas, braços e mãos), eu rapidamente comecei a prestar atenção na maneira pela qual as pessoas olhavam para mim. A consciência que eu tinha da minha aparência vista por outras pessoas foi uma fonte substancial de sofrimento ao longo dos anos. Atualmente, já não conheço tanta gente nova no dia a dia, e não sou tão sensível a respeito. Porém, quando estou em reuniões grandes, e particularmente quando estou com pessoas que não conheço ou que acabei de conhecer, fico demasiado atento e sensibilizado à maneira pela qual elas me olham. Quando sou apresentado a alguém, por exemplo, faço automaticamente algumas anotações mentais de como essa pessoa olha para mim e se — e como — ela aperta minha mão direita lesionada.

É de se esperar que, com o passar dos anos, eu me adaptaria à minha própria autoimagem, mas a verdade é que o tempo não afetou tanto assim minha sensibilidade. Certamente, estou melhor do que antes (as cicatrizes melhoraram com o tempo, e eu já passei por muitas operações), mas a minha preocupação geral com a reação dos outros não diminuiu tanto assim. Por que a adaptação falhou comigo, nesse caso? Talvez seja como no experimento do aspirador de pó: a exposição descontínua às reações dos outros quanto à minha aparência pode ser a própria questão que limita a minha adaptação.

Um segundo relato pessoal sobre adaptações fracassadas diz respeito aos meus sonhos. Imediatamente após o acidente, eu aparecia em meus sonhos com o mesmo corpo jovem, saudável e sem cicatrizes que eu tinha antes. Claramente, eu estava negando ou ignorando a alteração da minha aparência. Poucos meses depois, ocorreu alguma adaptação; comecei a sonhar com os tratamentos, procedimentos, a vida hospitalar e os aparelhos médicos que me cercavam. Em todos esses sonhos, minha autoimagem ainda estava intacta e saudável, exceto pelo fato de estar sobrecarregada por diferentes tipos de dispositivos médicos. Finalmente, cerca de um ano após o acidente, eu deixei de ter qualquer autoimagem em meus sonhos — virei apenas um observador distante. Eu já não acordava com o tormento emocional de realizar mais uma vez a extensão dos meus ferimentos (o que era ótimo), mas tampouco me acostumei com a nova realidade do meu "eu" acidentado (o que era péssimo). Dissociar-me de mim mesmo em meus próprios sonhos foi um processo relativamente útil, portanto; mas, apesar da análise freudiana dos sonhos, parece que minha adaptação à situação alterada do meu próprio corpo falhou, em partes.

Um terceiro exemplo de adaptação pessoal está relacionado à minha capacidade de encontrar alegrias na minha vida profissional como acadêmico. De um modo geral, consegui encontrar um emprego que me permite trabalhar por mais horas quando me sinto bem, e menos quando sinto mais dores. Na minha escolha de uma carreira profissional, suspeito que a capacidade de conviver com as minhas limitações tenha muito a ver com aquilo que chamei de adaptação ativa. Esse tipo de adaptação não é física ou hedônica; em vez disso, e um pouco como a seleção natural na teoria da evolução, ela se baseia em muitas mudanças pequenas no decorrer de uma longa sequência de decisões, de modo que o resultado final se ajuste às circunstâncias e limitações.

Quando criança, nunca sonhei em ser um acadêmico (quem sonha?), e a maneira pela qual escolhi essa carreira foi um processo lento, etapa por etapa, que se estendeu por anos. No colégio, eu era uma daquelas crianças quietas, que normalmente abria a boca para contar uma piada aqui e ali, mas raramente para participar de qualquer discussão. Durante meu primeiro ano de faculdade, eu ainda estava passando por tratamentos e usando um terno Jobst,* o que significava que muitas das atividades que ocupavam os outros alunos estavam além das minhas habilidades. O que eu fiz, então? Me engajei em outra atividade: estudar (nenhum dos meus professores de escola teriam acreditado nisso).

Com o passar do tempo, comecei a me envolver cada vez mais em atividades acadêmicas. Comecei a gostar de aprender e encontrei uma satisfação considerável na minha capacidade de provar a mim mesmo e aos outros que pelo menos uma parte de mim não havia mudado: minha mente, minhas ideias e meu modo de pensar.† O meu jeito de gastar tempo e as atividades que apreciava é que foram mudando lentamente, até que em algum momento ficou claro que havia um eixo entre as minhas limitações, habilidades, e uma vida acadêmica. Essa decisão não foi repentina, claro, mas uma longa série de pequenos passos, cada um dos quais me aproximava gradualmente de uma vida que atualmente combina comigo, e à qual me acostumei com gratidão. Uma vida da qual, felizmente, gosto muito.

Quando olho para a minha lesão como um todo — intensa, dolorosa e prolongada como foi —, fico surpreso com o quão bem minha vida acabou transcorrendo. Encontrei diversas alegrias pessoais e profissionais. Ademais, a dor que sinto parece cada vez menos difícil de suportar; não só aprendi a lidar com ela, como também descobri o que fazer para limitá-la.

---

* Jobst era uma capa de plástico que cobria o corpo da cabeça aos pés, projetada especialmente para pressionar os tecidos em recuperação. Ela deixava buracos apenas para os olhos, orelhas e boca, e me fazia parecer uma mistura de Homem-Aranha cor de pele com um ladrão de banco.

† Sempre tive a forte sensação de que, quando os outros me observavam, além de ver meus ferimentos, eles também deduziam que minha aparência estava relacionada a uma diminuição da inteligência. Consequentemente, foi muito importante para mim demonstrar que a minha mente ainda funcionava da mesma forma que antes do acidente.

Adaptei-me completamente às minhas circunstâncias atuais? Não. Mas fui muito além do que esperava quando tinha 20 anos, e sou extremamente grato pelo incrível poder da adaptação.

Como se Beneficiar da Adaptação

Agora que temos um entendimento melhor da adaptação, será que podemos utilizar seus princípios para nos ajudar a administrar melhor nossas vidas?

Vamos considerar o caso de Ann, uma estudante universitária que está prestes a se formar. Durante os últimos quatro anos, Ann morou em um pequeno dormitório sem ar-condicionado e com móveis velhos e desgastados, que precisa dividir com duas pessoas desordenadas. Durante esse tempo, Ann dormiu na parte de cima de um beliche e não teve muito espaço para suas roupas, seus livros, e nem para sua coleção de livrinhos em miniatura.

Um mês antes da formatura, Ann consegue um excelente emprego em Boston. Enquanto espera para se mudar para o seu primeiro apartamento e receber seu primeiro salário de verdade, ela faz uma lista de todas as coisas que gostaria de comprar. Como ela poderia decidir o que comprar de forma a maximizar sua felicidade a longo prazo?

Uma possibilidade seria Ann pegar seu salário e, depois de pagar aluguel e contas, dar início a uma gastança desenfreada. Ela poderia jogar fora suas roupas de segunda mão e comprar um sofá novo, um colchão de viscoelástico, a maior televisão possível e até mesmo aqueles ingressos para a temporada do Boston Celtics que ela sempre quis. Depois de suportar aquele ambiente desconfortável por tanto tempo, ela finalmente poderia dizer a si mesma: "É hora de me dar algum luxo!" Outra opção seria abordar suas compras de maneira gradual: ela poderia começar com uma cama nova e confortável, e talvez em seis meses pular para a televisão, e só no ano seguinte para o sofá.

Embora a maioria das pessoas na posição de Ann pense sobre como seria bom arrumar o apartamento e então sair para uma maratona de compras, já deve estar claro, a essa altura, que, dada a tendência humana para a adaptação, ela seria mais feliz em um cenário de compras intermitentes. Ou seja, ela poderia obter uma "alegria de poder de compra" maior ao limitar suas compras, fazendo pausas e desacelerando o seu próprio processo de adaptação.

A lição, aqui, é desacelerar o prazer. Um sofá novo pode até lhe agradar por alguns meses, mas não compre uma televisão até que esse entusiasmo inicial tenha passado. O mesmo vale para a situação oposta, ou seja, se você estiver apertado com suas despesas. Ao reduzir o consumo, você também deveria se mudar para um apartamento menor, desistir da televisão a cabo e cortar o café mais caro da sua vida — a dor inicial será grande, mas a agonia total ao longo do tempo será menor. Outra maneira de fazer a adaptação funcionar bem é estabelecendo limites para o nosso consumo — ao menos em nosso consumo de álcool. Um dos meus orientadores de pós-graduação, Tom Wallsten, costumava dizer que pretendia se tornar um especialista em vinhos que custassem até 15 dólares. Sua ideia era que, se começasse a comprar vinhos sofisticados de 50 dólares a garrafa, se acostumaria a esse nível de qualidade e não seria mais capaz de sentir prazer com vinhos baratos.* Além disso, ele raciocinou que, se começasse a consumir vinhos de 50 dólares, com o tempo teria de aumentar seus gastos

* Na realidade, a correlação entre o preço do vinho e sua qualidade é quase zero, mas isso é um problema para outros carnavais.

para garrafas de 80, 90 e 100 dólares, simplesmente porque o seu paladar teria se apurado a um nível mais sofisticado. Por fim, ele pensou que, se nunca experimentasse vinhos de 50 dólares, para começo de conversa, seu paladar seria mais sensível às mudanças na qualidade dos vinhos em uma faixa de preço mais aceitável, o que aumentaria ainda mais sua satisfação. Com esses argumentos em mente, ele evitou a esteira hedônica, manteve seus gastos sob controle, tornou-se especialista em vinhos de 15 dólares e encontra-se muito satisfeito consigo mesmo.

Por que Espaçar as Compras Aumenta a Sua Satisfação.

O gráfico abaixo ilustra as duas abordagens possíveis para Ann gastar seu dinheiro. A área sob a linha ondulada mostra sua satisfação ao comprar desenfreadamente. Depois das compras, Ann ficará muito feliz, mas isso passará logo, já que suas compras deixarão de ser uma novidade. A área sob a linha contínua mostra sua satisfação com a abordagem intermitente. Nesse caso, ela não alcançará o mesmo grau de satisfação inicial, mas esta será continuamente revitalizada por causa das mudanças repetidas. O que é melhor? Ora, usando a abordagem intermitente, Ann pode gerar um nível de satisfação geral maior para si mesma.

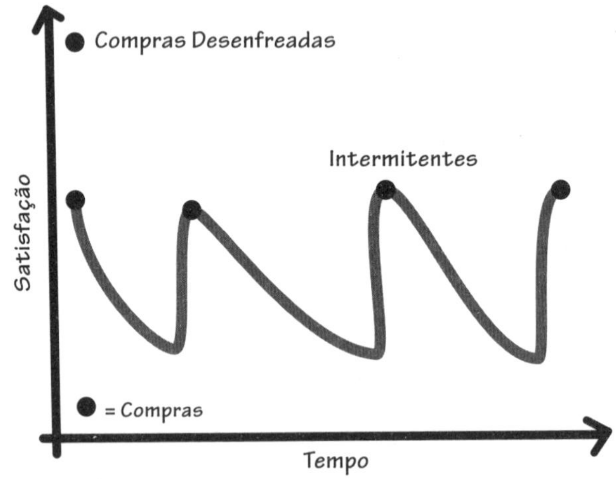

Similarmente, nós podemos aproveitar a adaptação para maximizar nossa satisfação geral, trocando investimentos em produtos e serviços que nos oferecem um fluxo constante de experiências para aqueles mais temporários e transitórios. Equipamentos estéreo e móveis, por exemplo, costumam oferecer uma experiência constante, e por isso é muito fácil adaptar-se a eles. Por outro lado, experiências transitórias (uma escapada de quatro dias, mergulhar, ir a um show) são tão fugazes que você não pode se adaptar a elas tão prontamente assim. Não estou sugerindo que você venda seu sofá e vá fazer um curso de mergulho, mas é importante entender quais tipos de experiências são mais ou menos suscetíveis à adaptação. Portanto, se você estiver pensando em investir em uma experiência transitória (mergulhar) ou em uma mais constante (um sofá novo), e acha que as duas terão um impacto semelhante na sua felicidade geral, opte pela transitória. Afinal, o efeito a longo prazo do sofá em sua felicidade provavelmente será muito menor do que você imagina, enquanto o prazer e as lembranças de mergulhar durarão mais do que você poderia prever, inicialmente.

Para aumentar sua satisfação, você também pode pensar em maneiras de injetar um pouco de acaso e de imprevisibilidade em sua vida. Eis uma pequena demonstração: já percebeu como é difícil fazer cócegas em si mesmo? Por quê? Ora, porque, quando o fazemos, sabemos exatamente como nossos dedos se moverão, e essa previsibilidade acaba com qualquer risada. Curiosamente, quando usamos a mão direita para fazer cócegas em nosso lado direito, não sentimos nada, mas, quando a usamos para fazer cócegas no lado esquerdo, a ligeira diferença de tempo entre o sistema nervoso do lado direito e esquerdo do corpo cria uma imprevisibilidade pequena que, por sua vez, pode nos levar a sentir um pouco de cócegas.

Os benefícios da aleatoriedade estendem-se da vida pessoal à amorosa, passando pela profissional. Como argumentou o economista Tibor Scitovsky em *The Joyless Economy* [*A Economia da Infelicidade*, em tradução livre], temos uma tendência a seguir caminhos seguros e previsíveis no trabalho e, por extensão, na nossa vida pessoal, fazendo coisas que proporcionem um progresso estável e confiável. No entanto, argumenta Scitovsky, o verdadeiro progresso — assim como o verdadeiro prazer — vem de correr riscos e tentar coisas diferentes. Portanto, da próxima vez que você tiver que montar uma apresentação, trabalhar em equipe ou escolher um projeto, tente seguir um caminho novo. Sua tentativa humorística ou colaborativa pode falhar, mas, no geral, pode produzir diferenças positivas.

Outra lição da adaptação tem a ver com a situação das pessoas ao nosso redor. Quando elas possuem coisas que nós não possuímos, por exemplo, a comparação pode ser notória e, consequentemente, podemos demorar mais para nos adaptar. Para mim, ficar no hospital por três anos foi relativamente fácil, já que todas as pessoas ao meu redor estavam feridas e minhas habilidades e inabilidades estavam ao alcance de todos. Só quando saí do hospital é que fui compreender a extensão das minhas limitações e dificuldades — um processo muito duro e desanimador.

Em um nível mais prático, digamos que você queira um notebook específico, mas o considere caro demais. Se você se contentar com um mais barato, provavelmente se acostumará com o tempo — a menos que a pessoa que mora com você tenha aquele notebook mais caro. Nesse caso, a comparação diária entre o seu notebook e o dela irá desacelerar sua adaptação e deixá-lo insatisfeito. De maneira mais geral, esse princípio significa que, ao considerarmos o processo de adaptação, devemos pensar também sobre os diversos fatores em nosso ambiente, e como eles podem influenciar a nossa capacidade de se adaptar. A má notícia é que a nossa felicidade depende, até certo ponto, da nossa habilidade de acompanhar os outros. A boa notícia, por outro lado, é que, uma vez que tenhamos algum controle sobre o ambiente em que nos situamos, escolhendo pessoas com quem não nos sintamos mal em comparação, podemos ser mais felizes.

A MORAL DA HISTÓRIA é que nem todas as experiências levam ao mesmo nível de adaptação, e nem todas as pessoas respondem à adaptação da mesma maneira. Portanto, aconselho você a explorar seus padrões individuais e aprender quais coisas pressionam o seu botão de adaptação, e quais não.

No fim das contas, todos nós somos como aquelas rãs metafóricas na água quente. Nossa tarefa é descobrir como reagimos às adaptações para poder aproveitar o que é bom e evitar o que é ruim. E, para fazer isso, devemos saber medir a temperatura da água: quando ela começar a esquentar demais, precisamos pular fora, encontrar uma lagoa e identificar os prazeres da vida para aproveitá-los bem.

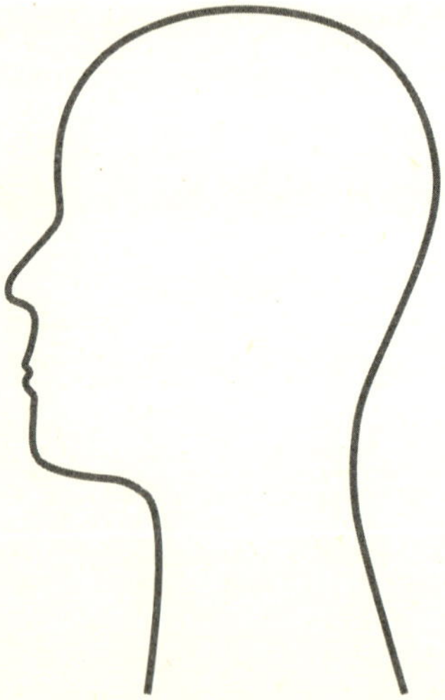

CAPÍTULO 7

Atraente ou Não?

Adaptação, Acasalamento Preferencial e o Mercado de Beleza

Um grande espelho de corpo inteiro esperava por mim na enfermaria. Como eu não caminhara mais do que poucos metros por alguns meses, viajar a distância do corredor até a enfermaria era um desafio e tanto. Demorava um século para chegar lá. Finalmente, virei a esquina e me aproximei cada vez mais do espelho, apenas para dar uma boa olhada na imagem que refletia de volta para mim. As pernas estavam dobradas e cobertas por grossas ataduras. As costas estavam completamente curvadas para a frente. Os braços enfaixados desabavam, como que sem vida. O corpo inteiro se retorcia; parecia estranho, apartado de mim mesmo. "Eu" era um jovem bonito de 18 anos. Era impossível que aquela imagem realmente fosse a minha.

O rosto era a pior parte. Todo o lado direito estava aberto, com pedaços amarelados e avermelhados de carne e pele pendurados como uma vela de cera derretida. O olho direito fora puxado em direção à orelha, e o lado direito da boca, da orelha e do nariz estava carbonizado e distorcido.

Era difícil absorver os detalhes; todas as minhas características pareciam desfiguradas de alguma maneira. Eu fiquei lá, tentando encarar meu reflexo. O velho Dan estava enterrado em algum lugar daquela imagem? Reconheci apenas o olho esquerdo que me fitava dos destroços daquele corpo. Era realmente eu? Simplesmente não dava para entender, acreditar ou aceitar esse corpo deformado como o meu. Durante os mais variados tratamentos, como quando minhas ataduras eram removidas, eu via determinadas partes do meu corpo e percebia o quão graves eram algumas das queimaduras. Também me disseram que o lado direito do meu rosto estava seriamente danificado. De alguma forma, no entanto, eu não havia juntado todas as peças até ficar diante daquele espelho. Eu estava dividido entre o desejo de olhar para a coisa no espelho e a compulsão de me virar e ignorar essa nova realidade. Rapidamente, a dor em minhas pernas tomou a decisão por mim, e voltei para a cama.

Lidar com os aspectos físicos da minha lesão já era uma tortura enorme, mas o golpe derradeiro na minha autoimagem adolescente acrescentou um tipo diferente de desafio à minha recuperação. Naquela altura da minha vida, eu estava tentando encontrar meu lugar na sociedade e me compreender como pessoa e como homem. De repente, então, fui condenado a três anos em um hospital e rebaixado de qualquer posição que meus colegas (ou minha mãe, pelo menos) pudessem achar atraente. Ao perder minha beleza, perdi algo crucial referente a como todos nós — especialmente quando jovens — nos definimos.

Onde Eu me Encaixo?

Nos anos seguintes, muitos amigos vieram me visitar. Vi casais — pessoas saudáveis, bonitas e sem dor que foram meus amigos e colegas de escola — flertando, ficando juntos e se separando; naturalmente, eles imergiram totalmente em suas buscas amorosas. Antes do meu acidente, eu sabia exatamente onde estava na hierarquia social; tinha saído com algumas garotas desse grupo, e geralmente sabia quem namoraria comigo ou não.

Mas e agora, onde eu me encaixava nesse meio? Tendo perdido minha beleza, eu sabia que valia menos no mercado do namoro. Será que as garotas com quem eu costumava sair me rejeitariam se eu pedisse agora? Eu não tinha a menor dúvida. Até enxergava uma lógica nisso. Afinal, elas tinham opções melhores, e eu faria o mesmo se nossas sortes fossem invertidas. Se as garotas atraentes me rejeitassem, portanto, eu teria que me casar com alguém que também tivesse algum tipo de deformidade? Era melhor que eu "sossegasse"? Que aceitasse a ideia de pensar em outros termos de relações amorosas? Ou quiçá houvesse alguma esperança. Alguém, algum dia, ignoraria as minhas cicatrizes e me amaria pelo meu cérebro, senso de humor e dotes culinários?

Não havia como escapar da percepção de que o meu valor de mercado para parcerias românticas havia diminuído drasticamente; entretanto, ao mesmo tempo, eu sentia que apenas uma parte de mim — minha aparência física — fora danificada. Não senti que eu mesmo (ou o meu "verdadeiro eu") tivesse mudado de forma significativa, o que tornava ainda mais difícil aceitar a ideia de que, de repente, eu era menos valioso.

Mente e Corpo

Não sabendo muito a respeito de queimaduras extensas, eu esperava que, uma vez que elas sarassem, eu voltaria a ser como era antes. Afinal, eu sofri algumas queimaduras no passado, e a maioria delas desapareceu depois de algumas semanas, sem deixar vestígios — com a exceção de algumas cicatrizes leves. O que eu não percebi foi que essas queimaduras profundas e extensas eram muito diferentes daquelas.

Quando elas começaram a sarar, boa parte da minha verdadeira luta estava apenas começando — assim como a minha frustração com as lesões e com o meu corpo. Enquanto as feridas cicatrizavam, eu enfrentava horas desafiadoras para diminuí-las e a necessidade de lutar continuamente contra o enrijecimento da pele. Também precisei enfrentar as bandagens de pressão Jobst que cobriam todo o meu corpo. Os inúmeros aparelhos que mantinham meus dedos estendidos e meu pescoço firme, embora terapeuticamente importantes, faziam com que eu me sentisse ainda mais esquisito. Esses acoplamentos estranhos que sustentavam e moviam as partes do meu corpo impediam o meu "eu" físico de sentir-se como antes. Comecei a me ressentir pelo meu próprio corpo e a pensar nele como um inimigo que me traiu. Assim como o Príncipe Sapo ou o Homem da Máscara de Ferro, senti como se ninguém pudesse discernir o verdadeiro eu que estava preso dentro de mim.*

Eu não era do tipo filosófico na adolescência, mas comecei a pensar na separação entre mente e corpo — dualidade que vivenciava todos os dias. Lutei contra vários sentimentos de aprisionamento naquele corpo horrível e atormentado pela dor, até que, em algum momento, decidi prevalecer sobre ele. Comecei a esticar minha pele cicatrizada o máximo que pude; trabalhei contra as dores, com a sensação de que minha mente estava dominando meu corpo, e abracei esse dualismo mente-corpo, que eu sentia com tanta intensidade, com a certeza de que a minha mente venceria a batalha.

Como parte dessa empreitada, prometi a mim mesmo que minhas ações e decisões seriam dirigidas apenas pela minha mente, e não pelo meu corpo. Não permitiria que a dor governasse minha vida e nem que meu corpo ditasse as regras. Aprenderia a ignorar os chamados do corpo e viveria no mundo mental, no qual ainda era aquele velho e conhecido eu. Dali em diante, eu estaria no controle!

---

* Outras histórias que retratam humanos aprisionados em seus próprios corpos incluem: *Metamorfoses*, de Ovídio, *A Bela e a Fera*, *Johnny Vai à Guerra* e *O Escafandro e a Borboleta*.

Também resolvi me esquivar daquele problema do valor declinante no mercado amoroso, evitando-o por completo. Se eu ia ignorar meu corpo em todas as frentes, certamente não me submeteria a nenhuma necessidade amorosa. Com isso fora da minha vida, eu não precisaria me preocupar com o meu lugar na hierarquia dos namoros, ou com quem poderia me desejar. Problema resolvido.

Alguns meses depois do acidente, no entanto, aprendi a mesma lição que incontáveis ascetas, monges e puristas: fazer a mente triunfar sobre o corpo é um exemplo clássico de "mais fácil falar do que fazer".

Minha *Via Dolorosa** diária pelo departamento de queimaduras incluía o temido banho, no qual as enfermeiras me encharcavam com desinfetantes. Em seguida, elas começavam a arrancar minhas ataduras, uma por uma, e então raspavam a pele morta, colocavam um pouco de pomada nas queimaduras e me cobriam novamente. Essa era a rotina usual, mas nos dias seguintes a cada uma das minhas muitas operações de transplante de pele, elas pulavam o banho, já que a água poderia levar infecções de outras partes do meu corpo para o ferimento cirúrgico mais recente. Nesses dias, então, eu recebia um banho de esponja na cama que era ainda mais doloroso do que o tratamento normal, já que os curativos não podiam ser molhados, o que tornava sua remoção ainda mais agonizante.

Certo dia, minha rotina de banho de esponja mudou. Depois de remover todas as ataduras, uma enfermeira jovem e muito atraente, chamada Tami, lavou minha barriga e minhas coxas. De repente, eu experimentei uma sensação em algum lugar no meio do meu corpo que não sentia há meses. Fiquei envergonhado e constrangido ao descobrir que tinha uma

---

* De acordo com a tradição cristã, foi por esse caminho que Jesus Cristo carregou a cruz (N. do T).

ereção, mas Tami riu e me disse que aquilo era um sinal de melhora. Sua visão descontraída até amenizou um pouco o meu constrangimento, mas não muito.

Naquela noite, sozinho em meu quarto e ouvindo a sinfonia dos bipes de vários instrumentos médicos, refleti sobre os acontecimentos do dia. Meus hormônios adolescentes estavam de volta à ação, alheios ao fato de que eu parecia muito diferente daquele jovem de outrora; além disso, eles exibiam uma enorme falta de respeito pela minha decisão de não deixar meu corpo ditar as regras. Naquele momento, percebi que a separação mente-corpo era uma ideia imprecisa, e que eu teria que aprender a viver em uma harmonia entre mente e corpo.

AGORA QUE eu estava de volta a uma terra de relativa normalidade — isso é, de pessoas com demandas físicas e mentais —, tornei a refletir sobre o meu lugar na sociedade. Sobretudo naqueles momentos em que o meu corpo se sentia melhor — e quando a dor era mais branda —, eu me indagava a respeito do processo social que nos aproximava de algumas pessoas e nos afastava de outras. Eu ainda estava de cama a maior parte do tempo, então não havia nada que eu realmente pudesse fazer, mas comecei a pensar sobre o que o futuro romântico reservaria para mim. Enquanto eu analisava essa situação repetidamente, minhas questões pessoais logo se transformaram em um interesse generalizado pela dança amorosa.

Acasalamento Preferencial e Adaptação

Você não precisa ser um observador astuto da natureza humana para perceber que, no mundo dos pássaros, das abelhas e dos humanos, os semelhantes se atraem. Em grande medida, pessoas bonitas namoram pessoas bonitas, e pessoas "esteticamente desfavorecidas"* namoram pessoas como elas. Cientistas sociais estudaram esse fenômeno de "farinha do mesmo saco" por muito tempo, e deram a ele o nome de "acasalamento preferencial". Embora possamos pensar em diversos exemplos de homens audaciosos, talentosos, ricos ou poderosos, e todavia esteticamente desfavorecidos, casados com belas mulheres (pense em Woody Allen e Mia Farrow, Lyle Lovett e Julia Roberts, ou praticamente qualquer rockstar britânico e sua esposa modelo e/ou atriz), o acasalamento preferencial tende a ser uma boa descrição da maneira pela qual as pessoas costumam encontrar seus parceiros românticos. É claro que essa noção não envolve apenas a beleza; dinheiro, poder e atributos como senso de humor podem tornar uma pessoa mais ou menos desejável. Ainda assim, em nossa sociedade, a beleza, mais do que qualquer outro atributo, tende a definir os lugares na hierarquia social e o nosso potencial de acasalamento preferencial.

O acasalamento preferencial é uma boa notícia para os homens e as mulheres mais atraentes, certo, mas o que isso significa para a maioria de nós, situados nos degraus imediatamente abaixo destes? Nós nos adaptamos à nossa posição na hierarquia social? Como aprendemos, parafraseando a velha canção de Stephen Stills, a "amar aqueles com quem estamos" ["love the ones we're with", no original]? Essa foi uma pergunta que Leonard Lee, George Loewenstein e eu começamos a discutir um dia, entre algumas xícaras de café.

Sem indicar qual de nós tinha em mente, George fez a seguinte pergunta: "Considere o que acontece com alguém que não é atraente fisicamente. Essa pessoa geralmente está restrita a namorar e a se casar com pessoas do seu próprio nível de atratividade. Se, para além disso, ela for do meio acadêmico, não poderá nem sequer compensar sua feiura com dinheiro."

---

* Uso esse termo na falta de um melhor. Quero dizer, simplesmente, que algumas pessoas são mais atraentes fisicamente, e outras, menos.

George, então, deu continuidade ao que se tornaria a questão central do nosso próximo projeto de pesquisa: "O que acontecerá com esse indivíduo? Será que vai acordar todas as manhãs, olhar para a pessoa dormindo ao seu lado e pensar: 'Bem, isso é o melhor que eu posso fazer?' Ou será que aprenderá, de alguma forma, a se adaptar, a mudar, e nem sequer perceberá que se acomodou?"

DEMONSTRAÇÃO DE UM ACASALAMENTO PREFERENCIAL/ IDEIA PARA UMA FESTA ESTRANHA

Imagine que você acabou de chegar numa festa. Você entra e, imediatamente, o anfitrião escreve algo na sua testa, instruindo-o a não olhar no espelho e nem indagar ninguém a respeito. Você olha ao redor da sala e vê que os outros homens e mulheres têm números de um a dez escritos em suas testas. O anfitrião diz que o seu objetivo é formar uma dupla com a pessoa de maior número que estiver disposta a conversar com você. Naturalmente, você caminha até um dez, mas ele ou ela lhe dá uma olhadela breve e se afasta. Então, você vai atrás dos noves ou oitos e assim por diante, até que um quatro estende a mão e vocês vão pegar uma bebida.

Esse jogo simples descreve o processo básico do acasalamento preferencial. Quando o jogamos com potenciais parceiros românticos no mundo real, geralmente pessoas com números altos encontram outras com números altos, e o mesmo vale para números médios e baixos. Cada pessoa tem um valor (no jogo da festa, ele está escrito), e as reações que recebemos dos outros nos ajudam a definir nossa posição nessa hierarquia social, e a encontrar alguém que compartilhe do nosso grau de atratividade.

Uma maneira de pensar sobre o processo pelo qual uma pessoa esteticamente desfavorecida se adapta à sua própria atratividade envolve aquilo que podemos chamar de "estratégia das uvas azedas", em homenagem à fábula de Esopo, *A Raposa e as Uvas*. Ao caminhar por um campo em um dia quente, uma raposa vê um cacho de uvas maduras e rechonchudas presas a um galho. As uvas, naturalmente, são justamente o que ela precisava para saciar sua sede, de forma que recua bastante e então dá um salto em corrida para tentar pegá-las. Ela falha, no entanto. Tenta de novo, e de novo, mas simplesmente não consegue alcançá-las. Finalmente, ela desiste e vai embora, murmurando: "Tenho certeza de que elas estavam azedas, mesmo." O conceito das uvas azedas derivado dessa fábula ilustra a noção de que tendemos a desprezar tudo aquilo que não conseguimos conquistar.

A fábula também sugere que, quando se trata de beleza, a adaptação irá operar sua mágica em nós, transformando as pessoas atraentes (uvas) em pessoas menos desejáveis (azedas) para aqueles de nós que não conseguirem alcançá-las. Mas a verdadeira adaptação pode ir além de simplesmente alterar a forma pela qual vemos o mundo — em vez de simplesmente rejeitar aquilo que não conseguimos, ela implica que façamos truques psicológicos em nós mesmos para tornar a realidade mais palatável.

E como, exatamente, esses truques de adaptação funcionam? Uma maneira para indivíduos esteticamente desfavorecidos se adaptarem seria rebaixar seus ideais estéticos de, digamos, um 9 ou 10 na escala de "perfeição", para algo mais comparável a si próprios. Talvez eles passem a considerar narizes grandes, calvície ou dentes tortos como traços desejáveis. Alguém que se adaptou de tal forma pode reagir à imagem de, digamos, uma Halle Berry ou um Orlando Bloom, dando de ombros e dizendo: "Detesto esse narizinho simétrico dela" ou "Eca, pra que todo esse cabelo escuro e lustroso?".

Aqueles entre nós que não são tão deslumbrantes assim também podem se valer de uma segunda abordagem para a adaptação. Em vez de alterarmos o nosso senso de beleza, podemos procurar por outras qualidades — senso de humor, por exemplo, ou gentileza. Na história da raposa com as uvas, isso seria o equivalente a ela reavaliar os cachos um pouco menos suculentos que estavam no chão e considerá-los mais apetitosos, já que ela simplesmente não conseguiria tirar as uvas do galho.

E como isso pode funcionar no mundo das relações amorosas? Bem, eu tenho uma amiga de meia-idade e aparência comum que conheceu seu marido no site Match.com há alguns anos. "Tratava-se de alguém", ela me disse, "que não era nada demais. Ele era careca, estava acima do peso, tinha muitos pelos no corpo e era vários anos mais velho do que eu. Mas eu aprendi que essas coisas não são tão importantes assim. Eu queria alguém que fosse inteligente, que tivesse valores e um bom senso de humor — e ele tinha tudo isso." (Já percebeu como "senso de humor" quase sempre significa "pouco atraente" quando alguém tenta bancar o cupido?)

Nós, indivíduos esteticamente desfavorecidos, temos agora duas maneiras de nos adaptarmos: ou alteramos nossa percepção estética e começamos a valorizar a ausência de perfeição, ou reconsideramos o valor dos atributos que julgamos importantes e desimportantes. Para ilustrar um pouco mais diretamente, considere estas duas possibilidades: (a) as mulheres que atraem apenas homens carecas e baixinhos começam a apreciar esses atributos no seu parceiro? Ou (b) essas mulheres continuam preferindo namorar homens altos e com cabelo, mas, percebendo não ser possível, mudam o seu foco para atributos não físicos, como gentileza e senso de humor?

Além desses dois caminhos de adaptação, e apesar da incrível capacidade dos seres humanos de se adaptarem a todo tipo de coisa (ver Capítulo 6), devemos considerar também a possibilidade de que a adaptação não funciona nesse caso em particular. Isso significaria que os indivíduos esteticamente desfavorecidos nunca se acostumariam, de fato, às limitações impostas por sua aparência na hierarquia social. (Se você é um homem com mais de 50 anos e ainda acha que toda mulher de 20 e poucos anos adoraria sair com você, saiba que você é exatamente o tipo de pessoa do qual estou falando.) Essa falha adaptativa é um prato cheio para decepções contínuas, porque, na sua carência, os indivíduos menos atraentes sempre ficarão desapontados quando não conseguirem o parceiro maravilhoso que julgam merecer. E, se eles se casarem com outra pessoa esteticamente desfavorecida, sempre sentirão que merecem algo “melhor” — o que dificilmente levará a uma relação saudável, quanto mais a uma relação alegre.

Qual das três abordagens ilustradas na figura a seguir você acha que descreve melhor como os indivíduos esteticamente desfavorecidos lidam com as suas restrições?

Três maneiras possíveis de lidar com as próprias limitações físicas

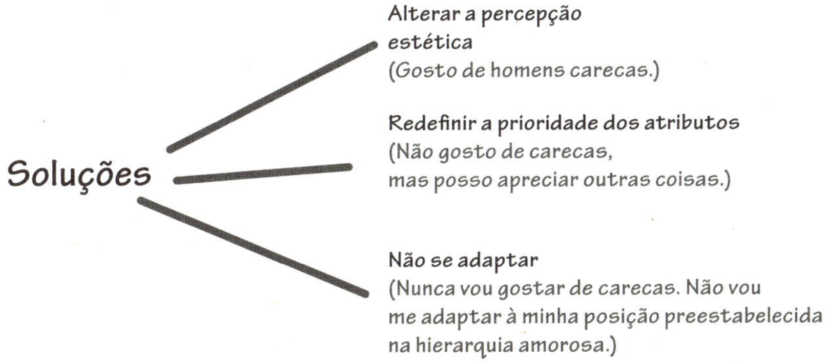
Soluções
Alterar a percepção estética
(Gosto de homens carecas.)
Redefinir a prioridade dos atributos
(Não gosto de carecas,
mas posso apreciar outras coisas.)
Não se adaptar
(Nunca vou gostar de carecas. Não vou
me adaptar à minha posição preestabelecida
na hierarquia amorosa.)

Minha aposta está na capacidade de redefinir a prioridade daquilo que procuramos em um parceiro, mas o processo de descoberta foi interessante por si só.

Atraente ou Não?

Para saber mais sobre como as pessoas se adaptam à sua aparência menos--que-perfeita, Leonard, George e eu abordamos dois jovens habilidosos, James Hong e Jim Young, e pedimos permissão para realizar um estudo utilizando seu site, HOT or NOT [respectivamente, ATRAENTE ou NÃO, em tradução livre].* Ao entrar no site, você é saudado com a foto de um homem ou uma mulher de praticamente qualquer idade acima de 18 anos. Sobre a foto paira uma pequena caixa com uma escala de 1 (NÃO) a 10 (ATRAENTE). Depois de avaliar a foto, uma outra aparece, desta vez com uma pessoa diferente; a nota média da pessoa que você acabou de avaliar também aparece.

Você não somente pode avaliar as fotos de outras pessoas, como também pode postar a sua própria para ser julgada pelos outros.† Leonard, George e eu apreciamos esse recurso em particular, porque ele nos mostrava o quanto as pessoas que nos avaliavam eram atraentes. (Da última vez que verifiquei, minha classificação era de 6,4. Certamente usei uma das minhas piores fotos...) Com esses dados poderíamos, por exemplo, ver como uma pessoa classificada como pouco atraente pelos usuários do HOT or NOT (nota 2, digamos) classificaria a beleza de outras pessoas, em comparação com alguém classificado como muito atraente (nota 9).

E por que diabos esse recurso nos ajudaria? Porque nós calculamos que, se as pessoas pouco atraentes não se adaptassem, sua opinião sobre a atratividade alheia seria a mesma das pessoas muito atraentes. Por exem-

* Se você nunca entrou no www.hotornot.com, recomendo dar uma olhada, mesmo que apenas pelos vislumbres de psicologia humana que ele oferece.

† Dada a natureza do site HOT or NOT, é bem provável que os dados coletados tenham superestimado a beleza em relação a outros atributos. Não obstante, os fundamentos analisados também devem ser generalizados para outros tipos de adaptação.

plo, se a adaptação não ocorresse, uma pessoa com dois e outro com oito veriam os noves como noves e os quatros como quatros. Por outro lado, se as pessoas pouco atraentes se adaptassem e mudassem de opinião quanto à atratividade das outras pessoas, sua visão de beleza seria diferente daquela das pessoas mais atraentes. Por exemplo, se a adaptação tivesse ocorrido, uma pessoa com dois poderia ver um nove como um seis e um quatro como um sete, enquanto uma pessoa com oito veria um nove como um nove e um quatro como um quatro. A boa notícia, para nós, é que isso é mensurável! Em suma, ao examinar como a atratividade de uma pessoa influencia na sua avaliação da beleza alheia, achávamos que poderíamos descobrir algo sobre a extensão de sua adaptação. Intrigados com o nosso projeto, James e Jim forneceram-nos as classificações e informações de namoro de 16.550 membros do HOT or NOT por um período de 10 dias. Todos os membros da nossa amostra eram heterossexuais e a maioria (75%) era do sexo masculino.*

A primeira análise revelou que quase todos eram consensuais sobre o que era bonito ou não. Que praticamente todo mundo acha pessoas como Halle Berry e Orlando Bloom "atraentes", independentemente de suas próprias aparências; parece que dentes grandes e assimetria facial não se tornaram o novo padrão de beleza para os esteticamente desfavorecidos.

Esse consenso geral sobre o padrão de beleza pesou contra a teoria das uvas azedas, mas abriu portas para duas novas possibilidades. A primeira é que as pessoas se adaptam aprendendo a dar mais importância a outras qualidades, e a segunda é que não existe adaptação para o nosso próprio nível estético.

---

* Não incluímos homossexuais nessa primeira etapa, mas isso poderia oferecer um horizonte interessante à pesquisa.

Em seguida, fomos testar a possibilidade de que os indivíduos pouco atraentes simplesmente não tinham consciência das limitações impostas pela falta de beleza (ou que pelo menos é assim que se comportam online). Para isso, usamos um segundo recurso interessante do HOT or NOT, chamado "Meet Me" ["Encontre-me", em tradução livre]. Supondo que você seja um homem e veja a foto de uma mulher que gostaria de conhecer, poderá clicar no botão "Meet Me" logo acima da foto dela. Assim, ela receberá uma notificação dizendo que você está interessado em conhecê-la, acompanhada de algumas informações sobre a sua pessoa. O importante é que, ao utilizar esse recurso, você não estará reagindo à outra pessoa apenas com base em um julgamento estético; você também avaliará se o convidado é suscetível a aceitar o seu convite. (Embora uma rejeição anônima seja muito menos dolorosa do que ser rejeitado cara a cara, ainda dói.)

Três maneiras possíveis de lidar com as próprias limitações físicas (segundo o primeiro estudo com o HOT or NOT)

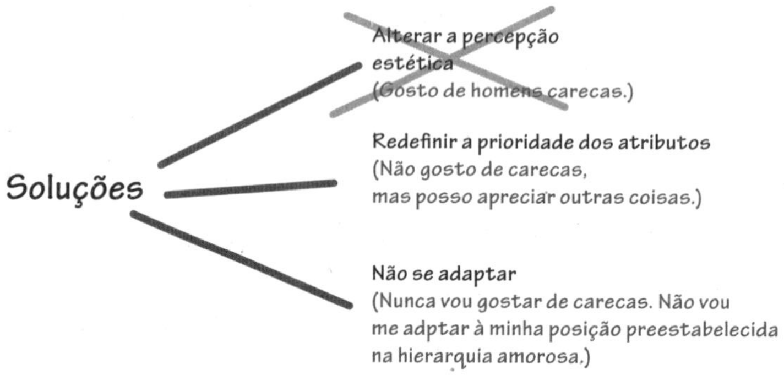
Alterar a percepção estética
(Gosto de homens carecas.)
Redefinir a prioridade dos atributos
(Não gosto de carecas, mas posso apreciar outras coisas.)
Soluções
Não se adaptar
(Nunca vou gostar de carecas. Não vou me adptar à minha posição preestabelecida na hierarquia amorosa.)

Para entender melhor a utilidade do recurso "Meet Me", imagine que você é um sujeito ligeiramente careca, obeso e peludo, mas com um grande senso de humor. Como aprendemos com as avaliações de beleza, a maneira como você vê a atratividade alheia não é influenciada diretamente pelo que você vê no espelho. Mas como é que a sua barriga infeliz e o seu baixo nível de atratividade influenciariam na hora de decidir quem desejar, ou de quem ir atrás? Se você tivesse as mesmas chances de tentar ir atrás de mulheres lindas, isso implicaria que não tem consciência da (ou que não é influenciado por) sua própria não atratividade. Por outro lado, se você reduz um pouco a ambição e tenta encontrar alguém mais próximo do seu alcance — a despeito de considerar Halle Berry e Orlando Bloom como notas 10 —, isso implica que você é influenciado por sua própria não atratividade.

Nossos dados mostraram que os indivíduos menos atraentes estavam, de fato, muito conscientes de sua própria (falta de) atratividade. Além disso, embora essa consciência não tenha influenciado na maneira como eles percebiam ou julgavam a atratividade dos outros (como evidenciado pelas suas avaliações de beleza), ela afetou suas escolhas referentes a decidir para quem solicitar um encontro (pelo recurso "Meet Me").

Três maneiras possíveis de lidar com as próprias limitações físicas (segundo os estudos com o HOT or NOT e o "Meet Me")

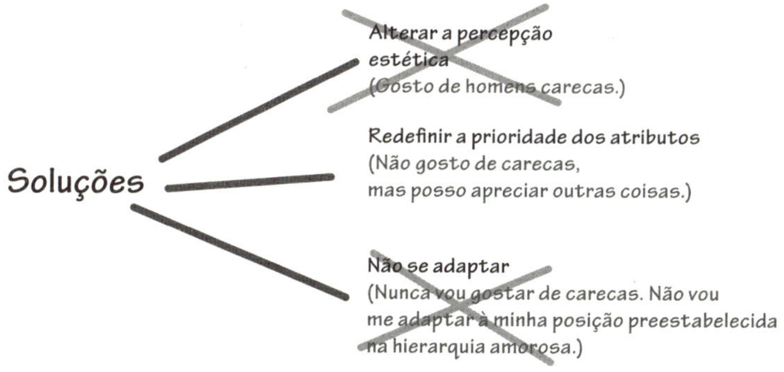
Soluções
Alterar a percepção estética
(Gosto de homens carecas.)
Redefinir a prioridade dos atributos
(Não gosto de carecas,
mas posso apreciar outras coisas.)
Não se adaptar
(Nunca vou gostar de carecas. Não vou
me adaptar à minha posição preestabelecida
na hierarquia amorosa.)

Adaptação e a Arte do *Speed Dating*

Os dados do HOT or NOT eliminaram duas das nossas três hipóteses sobre o processo de adaptação à própria atratividade física de uma pessoa. Restou apenas uma alternativa: como a minha amiga de meia-idade, as pessoas se adaptam ao colocar menos ênfase na aparência de seus parceiros e aprender a amar outros atributos.

No entanto, eliminar essas duas hipóteses não é o mesmo que dar suporte à teoria remanescente. Precisávamos de evidências que mostrassem como as pessoas podem aprender a apreciar outros atrativos ("Você é tão inteligente/ engraçado/ gentil/ atencioso/ astrologicamente compatível/ ____________________ [preencha a lacuna]"). Infelizmente, os dados do HOT or NOT não puderam nos ajudar com isso, pois permitiam medir apenas a atratividade visual das pessoas. Em busca de outra configuração que nos permitisse medir aquele inefável *je ne sais quoi*, voltamos nossa atenção para o universo do *speed dating*.

Antes de falar sobre a nossa própria versão do *speed dating*, permita-me oferecer uma breve introdução sobre esse tipo de ritual contemporâneo de namoro aos não iniciados (se você for um entusiasta das ciências sociais, recomendo fortemente a experiência).

Caso você ainda não tenha percebido, o *speed dating* está por toda parte: de bares chiques em hotéis cinco estrelas a salas de aula vazias do ensino médio; de reuniões pós-expediente a brunches no fim de semana. Isso faz com que a busca pelo amor verdadeiro se pareça com uma barganha em um Mercado Municipal. No entanto, e apesar de todos os seus detratores, o *speed dating* é mais seguro e potencialmente menos humilhante do que ir a uma boate, ter um encontro às cegas, ser enganado pelos seus amigos, entre outros arranjos de namoro menos estruturados.

O processo genérico do *speed dating* parece algo projetado por um especialista no estudo de tempos e movimentos do início do século XX. Um pequeno número de pessoas, geralmente na faixa dos 20 aos 50 anos (em eventos heterossexuais, metade homens, metade mulheres) vai para uma sala montada com mesas para dois. Cada um se inscreve com os organizadores e recebe um número de identificação e uma folha de pontuação. Metade das pessoas — geralmente as mulheres — ficam nas mesas. Ao toque de uma campainha que soa a cada 4 a 8 minutos, os homens passam para a mesa ao lado, como em um carrossel.

Enquanto estão à mesa, os pretendentes podem falar sobre qualquer coisa. Não é de surpreender que, inicialmente, muitos expressem timidamente seu espanto com o processo do *speed dating*, e então passem a conversar casualmente, esforçando-se para pescar informações úteis sem serem muito espalhafatosos. Quando a campainha toca e os pares mudam, eles tomam decisões: se Bob quiser namorar Nina, ele escreve "sim" ao lado do número dela na sua folha de pontuação pessoal; o mesmo vale para Nina.

Ao final do evento, os organizadores recolhem as planilhas de pontuação e buscam as correspondências mútuas. Se Bob marcasse "sim" para Lonnie e Nina, e fosse correspondido apenas por Nina — e não por Lonnie —, somente Nina e Bob receberiam as informações de contato um do outro para que pudessem conversar mais, e talvez até marcar um encontro.

Já a nossa versão do *speed dating* foi projetada de forma a incluir alguns recursos especiais. Primeiramente, antes do início do evento, nós entrevistávamos cada um dos participantes. Pedíamos para que avaliassem a importância de vários critérios — atratividade física, inteligência, senso de humor, gentileza, autoconfiança e extroversão — na hora de considerar um possível encontro. Também alteramos um pouco a dinâmica: ao final de cada "encontro", os participantes não pulavam imediatamente para o próximo; em vez disso, pedíamos para que fizessem uma pausa e registrassem suas avaliações sobre a pessoa que acabaram de conhecer, utilizando os mesmos atributos (atratividade física, inteligência, senso de humor, gentileza, autoconfiança e extroversão). Também pedíamos para que nos dissessem se queriam ver a pessoa novamente.

Essas intervenções geraram três tipos de dados. Enquanto a pesquisa anterior ao *speed dating* mostrava os atributos que as pessoas geralmente procuravam em um parceiro romântico, as respostas obtidas nesse pós-encontro revelaram como elas classificavam cada pessoa que conheceram levando em consideração os outros atributos citados anteriormente. Também descobríamos se desejavam encontrar as outras pessoas para um encontro real em um futuro próximo.

Eis que chegamos à questão central: será que os indivíduos esteticamente desfavorecidos valorizariam tanto a aparência quanto as pessoas bonitas — mostrando que não se adaptaram? Ou será que dariam mais importância a outros atributos, como o senso de humor, mostrando que se adaptaram ao mudar os atributos que buscavam em um parceiro?

Primeiramente, nós examinamos as respostas dos participantes em relação às suas preferências gerais — que eles forneceram antes do evento começar. Em termos do que procuravam em um parceiro amoroso, os mais atraentes se preocupavam mais com a atratividade, e os menos atraentes, com outras características, tais como inteligência, senso de humor e gentileza. Essa descoberta foi a nossa primeira evidência de que as pessoas pouco atraentes reavaliaram suas prioridades. Em seguida, examinamos como cada um dos participantes do encontro avaliou cada um dos seus parceiros durante o evento, e como isso se traduziu em um desejo — ou não — de avançar para um encontro real. Aqui, pudemos observar o mesmo padrão: as pessoas menos atraentes estavam muito mais interessadas em ter outro encontro com aquelas pessoas que consideravam dotadas de um senso de humor ou de alguma outra característica não física, enquanto as pessoas mais atraentes tinham uma probabilidade muito maior de desejarem se encontrar novamente com alguém que avaliaram como atraente.

Se pegarmos as descobertas dos experimentos HOT or NOT, "Meet Me" e *speed dating*, temos dados que sugerem que, embora o nosso próprio nível de atratividade não altere diretamente os nossos gostos estéticos, ele tem um grande efeito nas nossas prioridades. Em outras palavras, pessoas menos atraentes aprendem a enxergar atributos não físicos como mais importantes.

Três maneiras possíveis de lidar com as próprias limitações físicas (segundo os estudos com o HOT or NOT, "Meet Me" e *speed dating*)

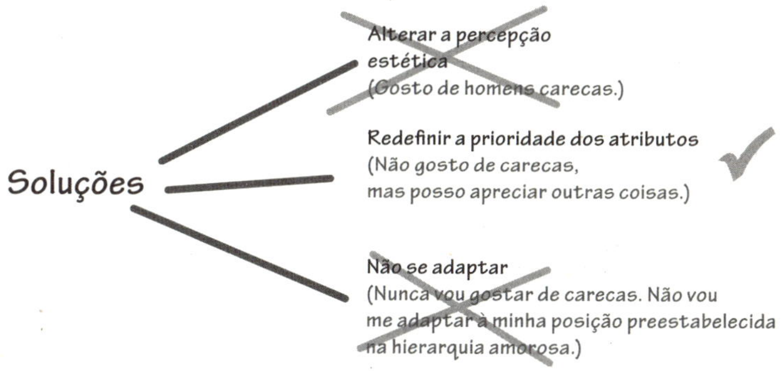
Soluções
Alterar a percepção estética
(Gosto de homens carecas.)
Redefinir a prioridade dos atributos
(Não gosto de carecas,
mas posso apreciar outras coisas.)
Não se adaptar
(Nunca vou gostar de carecas. Não vou
me adaptar à minha posição preestabelecida
na hierarquia amorosa.)

Isso, é claro, nos leva à questão de saber se os indivíduos menos atraentes são "mais profundos" por se preocuparem menos com a beleza e mais com outras características. Esse, sinceramente, é um debate que prefiro evitar. Afinal, se o sapo adolescente se transformar em um príncipe adulto, ele pode ficar tão ávido por aplicar a beleza como critério principal quanto os outros príncipes. Independentemente dos nossos julgamentos de valor quanto à importância da beleza física, é claro que reavaliar prioridades sempre será de grande ajuda no processo de adaptação. No fim das contas, todos nós temos que fazer as pazes com quem somos e com o que temos a oferecer. Adaptar-se e ajustar-se bem é a chave para sermos mais felizes.

AS PERSPECTIVAS DELE E DELA

Nenhuma investigação sobre o mundo do namoro estaria completa sem examinar as diferenças de gênero. Os resultados que descrevi até agora misturaram os resultados de homens e mulheres, e você provavelmente suspeita que os sexos diferem nas suas respostas à atratividade alheia. Correto?

Corretíssimo. Acontece que a maioria das diferenças de gênero no nosso estudo HOT or NOT se alinham com os estereótipos comuns sobre encontros e gêneros. Considere, por exemplo, a crença comum de que os homens são menos seletivos do que as mulheres. Não se trata apenas de um estereótipo: os homens tinham chances 240% maiores de enviar convites "Meet Me" para mulheres em potencial do que o contrário.

Os dados também confirmaram aquela velha conversa de que os homens se preocupam mais com a beleza das mulheres do que o contrário, o que também se correlaciona à descoberta de que eles se preocupam menos com o seu próprio nível de atratividade. Além disso, os homens também eram mais esperançosos — eles prestavam muita atenção na beleza das mulheres que estavam "verificando", e eram mais propensos a mirar naquelas que estavam, por assim dizer, "fora do seu alcance", ou seja, vários números acima deles na escala do HOT or NOT. A propósito, a tendência masculina de convidar muitas mulheres para sair e de buscar um padrão "mais elevado" (o que alguns podem ver como algo negativo) pode ser considerada, eufemisticamente, como uma "mente aberta dos homens em relação aos encontros".

Para Além das Probabilidades do Acasalamento Preferencial

Todos nós somos dotados de características maravilhosas, assim como de falhas indesejáveis. Costumamos aprender a conviver com elas desde tenra idade, e geralmente acabamos satisfeitos com nosso lugar na sociedade e nas hierarquias sociais. A diferença para alguém como eu é que, tendo crescido com um certo conjunto de crenças a respeito de mim mesmo, tive, de repente, que enfrentar uma realidade nova, sem qualquer oportunidade de me ajustar por um longo período de tempo. Suspeito que essa mudança abrupta tenha evidenciado, de saída, alguns dos meus desafios românticos, o que também me fez olhar para o mercado do namoro e da beleza de uma forma ligeiramente fria e distante.

Por anos e anos após o meu acidente, eu sofri com os efeitos que minhas lesões poderiam vir a ter sobre o meu futuro amoroso. Eu estava certo de que todas aquelas cicatrizes rebaixariam minha posição na hierarquia do acasalamento preferencial, mas não pude deixar de sentir que isso era injusto em alguns aspectos. Por um lado, percebi que o mercado do namoro operava de diversas formas, assim como outros mercados, e que o meu valor nesse mercado despencara da noite para o dia. Ao mesmo tempo, não conseguia me livrar da sensação profunda de que eu mesmo não tinha mudado tanto assim, e de que essa redução de valor era infundada.

Em uma tentativa de entender meus sentimentos a respeito disso, indaguei-me sobre como eu reagiria se fosse perfeitamente saudável e alguém que tivesse sofrido um ferimento semelhante ao meu me convidasse para um encontro. Eu me importaria? Estaria menos propenso a sair com essa pessoa por causa do ferimento? Devo admitir que não gostei das minhas respostas, e isso me fez pensar no que eu poderia esperar das mulheres. Cheguei à conclusão de que teria que me contentar com isso, e fiquei profundamente deprimido.

Eu detestava a ideia de que as mulheres que estariam dispostas a sair comigo antes da minha lesão não me veriam mais como um parceiro amoroso em potencial. E eu temia a ideia de me contentar com isso; simplesmente não me parecia uma fórmula confiável para a felicidade.

Todas essas questões foram resolvidas enquanto eu cursava minha pós-graduação na Universidade da Carolina do Norte, em Chapel Hill. Um belo dia, o chefe do departamento de psicologia me indicou para o comitê de um congresso. Não consigo me lembrar de nada que fiz durante aquelas reuniões, a não ser criar logotipos para os anúncios; entretanto, lembro-me muito bem de ter sentado à mesa com uma das pessoas mais incríveis que já conheci: Sumi. Em quaisquer probabilidades de acasalamento preferencial imagináveis, ela não teria nada a ver comigo. Mas nós começamos a passar cada vez mais tempo juntos. Tornamo-nos amigos. Ela gostava do meu senso de humor e, em algum momento, e no que eu só poderia chamar aqui de um passe de mágica, passou a me encarar como um parceiro amoroso em potencial.

Quinze anos, dois filhos depois, e com a ajuda dos dados do HOT or NOT, consigo perceber como sou sortudo pelas mulheres prestarem menos atenção à aparência física do que os homens (muito obrigado, caras leitoras). Também passei a acreditar que, por pouco sentimental que ela soe, a música de Stephen Stills guarda algumas verdades. Longe de defender a infidelidade, "Love the One You're With" sugere que temos a capacidade de descobrir e amar as características próprias de nossos parceiros. Em vez de simplesmente nos "conformarmos" com alguém com cicatrizes, alguns quilos extras, dentes grandes ou cabelos rebeldes, realmente podemos mudar essa perspectiva e, no processo, aumentar o nosso amor pela pessoa que está por trás dessa máscara corporal. Outra vitória da capacidade humana de adaptação!

CAPÍTULO 8

Quando um Mercado Falha

Um Exemplo de Encontro Virtual

Nos séculos passados, uma *yenta*, ou casamenteira, desempenhava uma tarefa muito importante na sociedade tradicional. Um homem ou uma mulher (e seus pais) pediam à *yenta* para "achar o meu bem, fazer o meu par", tal como no musical *Um Violinista no Telhado*. Para filtrar o campo de atuação de seus clientes, a *yenta* certificava-se de saber tudo o que era possível sobre os jovens e suas famílias (é por isso, inclusive, que a palavra "yenta" acabou se tornando sinônimo de "fofoca" e "linguarudo"). Depois de encontrar alguns bons partidos, ela apresentava os futuros maridos e esposas e suas respectivas famílias uns aos outros. A *yenta* administrava um negócio eficiente e viável, e era paga pelos seus serviços como casamenteira (ou "formadora de mercado", em termos econômicos), como alguém que unia as pessoas.*

* O termo hebraico original para a casamenteira é "shadchanit", e não "yenta". O musical da Broadway *Um Violinista no Telhado*, que estreou em 1964, é parcialmente responsável por essa confusão e pelo uso coloquial desse último termo, já que a personagem da casamenteira era chamada de "yenta". Optamos por manter o termo, tal como no texto original (N. do T).

Avancemos para meados da década de 1990 — um mundo sem *yentas* (e, na maioria das sociedades ocidentais, sem casamentos arranjados) e igualmente sem encontros virtuais. Os ideais de romance e de liberdade individual prevaleciam, o que também significava que cada pessoa que quisesse encontrar um companheiro devia agir por conta própria. Lembro-me bem, por exemplo, das provações de um amigo que chamarei aqui de Seth, um rapaz inteligente, engraçado e mais ou menos bonito. Ele também era um professor novo, o que significava que precisava trabalhar muitas horas para provar que tinha o material certo para poder se manter no cargo. Ele raramente saía do escritório antes das 8h ou 9h da noite, e também passava a maior parte dos fins de semana lá dentro (eu sei bem, já que meu escritório era ao lado do dele). Enquanto isso, sua mãe ligava para ele todo fim de semana: "Meu filho, você trabalha muito", dizia ela. "Quando você vai tirar algum tempo para encontrar uma garota legal? Logo mais estarei muito velha para aproveitar meus netos!"

Como Seth era inteligente e talentoso, estava ao alcance de suas mãos atingir a meta dos seus objetivos profissionais. Seus objetivos amorosos, por outro lado, não. Tendo sido sempre o tipo erudito, ele não poderia se tornar, de repente, um beberrão descontraído. Ele achava muito desagradável a ideia de falar, ou de responder perguntas, sobre si. Seus poucos colegas na cidade universitária para a qual havia se mudado recentemente não eram particularmente sociáveis, então ele não frequentava muitas festas. Havia muitas boas alunas de pós-graduação que, a julgar pela maneira como o encaravam, sem dúvida teriam ficado felizes em sair com ele; no entanto, se ele tivesse se arriscado por esse caminho, a própria universidade o teria repreendido (na maioria dos ambientes acadêmicos, esse tipo de relação é desencorajada).

Seth até tentou participar de atividades para solteiros: arriscou-se na dança de salão, em trilhas, e até pensou em entrar para uma organização religiosa. Mas ele não gostava de nenhuma dessas atividades, e as outras pessoas também não pareciam gostar muito. "O grupo das trilhas era particularmente estranho", ele me disse depois. "Era óbvio que ninguém lá se importava em explorar a natureza. Eles só queriam encontrar parceiros românticos em potencial que também gostassem daquelas caminhadas, porque achavam que alguém que gostasse de um programa como esses seria uma pessoa boa em muitos outros aspectos."

Coitado do Seth. Ele era um cara legal, que poderia ter ficado muito feliz encontrando a mulher certa, mas que não tinha nenhum jeito eficiente para isso. (Não se preocupe. Depois de alguns anos de busca solitária, ele finalmente encontrou uma companheira.) A questão é: na ausência de um coordenador eficiente — como uma *yenta* — para ajudá-lo, Seth foi vítima de uma falha de mercado. Na verdade, e sem exagerar muito, acho que o mercado para pessoas solteiras é uma das falhas de mercado mais flagrantes da sociedade ocidental.

As angústias de Seth ocorreram antes do surgimento dos sites de encontros online, que são, a princípio, mercados maravilhosos e necessários. Mas, antes de examinarmos essa versão moderna das *yentas*, vamos considerar como os mercados funcionam em geral. Essencialmente, eles são mecanismos de coordenação que permitem às pessoas economizar tempo enquanto alcançam seus objetivos. Dada a sua utilidade, os mercados tornaram-se cada vez mais centralizados e organizados. Considere o "super" dos supermercados, por exemplo. Eles evitam o aborrecimento de ter que caminhar ou dirigir até a padaria, o açougue, a barraca de legumes, o *pet shop* e a farmácia; você pode, convenientemente, comprar todas as coisas de que precisa para a semana em um único local. De maneira geral, os mercados são uma parte integrante e importante das nossas vidas, até para as escolhas mais pessoais.

Além de mercados de alimentos, moradia, empregos e itens diversos (também conhecido como eBay), existem também os mercados financeiros. Um banco, por exemplo, é um local centralizado que simplifica processos como verificar, emprestar e tomar emprestado. Outros participantes do mercado, tal como os corretores de imóveis, tentam, de maneira semelhante às *yentas*, entender as necessidades dos vendedores e compradores para combiná-las de uma maneira adequada. Até mesmo a *Kelley Blue Book*, que sugere preços de mercado para carros usados, pode ser considerada uma formadora de mercado, já que oferece aos compradores e vendedores um ponto de partida para a negociação. Em suma, os mercados configuram uma parte extremamente importante da economia.

Claro, os mercados também nos recordam continuamente de como podem falhar, às vezes dramaticamente — a Enron mostrou isso no mercado de distribuição de energia elétrica, e muitas instituições bancárias o fizeram na crise das hipotecas em 2008. Geralmente, contudo, mercados que permitem alguma coordenação entre as pessoas são fundamentalmente benéficos. (Obviamente, seria muito melhor se pudéssemos projetá-los de uma forma que nos proporcionassem apenas seus benefícios, e não suas desvantagens.)

Enquanto isso, o mercado das pessoas solteiras é uma área da vida em que, gradualmente, nós nos afastamos de um mercado centralizado para uma situação de cada um por si. Para se ter uma ideia de como essa área pode ser complicada sem um mercado organizado, imagine uma cidade em que vivam exatamente mil solteiros, e todos eles queiram se casar (uma boa ideia para um *reality show*, aliás). Nesse pequeno mercado — supondo que não haja *yentas* —, como você determina quem é o par ideal de quem? Como você junta casais garantindo não apenas que eles gostem um do outro, mas que ficarão juntos? O ideal seria que todos saíssem algumas vezes uns com os outros até encontrarem seu par ideal, mas, sem um mega *speed dating*, isso levaria muito tempo.

Com isso em mente, permita-me refletir sobre a situação atual dos solteiros na sociedade norte-americana. Os jovens nos Estados Unidos se mudam mais do que nunca por causa de seus estudos e suas carreiras. Amizades e ligações românticas que floresceram no colégio são interrompidas abruptamente quando os calouros saem de casa. Tal como ocorre no ensino médio, a faculdade oferece um ambiente para novas amizades e romances, que também costumam terminar quando os recém-graduados passam a procurar empregos em outras cidades. (Hoje, graças à internet, as empresas frequentemente recrutam pessoas que estão geograficamente distantes, o que significa que muitas acabam trabalhando longe de seus amigos e familiares.)

Uma vez que os recém-graduados alcançam seus novos empregos remotos, passam a ter o seu tempo livre limitado. Profissionais jovens e relativamente inexperientes precisam trabalhar muitas horas para ter uma chance de se mostrar, principalmente no mercado de trabalho extremamente competitivo das sociedades ocidentais. Romances entre companheiros de trabalho geralmente são desaconselháveis, quando não proibidos. Além disso, a maioria dos jovens muda de emprego com alguma frequência, e precisa se deslocar novamente, voltando a perturbar sua vida social. A cada passo, o desenvolvimento dos seus relacionamentos diretos e indiretos é restringido — o que prejudica ainda mais suas chances de encontrar alguém, já que são os amigos que muitas vezes apresentam, entre si, parceiros em potencial. No geral, isso significa que as melhorias na eficiência do mercado de trabalho para jovens profissionais chegaram, em certa medida, às custas da ineficiência do mercado romântico para jovens parceiros.

Entram em Cena os Encontros Online

Eu estava relativamente preocupado com as dificuldades de Seth e de alguns outros amigos, até o advento dos encontros online. Fiquei muito animado ao ouvir sobre sites como Match.com, eHarmony e JDate.com.* "Que solução maravilhosa para o problema do mercado de solteiros", pensei. Curioso a respeito de como esse processo funcionava, resolvi mergulhar no mundo desses sites.

Como, exatamente, esses sites funcionam? Vamos pegar um coração solitário fictício, chamado Michelle. Ela se inscreve, preenchendo um questionário sobre si mesma e suas preferências. Cada um desses serviços tem sua própria versão do questionário, mas todas pedem informações demográficas básicas (idade, localização, renda etc.), bem como alguns dos valores e atitudes pessoais de Michelle, seu estilo de vida, entre outras coisas. O questionário também pergunta sobre as suas preferências: que tipo de relacionamento Michelle está procurando? O que ela procura em um futuro companheiro? Ela, então, revela sua idade e peso.† Afirma ser uma vegetariana descontraída e divertida, à procura de um relacionamento sério com um homem vegetariano rico, alto e cortês. Ela também escreve uma breve descrição pessoal de si mesma e, finalmente, faz upload de algumas fotos para que outras pessoas a vejam.

---

* Para versões mais atuais (2021), ver aplicativos como Tinder, Badoo e Happn (N. do T).

† Michelle provavelmente vai retirar alguns anos e alguns quilos, é claro. As pessoas geralmente tendem a falsificar seus números verdadeiros online — os homens virtuais são mais altos e ricos, enquanto as mulheres virtuais são mais magras e jovens do que suas contrapartes na vida real.

Depois que Michelle tiver concluído essas etapas, estará pronta para procurar pelas vitrines repletas de almas gêmeas. Entre os perfis que o próprio sistema sugere, Michelle escolhe alguns homens para uma apuração mais detalhada. Ela lê seus perfis, verifica suas fotos e, se estiver interessada, envia um e-mail por meio do serviço. Se o interesse for mútuo, os dois se correspondem um pouco e, se tudo correr bem, marcam um encontro na vida real. (O termo "encontro online" é, obviamente, enganoso. Sim, as pessoas classificam perfis online e se correspondem via e-mail, mas todos os encontros, de fato, só acontecem no mundo real, offline.)

Depois que aprendi um pouco mais a respeito dos encontros online, meu entusiasmo por esse mercado potencialmente valioso se transformou em decepção. Por mais que o mercado de solteiros precisasse de reparos, parecia-me que a forma como os mercados de namoro online abordavam o problema não prometia uma boa solução para os solteiros. Como todas aquelas perguntas, verificações e critérios de múltipla escolha poderiam representar com precisão os sujeitos humanos por trás disso tudo? Afinal, nós somos muito mais do que a soma de nossas partes (com algumas exceções, é claro). Somos mais do que altura, peso, religião e renda. Os outros nos julgam com base em atributos subjetivos e estéticos gerais, como nossa maneira de falar e nosso senso de humor. Mas nós também somos cheiro, brilho no olhar, o movimento das mãos, o som de uma risada e a franzida de uma sobrancelha — qualidades inefáveis que não podem ser facilmente capturadas em um banco de dados.

O problema fundamental é que os sites de encontros online tratam seus usuários como mercadorias pesquisáveis — como se fossem câmeras digitais passíveis de serem totalmente descritas por alguns atributos como megapixels, abertura da lente e tamanho da memória. Na verdade, se parceiros românticos em potencial pudessem ser considerados "produtos", eles estariam mais perto daquilo que os economistas chamam de "experiências".

Tal como as experiências gastronômicas, aromáticas ou sensíveis, as pessoas não podem ser anatomizadas da maneira simplória que esses sites sugerem. Tentar entender o que acontece durante um encontro sem levar em conta as nuances da atração e do romance é como tentar entender o futebol americano analisando os indicadores e as setas em um manual, ou tentar entender o sabor de um biscoito lendo a sua tabela nutricional.

Por que, então, os sites de encontros online exigem que as pessoas descrevam a si mesmas e a seus parceiros ideais de acordo com atributos quantificáveis? Suspeito que eles escolham este *modus operandi* por ser relativamente fácil traduzir palavras como "protestante", "liberal", "1,75m de altura", "60kg", "em boa forma" e "profissional" em um banco de dados pesquisável. Mas será que, ao desejarem tornar o sistema compatível com o processamento de computadores, esses sites não acabam forçando a nossa concepção — muitas vezes nebulosa — de um parceiro ideal a se conformar a um conjunto de parâmetros simples, tornando o sistema menos útil ao longo do processo?

Para responder a essas perguntas, Jeana Frost (ex-aluna de doutorado no MIT Media Lab e atual empreendedora social), Zoë Chance (aluna de doutorado em Harvard), Mike Norton e eu montamos o nosso primeiro estudo de encontros online. Colocamos um banner em um desses sites, que dizia "Clique aqui para participar de um estudo do MIT sobre encontros". Rapidamente, tínhamos muitos participantes nos contando sobre suas experiências. Eles responderam a perguntas tais como: quantas horas passavam pesquisando perfis (novamente, utilizando qualidades mensuráveis, como altura e renda), quanto tempo gastavam em conversas por e-mail com as pessoas que pareciam adequadas para si e quantos encontros presenciais (offline) acabaram tendo.

Descobrimos que as pessoas gastavam em média 5,2 horas semanais pesquisando perfis e 6,7 horas semanais mandando e-mails para parceiros em potencial, fechando quase 12 horas por semana apenas na fase preliminar. E qual a recompensa por toda essa atividade? Apenas 1,8 horas semanais encontrando-se, de fato — offline —, com parceiros em potencial, das quais a maioria resultava em nada mais do que um único encontro, semifrustrante, para um café.

Uma verdadeira falha de mercado: qualquer proporção inferior a 6:1 fala por si mesma. Imagine dirigir 6 horas para passar 1 hora na praia com um amigo (ou, pior ainda, com alguém que você nem conhece e de quem não tem certeza se vai gostar). Dadas essas probabilidades, é difícil explicar por que alguém em sã consciência gastaria seu tempo com encontros online.

Você pode até argumentar que a parte online do encontro é agradável por si só — algo como olhar vitrines, talvez. Bem, nós decidimos perguntar a respeito disso também. Pedimos aos namoradores online para que comparassem três experiências: online, offline e ficar em casa para assistir um filme. Os participantes classificaram os encontros offline como mais emocionantes do que aqueles online. E adivinha onde ficaram os filmes nessa história? Pois é — essas pessoas ficaram tão desencantadas com suas experiências online que afirmaram preferir deitar no sofá para assistir, digamos, *Mens@gem para Você*.

Parece, a partir deste olhar inicial, que os assim chamados encontros online não são tão divertidos quanto se pode imaginar. E, na verdade, como eu já disse antes, "encontro online" é um termo impróprio. Uma descrição mais precisa dessa experiência seria "pesquisa online e redação de sinopse".

Nosso estudo ainda não revelou se a tentativa de reduzir pessoas a atributos mensuráveis é responsável por isso. Para testar o problema mais diretamente, montamos um estudo complementar. Dessa vez, pedimos para os namoradores online descreverem os atributos e as qualidades que consideravam mais importantes na seleção de seus parceiros românticos. Em seguida, fornecemos essa lista de características a um grupo independente de codificadores — assistentes de pesquisa que categorizam as respostas em aberto de acordo com critérios predefinidos. Pedimos aos codificadores para categorizarem cada uma das respostas: eram os atributos (altura, peso, cor dos olhos e do cabelo, grau de escolaridade etc.) facilmente mensuráveis e pesquisáveis por um algoritmo de computador? Ou os experienciais e, portanto, mais difíceis de pesquisar (gostar de Monty Python, digamos, ou ter uma paixão por *golden retrievers*)? Os resultados mostraram que os namoradores online mais experientes se interessavam cerca de três vezes mais pelos atributos experienciais do que pelos mensuráveis, e essa tendência era ainda mais forte em pessoas que afirmavam buscar relacionamentos de longo prazo, em vez de curto prazo. Combinados, os resultados sugeriam que o uso de atributos mensuráveis para encontros online era muito artificial, mesmo para pessoas com muita prática nesse tipo de atividade.

Infelizmente, isso não constitui um bom presságio para os encontros online. Aqueles envolvidos nessa atividade não estão particularmente entusiasmados; eles consideram o processo de pesquisa difícil, demorado, contraintuitivo e muito pouco informativo. Além do mais, eles têm pouca, ou nenhuma, diversão “namorando” online. No fim das contas, muito esforço é despendido para utilizar uma ferramenta cuja capacidade de cumprir seu propósito fundamental é, no mínimo, questionável.

O Online Que Deu Errado: O Caso de Scott

Pense nas pessoas mais organizadas que você conhece. Você deve conhecer uma mulher que organiza seu guarda-roupa por estação, cor, tamanho e estilo. Ou, no lado menos exigente da coisa, um jovem que divide suas roupas sujas em categorias como "um dia de uso", "ok para ficar em casa", "ok para a academia" e "podre". Em geral, as pessoas podem ser surpreendentemente inventivas quando se trata de sistematizar suas vidas para obter máximo usufruto, facilidade e conforto.

Certa vez, conheci um aluno do MIT que adotou um método extraordinário para categorizar seus encontros potenciais. O objetivo de Scott era encontrar a mulher perfeita, e ele usou um sistema hipercomplexo e demorado para atingir seu objetivo. Todos os dias, ele procurava pelo menos dez mulheres que atendessem aos seus critérios na internet: entre outros atributos, ele queria alguém com um diploma universitário, de caráter atlético e fluente em pelo menos um idioma além do inglês. Assim que encontrou candidatas qualificadas, enviou-lhes uma das três cartas-padrão contendo um conjunto de perguntas sobre que tipo de música elas gostavam, onde haviam estudado, quais eram seus livros favoritos e assim por diante. Se elas respondessem às perguntas de forma satisfatória, ele as avançaria para a segunda etapa de um processo de filtragem de quatro estágios.

No estágio dois, Scott enviou outra carta-padrão contendo mais perguntas; mais uma vez, as respostas "corretas" resultaram em um avanço para o próximo nível. No estágio três, a mulher receberia um telefonema, durante o qual responderia a mais perguntas. Se a conversa corresse bem, ele a levaria para o estágio quatro — um encontro para tomar café juntos.

Scott também desenvolveu um sistema elaborado para se manter a par de suas futuras companheiras em potencial — que já iam se acumulando rapidamente. Sendo um sujeito extremamente analítico, ele registrou os resultados em uma planilha que listava o nome de cada mulher, o estágio do relacionamento e a pontuação cumulativa baseados nas respostas às perguntas e no seu potencial geral como parceira romântica. Quanto mais mulheres registrasse em sua planilha — pensou ele —, maiores as chances de encontrar a mulher dos seus sonhos. Scott foi extremamente disciplinado em relação a esse processo.

Depois de alguns anos de pesquisa, Scott tomou um café com Angela. Depois de conhecê-la, teve certeza de que ela era ideal em todos os sentidos: além de atender aos seus critérios, ela parecia gostar dele. Scott ficou extasiado.

Tendo finalmente alcançado o seu objetivo, ele sentiu que aquele elaborado sistema não era mais necessário, mas também não queria desperdiçá-lo. Quando soube que eu vinha fazendo estudos sobre comportamentos de namoro, resolveu passar no meu escritório para se apresentar. Ele descreveu o sistema e disse que tinha certeza de que poderia ser útil para a minha pesquisa. Em seguida, me entregou um disco contendo os dados completos de todo o procedimento, incluindo suas cartas-padrão, perguntas e, é claro, os dados coletados de todas as candidatas. Fiquei surpreso — e um pouco horrorizado — ao descobrir que ele tinha acumulado os dados de mais de 10 mil mulheres.

Infelizmente, e talvez não tão surpreendentemente assim, essa história não teve um final feliz. Duas semanas depois, eu soube que a amada meticulosamente escolhida por Scott havia recusado seu pedido de casamento. Além disso, em seu esforço enorme para impedir que alguém escapasse de sua teia, Scott se tornou tão comprometido com aquele demorado processo de avaliação de mulheres que não teve tempo para uma vida social concreta, e acabou ficando sem nenhum ombro amigo para se lamentar.

Scott, no fim das contas, acabou sendo apenas mais uma vítima de um mercado que deu errado.

Experiências com Namoros Virtuais

Os resultados do nosso experimento inicial foram bastante deprimentes. Mas, sempre otimista, eu ainda esperava que, compreendendo melhor o problema, conseguiríamos criar mecanismos aprimorados de interação online. Havia uma maneira de tornar esses encontros online mais agradáveis e, ao mesmo tempo, aumentar as chances das pessoas encontrarem um par adequado?

Demos um passo para trás para pensar nos encontros normais, aqueles rituais estranhos e complexos dos quais a maioria participa em algum momento da vida. De uma perspectiva evolucionária, era de se esperar que eles caracterizassem um processo útil para futuros parceiros se conhecerem — um que foi aprimorado ao longo dos anos. Ora, se os encontros regulares (offline) são um bom mecanismo — ou pelo menos o melhor que temos até agora —, por que não utilizá-lo como ponto de partida para criar uma experiência melhor de encontros online?

Se você pensar sobre como funciona a prática comum dos encontros, fica claro que não se trata de duas pessoas sentadas juntas em um espaço vazio, focadas apenas uma na outra ou compartilhando objeções ao tempo frio e chuvoso. Trata-se de experienciar algo juntos: duas pessoas assistindo a um filme, desfrutando de uma refeição, encontrando-se para jantar ou para visitar um museu, e assim por diante. Em outras palavras, um encontro quer dizer vivenciar algo com outra pessoa em um ambiente que serve como catalisador para a interação. Ao conhecer alguém em uma exposição de arte, um evento esportivo ou um zoológico, podemos observar como essa pessoa interage com o mundo ao redor — ela é do tipo que trata mal um garçom e não dá gorjetas, ou é paciente e atenciosa? Fazemos observações constantes que revelam informações sobre como a vida no mundo real seria com a outra pessoa.

Supondo que o desenrolar natural de um encontro contenha mais sabedoria do que os engenheiros da eHarmony, decidimos tentar trazer alguns elementos do mundo real para os encontros online. Na esperança de simular as maneiras pelas quais as pessoas interagem na vida real, montamos um site de namoro virtual simples usando o "Chat Circles", um ambiente virtual criado por Fernanda Viégas e Judith Donath no MIT Media Lab. Depois de logar nesse site, os participantes escolhiam uma forma (círculo, triângulo etc.) e uma cor (vermelho, verde, azul etc.). Acessando o espaço virtual como, digamos, um círculo vermelho, o participante moveria o mouse para explorar os objetos dentro do espaço, que incluíam imagens de pessoas, itens como sapatos, trechos de filmes, artes abstratas etc. Os participantes também podiam ver as formas coloridas que representavam outras pessoas. Quando duas delas se aproximavam, podiam iniciar uma conversa por mensagens instantâneas. Obviamente, esse ambiente não tinha como representar toda a gama de interações que alguém poderia experimentar em um encontro real, mas queríamos ver como a nossa versão desses encontros virtuais funcionaria.

Esperávamos que as nossas formas geométricas usassem aquelas galerias simuladas não apenas para falar sobre si mesmas, mas também para discutir as imagens que viam. Dito e feito: as discussões assemelhavam-se bastante àquelas que ocorrem nos encontros offline. ("Você gosta dessa pintura?" — "Não muito. Prefiro Matisse.")

O OBJETIVO CENTRAL era comparar o nosso ambiente de namoro virtual (um tanto humilde) com um ambiente-padrão de encontros online. Para isso, pedimos a um grupo de namoradores vorazes para se envolverem em um encontro online padrão com outra pessoa (processo que envolvia ler sobre as suas estatísticas vitais típicas, responder a perguntas sobre metas de relacionamento, escrever um ensaio pessoal aberto e escrever para a outra pessoa) e para participarem de um encontro virtual com uma pessoa diferente (o que implicava explorar o espaço juntos, olhar para imagens diferentes e conversar entre si). Depois que cada um dos participantes conheceu uma pessoa pelo processo-padrão de encontros online, e outra pela nossa experiência de namoro virtual, estávamos prontos para a prova final.

Para preparar o terreno para a competição entre essas duas abordagens, organizamos um evento de *speed dating* tal como aquele descrito no Capítulo 7. Nesse evento experimental, os participantes tiveram a oportunidade de se encontrar cara a cara com várias pessoas, incluindo aquelas que conheceram no mundo online e no nosso cenário de namoros online. Esse evento de *speed dating* diferia um pouco dos outros. Após cada interação de quatro minutos nas mesas, os participantes tinham que responder às seguintes perguntas referentes à pessoa que acabaram de conhecer:

Você gosta dessa pessoa?

Você acha que é semelhante a essa pessoa?

Você a considera interessante?

Quão confortável você se sente junto a essa pessoa?

Nossos participantes pontuaram cada questão em uma escala de 1 a 10, onde 1 significava "de forma alguma" e 10 significava "muito". Como é comum em eventos de *speed dating*, também pedimos para que nos dissessem se estavam interessadas em encontrar a outra pessoa novamente no futuro.

O EXPERIMENTO TEVE três partes. Em primeiro lugar, cada um dos participantes teve um encontro online regular e um namoro virtual. Em seguida, eles foram para um *speed dating* com várias pessoas, incluindo aquela que conheceram online e aquela com quem tiveram um encontro virtual. (Não apontamos essas pessoas, no entanto, deixando que elas mesmas se reconhecessem — ou não.) Então, ao final de cada *speed dating*, elas nos contavam o que acharam de seus parceiros e se gostariam de ver essas pessoas novamente em um encontro na vida real. Queríamos saber se a experiência inicial — namoro virtual ou encontro online regular — tornaria mais provável um encontro na vida real.

Descobrimos que tanto homens quanto mulheres gostavam mais de seus parceiros de *speed dating* se os tivessem conhecido pelo namoro virtual. Na verdade, tinham cerca de duas vezes mais probabilidade de se interessar por um encontro real após esse namoro virtual do que pelo encontro online regular.

POR QUE A ABORDAGEM do namoro virtual foi mais bem-sucedida? Suspeito que a resposta esteja em sua estrutura básica, que era muito mais compatível com uma outra estrutura muito mais antiga: o cérebro humano. Em nosso mundo virtual, as pessoas faziam os mesmos tipos de julgamentos, sobre experiências e outras pessoas, que estamos acostumados a fazer em nosso dia a dia. E, como esses eram mais compatíveis com a nossa maneira de processar naturalmente as informações na vida real, as suas respectivas interações virtuais acabaram sendo mais úteis e informativas.

Para ilustrar isso, imagine que você é um homem solteiro interessado em conhecer uma mulher para firmar um relacionamento de longo prazo. Você sai para jantar com uma mulher chamada Janet. Ela é baixinha, tem cabelos e olhos castanhos, um belo sorriso, toca violino, gosta de filmes e é afável; talvez seja um pouco introvertida. Enquanto bebe o seu vinho, você se pergunta: "O quanto eu gosto dela?" E pode até se perguntar: "Qual a probabilidade de eu querer ficar com ela no futuro a curto, médio e longo prazos?"

Então, você acaba saindo com outra mulher — Julia. Janet e Julia são diferentes em muitos aspectos. Julia é mais alta e extrovertida do que Janet, possui MBA, uma risada suave e gosta de velejar. Você pode até sentir que gosta mais de Janet do que de Julia, e que deseja passar mais tempo com a primeira, mas não é fácil dizer o porquê, e nem isolar as variáveis que fazem você preferir uma à outra. É o desenho do corpo dela? A maneira como ela sorri? O senso de humor? Você não consegue definir o que há na Janet que toca tão fundo seu coração, mas tem um forte pressentimento a respeito.*

Além disso, mesmo que Janet e Julia tenham descrito a si próprias como dotadas de senso de humor, o que é engraçado para um, nem sempre é tão engraçado para o outro. Pessoas que gostam dos Três Patetas podem não achar graça no *Flying Circus*, do Monty Python. Fãs de David Letterman podem não apreciar *The Office*. Qualquer uma dessas pessoas, entretanto,

* Se quiser testar isso, peça para alguns conhecidos descreverem a si próprios pelos métodos de encontros online (mas sem fornecer informações que os identifiquem diretamente). Veja, então, se você consegue determinar, por esses perfis, de quem você gosta e quem você não suporta.

pode alegar deter um bom senso de humor, mas apenas ao experienciar algo com outra pessoa — por exemplo, assistir ao *Saturday Night Live* juntos, física ou virtualmente — é que se pode determinar se os sensos de humor são compatíveis ou não.

No fim das contas, as pessoas são o equivalente àquela terminologia de marketing: "experiências." Da mesma forma que a composição química do brócolis ou da torta de nozes não vai nos ajudar a entender o seu sabor, dividir as pessoas em atributos individuais não é muito útil para descobrir como seria passar o tempo ou morar com elas. E essa é a essência do problema de um mercado que tenta transformar pessoas em uma lista de atributos mensuráveis. Embora frases como "olhos: castanhos" sejam fáceis de digitar e pesquisar, nós não vemos e avaliamos parceiros românticos potenciais dessa forma. É aqui, também, que a vantagem do nosso namoro virtual entra em cena, já que ele possibilita nuances e significados maiores ao utilizar julgamentos semelhantes aos que estamos acostumados na nossa vida cotidiana.

SPEED DATING PARA PESSOAS MAIS VELHAS

A propósito, ter um objeto externo ao qual reagir funciona igualmente bem em encontros não-tão-românticos-assim. Algum tempo atrás, Jeana Frost e eu tentamos organizar alguns eventos de *speed dating* para adultos mais velhos (com 65 anos ou mais). O objetivo era ampliar o círculo social de pessoas que acabaram de se mudar para uma comunidade de aposentados e, com isso, melhorar sua felicidade e saúde.* Esperávamos que tais eventos fossem um grande sucesso, mas os primeiros foram um fracasso

* Para mais informações sobre a importância de uma vida social para a saúde, consulte o livro *Counterclockwise*, de Ellen Langer.

completo. Muitas pessoas chegaram a se inscrever, mas, quando se sentaram às mesas e se encararam mutuamente, suas conversas demoraram para começar, e muitas acabaram sendo frustrantes.

Por que isso aconteceu? Em eventos-padrão de *speed dating*, as discussões não são lá tão interessantes ("Onde você estudou?"; "O que você faz da vida?"), mas todos entendem o seu propósito básico — descobrir se a pessoa com quem estão conversando pode ser um futuro parceiro romântico, ou não. Já no caso em questão, nem todos os participantes mais velhos compartilhavam desse objetivo. Embora alguns estivessem interessados em um relacionamento amoroso, outros só queriam fazer amigos. Essa multiplicidade de objetivos dificultou o processo, tornando-o estranho e, em última análise, insatisfatório.

Tendo percebido o erro, Jeana propôs que, para o próximo evento, cada pessoa trouxesse um objeto de valor pessoal (um souvenir ou uma fotografia, por exemplo) para usar como ponto de partida para a conversa. Dessa vez, elas falaram a plenos pulmões, com várias conversas profundas e interessantes se desenrolando. Os eventos acabaram gerando muitas amizades. Também nesse caso, portanto, a presença de um objeto externo ajudou a catalisar conversas e a melhorar o resultado.

É interessante como, às vezes, tudo o que precisamos é de alguma coisa qualquer para iniciar algo de bom.

No fim das contas, os resultados dessa pesquisa sugerem que o mercado online para pessoas solteiras deve ser estruturado com uma compreensão melhor do que as pessoas podem ou não fazer naturalmente. A tecnologia deveria ser usada de forma congruente com aquilo em que somos naturalmente bons, e nos ajudar nas tarefas que não se enquadram em nossas habilidades inatas.

Projetando Sites para Homer Simpson

Apesar da invenção dos sites de encontros online, acho que o fracasso contínuo do mercado de solteiros demonstra a verdadeira importância das ciências sociais. Para que fique claro: sou totalmente a favor dos encontros online. Só acho que eles precisam ser realizados de uma forma mais humanamente compatível.

Considere o seguinte: quando os designers projetam objetos físicos — sapatos, cintos, calças, copos, cadeiras etc. —, eles têm em conta as limitações físicas das pessoas. Isso quer dizer, basicamente, que eles procuram entender o que os seres humanos podem e não podem fazer e, portanto, criam e fabricam produtos que podem ser usados pela maioria das pessoas em suas vidas cotidianas.

No entanto, quando projetamos coisas intangíveis tais como planos de saúde, poupanças, planos de aposentadoria e até sites de encontros online, de alguma forma nos esquecemos dessas mesmas limitações inerentes às pessoas. Talvez esses designers sejam otimistas demais em relação às nossas habilidades; eles devem achar que somos como o hiper-racional Spock, de *Star Trek*. Esses criadores de produtos e serviços intangíveis presumem que nós conhecemos nossas próprias mentes perfeitamente, que podemos computar tudo, comparar todas as opções e sempre escolher o curso de ação mais apropriado.

Mas e se nós formos limitados quanto ao uso e à compreensão das informações? A economia comportamental tem revelado exatamente isso, e nós mesmos o mostramos aqui, a partir dos encontros. E se, na verdade, formos mais parecidos com o Homer Simpson — falhos, bobos, emocionais e preconceituosos — do que com o Sr. Spock? Isso pode até parecer deprimente, mas é somente ao compreendermos e levarmos em consideração as nossas próprias limitações que poderemos projetar um mundo melhor, talvez começando por produtos e serviços informativos — tais como os encontros online — melhores.

Construir um site de encontros para seres perfeitamente racionais pode até ser um exercício mental divertido, mas se os designers desse suposto site realmente quiserem criar algo útil para pessoas normais — um pouco limitadas — em busca de um parceiro, eles devem primeiramente tentar entender as limitações humanas, valendo-se delas como ponto de partida. Lembre-se de que mesmo o nosso ambiente de namoro virtual bastante simplista e improvisado quase dobrou as chances de promover encontros cara a cara. Isso sugere que não é tão difícil assim levar em consideração as capacidades e fraquezas humanas. Eu aposto que um site de encontros que incorporasse um design mais humanizado e compatível conosco não só seria um grande sucesso, mas também ajudaria a reunir pessoas de carne e osso compatíveis entre si.

De maneira geral, esse exame do mercado de encontros online sugere que os mercados realmente podem ser úteis e positivos; entretanto, para que eles alcancem todo o seu potencial, devemos estruturá-los de tal forma que sejam compatíveis com o que as pessoas podem ou não fazer naturalmente.

"Mas, então, o que os solteiros podem fazer enquanto esperam por sites de encontros melhores?"

Essa foi a pergunta que um bom amigo que queria ajudar Sarah, uma mulher que trabalha em seu escritório, me fez. Eu, obviamente, não sou nenhum *yenta* qualificado, mas realmente acho que há algumas lições pessoais a serem aprendidas com essa pesquisa.

Em primeiro lugar, e devido ao relativo sucesso da nossa experiência de namoro virtual, creio que Sarah deveria tentar tornar suas interações online um pouco mais parecidas com um encontro normal. Ela pode tentar conversar com seus possíveis parceiros futuros sobre coisas que gosta de fazer, por exemplo. Em segundo lugar, ela pode dar um passo adiante e criar sua própria versão de um namoro virtual, apontando um site interessante para a pessoa com quem está conversando e, assim como em um namoro real, procurar experienciar algo juntos, mesmo a distância. Se assim desejar, ela pode até sugerir alguns jogos online, daqueles que permitem explorar reinos mágicos, matar dragões e resolver questões desse tipo. Isso poderia dar a eles melhores compreensão e percepção mútuas. O mais importante é que ela se esforce para fazer coisas que gosta com outras pessoas solteiras, aprendendo mais sobre suas compatibilidades.

De Sites de Encontros a Mercados e Produtos

Enquanto isso, o que o fracasso do mercado de encontros online implica para outros fracassos? Ele é, afinal, e fundamentalmente, uma falha do design de produto.

Permita-me explicar. Basicamente, quando um produto não funciona bem para nós, ele erra o alvo pretendido. Assim como os sites de encontros, que, ao tentarem reduzir humanos a um conjunto de palavras descritivas, muitas vezes não conseguem gerar correspondências reais, as empresas fracassam quando não traduzem o que estão ofertando em algo compatível com a nossa maneira de pensar. Veja os computadores, por exemplo. A maioria de nós simplesmente deseja um computador confiável, rápido e que possa nos ajudar a fazer o que precisamos. Não poderíamos nos importar menos com a quantidade de memória RAM, a velocidade de processamento ou de barramento (algumas pessoas, é claro, se importam), mas é assim que os fabricantes descrevem seus computadores, o que não colabora muito para a nossa compreensão da experiência.

Outro exemplo: considere os cálculos de aposentadoria online, supostamente projetados para nos ajudar a descobrir quanto economizar para a aposentadoria. Depois de inserirmos algumas informações sobre as nossas despesas básicas, a calculadora nos informa que precisaremos, digamos, de 3,2 milhões de dólares na nossa conta de aposentadoria. Infelizmente, nós nem sequer sabemos que tipo de estilo de vida poderíamos ter com essa quantia, ou o que esperar se sobrar "apenas" 2,7 milhões, ou 1,4 (ou talvez 540 mil, e até mesmo 206 mil). Também não ajuda muito imaginar como seria viver até os 100 anos já com muito pouco guardado na poupança aos 70. A calculadora simplesmente fornece um número (majoritariamente fora do nosso alcance) que não se traduz em nada que possamos vislumbrar ou compreender. E, ao fazer isso, também não nos motiva a nos esforçar para economizar mais.

Considere, analogamente, a forma pela qual as seguradoras descrevem seus produtos em termos de franquias, limites e copagamentos. O que isso quer dizer quando precisamos tratar um câncer? O que uma "responsabilidade máxima" nos diz sobre o quanto estaremos duros se formos gravemente feridos em um acidente de carro? Ah, mas existe aquele produto maravilhoso das seguradoras, chamado anuidade, que supostamente lhe protege contra ficar sem dinheiro caso viva até os 100 anos. Teoricamente, comprar uma anuidade significa que você será reembolsado na forma de um salário fixo vitalício (a Previdência Social é, essencialmente, uma espécie de sistema de anuidade). Em princípio, isso faz total sentido, mas, infelizmente, é muito difícil calcular o quanto elas realmente valem para nós. Pior ainda, as pessoas que as vendem são o equivalente da indústria de seguros àqueles vendedores pilantras de carros usados (tenho certeza de que existem exceções, mas ainda estou para encontrá-las). Elas usam as dificuldades de se determinar o quanto as anuidades realmente valem para cobrar a mais de seus clientes, e o resultado disso é que a maioria das anuidades é uma tremenda farsa, e esse mercado tão importante acaba por funcionar pessimamente.

Como, então, os mercados podem se tornar mais eficazes? Aqui está um exemplo de empréstimo social: digamos que você precise juntar dinheiro para comprar um carro. Muitas empresas já estabeleceram construções de empréstimos sociais que permitem que famílias e amigos peguem emprestado e emprestem entre si, o que tira os intermediários (bancos) da equação, reduz o risco de não pagamento e oferece taxas de juros melhores tanto para o credor quanto para o devedor. As empresas que administram esses empréstimos não assumem riscos, e lidam com a logística do empréstimo nos bastidores. Todos — exceto os bancos — se beneficiam.

O ponto principal é que, mesmo quando os mercados não funcionam a nosso favor, nós não estamos totalmente desamparados. Podemos tentar resolver um problema descobrindo como um determinado mercado não está fornecendo a ajuda que esperamos, e tomar algumas medidas para aliviar o problema (criando nossa própria experiência de namoro virtual, emprestando dinheiro a parentes e amigos etc.). Também podemos tentar resolver o problema de forma mais geral e apresentar produtos cujos designs visem atender às necessidades de clientes em potencial. Infelizmente, mas também felizmente, as oportunidades para tais produtos e serviços aprimorados estão em toda parte.

CAPÍTULO 9

Sobre Empatia e Emoção

Por que Ajudamos Uma Pessoa Que Precisa de Ajuda, Mas Não Muitas Delas

Poucos norte-americanos que estavam vivos e conscientes em 1987 poderiam esquecer a saga "Baby Jessica". Jessica McClure era uma menina de 18 meses que vivia em Midland, Texas. Ela estava brincando no quintal da casa da sua tia quando caiu dentro de um poço abandonado que tinha seis metros de profundidade. Ela ficou presa na fenda escura e subterrânea por quase dois dias e meio, mas a longa exposição da mídia fez parecer que aquilo durou semanas. Esse drama uniu as pessoas. Perfuradores de poços, as equipes de resgate, vizinhos e repórteres em Midland fizeram vigília diária, assim como os telespectadores ao redor do mundo, que acompanharam cada centímetro de progresso do resgate. Houve muita preocupação quando descobriram que o pé direito de Jessica estava preso entre as rochas. Houve também uma satisfação universal quando os trabalhadores relataram que ela havia cantado junto a canção infantil Humpty Dumpty, que foi tocada por um alto-falante baixado para dentro do poço (uma escolha interessante, considerando as circunstâncias). Finalmente, houve comoção geral quando a menina foi retirada por um poço paralelo, laboriosamente perfurado.

Após o resgate, a família McClure recebeu mais de 700 mil dólares em doações para Jessica. As revistas *Variety* e *People* publicaram histórias emocionantes sobre ela. Scott Shaw, do jornal *Odessa American*, ganhou o Prêmio Pulitzer de 1988 por sua fotografia da criança enfaixada nos braços de um de seus salvadores. Foi feito até um filme para TV, chamado *O Resgate de Jessica*, estrelado por Beau Bridges e Patty Duke, e os compositores Bobby George Dynes e Jeff Roach a imortalizaram em canções.

Naturalmente, Jessica e seus pais sofreram muito. Mas por que, no fim das contas, Baby Jessica teve mais cobertura da CNN do que o genocídio de Ruanda, em 1994, no qual 800 mil pessoas — incluindo muitos bebês — foram brutalmente assassinadas em 100 dias? E por que nossos corações estavam com a menina no Texas muito mais prontamente do que com as vítimas dos massacres e da fome em Darfur, Zimbábue e Congo? Para ampliar um pouco a questão, por que nós pulamos das nossas cadeiras e assinamos cheques para ajudar uma única pessoa, enquanto muitas vezes não sentimos essa mesma compulsão diante de outras tragédias infinitamente mais atrozes e que envolvem muito mais gente?

Esse é um tópico complexo e que tem intimidado filósofos, pensadores religiosos, escritores e cientistas sociais desde tempos imemoriais. Muitas forças contribuem para uma apatia geral em relação a grandes tragédias, que incluem, entre outras, uma escassez de informações à medida que o evento se desenrola, o racismo estrutural e o fato de que a dor do outro lado do mundo não é, por assim dizer, registrada tão prontamente como a dos nossos vizinhos. Outro fator importante, ao que tudo indica, diz respeito à dimensão da tragédia — um conceito expresso por ninguém menos que Joseph Stalin, quando afirmou: "Uma única morte é uma tragédia; um milhão de mortes é uma estatística." O completo oposto de Stalin, Madre Teresa, expressou o mesmo sentimento quando disse: "Se eu olhar para as massas, nunca vou agir. Se eu olhar para um só, sim." Se Stalin e Madre Teresa não apenas concordavam (embora por razões muito diferentes), mas também estavam corretos nesse ponto, isso quer dizer que, embora possamos ter uma sensibilidade incrível frente ao sofrimento de um único indivíduo, somos geralmente (e perturbadoramente) apáticos frente ao sofrimento de muitos.

Será que realmente nos importamos menos com uma tragédia à medida que o número de vítimas aumenta? Essa é uma ideia deprimente, e já deixo avisado que o que se segue não é uma leitura muito animadora — mas, como é o caso com muitos outros problemas humanos, é importante entender o que realmente impulsiona nossos comportamentos.

O Efeito da Vítima Identificável

Para entender melhor por que reagimos mais ao sofrimento individual do que ao das massas, permita-me apresentar um experimento realizado por Deborah Small (professora da Universidade da Pensilvânia), George Loewenstein e Paul Slovic (fundador e presidente do *Decision Research*). Deb, George e Paul deram cinco dólares para cada participante que preenchesse alguns questionários. Assim que eles pegavam o dinheiro, no entanto, eram informados sobre um problema relacionado à escassez de alimentos na África e indagados sobre quanto desses cinco dólares desejavam doar para a causa.

As informações foram apresentadas de diferentes maneiras a diferentes pessoas. Um grupo, que foi inserido na chamada condição "estatística", leu o seguinte:

> A escassez de alimentos no Malawi está afetando mais de 3 milhões de crianças. Na Zâmbia, severos deficits de chuva resultaram em uma queda de 42% na produção do milho, desde 2000. Como resultado, cerca de 3 milhões de zambianos enfrentam a fome. Quatro milhões de angolanos — um terço da população — foram forçados a abandonar suas casas. Mais de 11 milhões de pessoas na Etiópia precisam de assistência alimentar imediata.

Os participantes tinham a oportunidade de doar uma parte dos cinco dólares recebidos para uma instituição de caridade que fornecia assistência alimentar. Antes de continuar a leitura, pergunte a si mesmo: "Se eu estivesse no lugar de um participante, será que eu doaria alguma quantia? Se sim, quanto?"

O segundo grupo de participantes, que foi colocado na condição "identificável", recebeu informações sobre Rokia, uma menina extremamente pobre de 7 anos de idade, provinda do Mali, que enfrentava a fome. Esses participantes olharam para a foto dela e leram a seguinte declaração (que soa como se tivesse vindo de um apelo direto):

> A vida dela mudaria para melhor como resultado do seu apoio financeiro. Com o seu apoio e o de outros patrocinadores, a organização *Save the Children* trabalhará com a família de Rokia e com outros membros da comunidade para ajudar a alimentá-la e a educá-la, bem como fornecerá cuidados médicos básicos e uma boa educação higiênica.

Como no caso da condição "estatística", os participantes na condição "identificável" tiveram a oportunidade de doar parte dos — ou todos os — cinco dólares que haviam acabado de receber. Novamente, pergunte a si mesmo quanto você doaria em resposta à história de Rokia. Você daria mais dinheiro para ajudar Rokia ou para contribuir na luta geral contra a fome na África?

Se você fosse como os participantes do estudo, doaria o dobro do valor para Rokia do que para a fome na África (na condição "estatística", a contribuição média foi de 23% do dinheiro recebido; na condição "identificável", a média foi mais do que o dobro: 48%). Isso constitui a essência daquilo que os cientistas sociais chamam de "efeito da vítima identificável": uma vez que temos um rosto, uma foto e alguns detalhes sobre uma pessoa, sentimos pena dela, e nossas ações — e dinheiro — são correspondentes. Porém, quando essa informação não é individualizada, nós simplesmente não sentimos a mesma empatia e, como consequência, deixamos de agir.

O efeito da vítima identificável não escapou à atenção das instituições de caridade, incluindo *Save the Children*, *March of Dimes*, *Children International*, *Humane Society* e centenas de outras. Elas sabem que a chave para acessar nossas carteiras é estimular nossa empatia, e que exemplos de sofrimento individual são uma das melhores maneiras para isso (exemplos individuais ⇨ emoções ⇨ carteiras).

Na minha opinião, a *American Cancer Society* (ACS) faz um excelente trabalho ao implementar a psicologia subjacente do efeito da vítima identificável. A ACS entende não só a importância das emoções, mas também como mobilizá-las. Como fazem isso? Ora, a palavra "câncer" por si só já cria uma imagem emocional mais poderosa do que um nome cientificamente informativo como, por exemplo, "anormalidade de células atípicas". A ACS também faz uso de outra ferramenta retórica poderosa ao rotular todos aqueles que já tiveram câncer de "sobreviventes", independentemente da gravidade do caso (e mesmo que seja mais provável uma pessoa morrer de velhice muito antes do seu câncer cobrar o preço). Uma palavra carregada de afetação, como "sobrevivente", confere honra à causa. Não usamos esse termo em conexão com, digamos, asma ou osteoporose. Se a *National*

Kidney Foundation, por exemplo, começasse a chamar qualquer pessoa que sofreu de insuficiência renal de uma "sobrevivente da insuficiência renal", não daríamos mais dinheiro para combater essa condição tão perigosa?

Além disso, conferir o título de "sobrevivente" a qualquer pessoa que já teve câncer torna possível para a ACS criar uma rede ampla e altamente solidária de pessoas que têm um profundo interesse pessoal na causa, e também possibilita criar conexões mais pessoais com outras pessoas que não têm a doença. Por meio das muitas maratonas patrocinadas e eventos de caridade da ACS, pessoas que de outra forma não estariam diretamente conectadas à causa acabam doando seu dinheiro — não necessariamente porque estejam interessadas na pesquisa e na prevenção do câncer, mas porque conhecem alguém que sobreviveu à doença, e a preocupação com essa pessoa específica os motiva a doar tempo e dinheiro para a ACS.

Proximidade, Vivacidade e o Efeito "Gota no Oceano"

O experimento e as anedotas que acabei de descrever demonstram que estamos dispostos a gastar dinheiro, tempo e esforço para ajudar vítimas identificáveis, mas que deixamos de agir quando confrontados com vítimas estatísticas (centenas de milhares de ruandeses, por exemplo). Mas quais são as razões para esse padrão de comportamento? Como é o caso de muitos problemas sociais complexos, aqui também existem várias forças psicológicas em jogo. Mas, antes de discutirmos isso em detalhes, faça o seguinte experimento mental:*

* Esse experimento mental é baseado em um dos exemplos de Peter Singer em *Famine, Affluence, and Morality* (1972) (sem tradução brasileira). Um de seus livros mais recentes, *A Vida que Podemos Salvar*, desenvolve ainda mais esse argumento.

Imagine que você está em Cambridge, Massachusetts, fazendo uma entrevista para o emprego dos seus sonhos. Você tem uma hora antes da entrevista, então decide ir a pé do hotel até lá para ver um pouco da cidade e esfriar a cabeça. Ao atravessar uma ponte sobre o rio Charles, você ouve um grito abaixo de você. Alguns metros rio acima, você vê uma menina que parece estar se afogando — ela está gritando por socorro e ficando sem ar. Você, por outro lado, está vestindo um terno novinho em folha e acessórios elegantes, que lhe custaram uma nota — mil dólares, digamos. Você é um bom nadador, mas não tem tempo para remover nada se quiser salvá-la. O que você faz? Provavelmente, você não pensaria muito; simplesmente pularia para salvá-la, destruindo seu terno novo e perdendo sua entrevista de emprego. Sua decisão de pular é certamente um reflexo do fato de que você é um ser humano gentil e admirável, mas também se deve, parcialmente, a três fatores psicológicos.*

Primeiro, há a sua "proximidade" com a vítima — termo que os próprios psicólogos usam. Proximidade não se refere apenas à proximidade física, no entanto; também se refere a um sentimento de parentesco — você é próximo de seus parentes, de seu grupo social e de pessoas com quem compartilha semelhanças. Felizmente, a maioria das tragédias do mundo não está próxima de nós em termos físicos ou psicológicos. Não conhecemos pessoalmente a grande maioria das pessoas que estão sofrendo no mundo e, portanto, é difícil para nós sentir a mesma empatia por sua dor do que aquela que sentimos por um parente, amigo ou vizinho em apuros. O efeito da proximidade é tão poderoso que é mais provável que doemos dinheiro para ajudar um vizinho que perdeu seu emprego bem remunerado do que para um sem-teto muito mais necessitado que mora

---

* Embora eu descreva esses três fatores (proximidade, vivacidade e o efeito gota no oceano) como separados, na vida real eles geralmente funcionam combinados, e nem sempre está claro qual deles é a principal força motriz.

na cidade mais próxima. E essa probabilidade é ainda menor quando se trata de ajudar alguém que perdeu sua casa em um terremoto a 5 mil quilômetros de distância.

O segundo fator é aquele que chamamos de "vivacidade". Se eu lhe disser que me cortei, você não terá o quadro geral da coisa, e não sentirá tanto pela minha dor. Mas, se eu descrever o corte em detalhes, entre lágrimas, falando sobre como a ferida é profunda, o quanto a pele rasgada dói e quanto sangue eu já perdi, você terá uma imagem mais nítida e sentirá muito mais empatia por mim. Da mesma forma, quando você vê uma vítima de afogamento e ouve seus gritos enquanto ela se debate na água fria, sente uma necessidade imediata de agir.

O oposto de vivacidade é a indefinição. Se lhe disserem que alguém está se afogando, mas você não vê a pessoa e nem ouve seu grito, seu maquinário emocional não será ativado. A indefinição é um pouco como olhar para uma foto da Terra tirada do espaço; você vê a forma dos continentes, o azul dos oceanos e as grandes cadeias de montanhas, mas não vê os detalhes — engarrafamentos, poluição, crimes, guerras. De longe, tudo parece tranquilo e adorável; não sentimos a necessidade de mudar nada.

O terceiro fator é o que os psicólogos chamam de "efeito gota no oceano", e tem a ver com a fé na sua própria capacidade de ajudar completamente as vítimas de uma tragédia. Pense em um país em desenvolvimento em que muitas pessoas morrem por causa da água contaminada. O máximo que cada um de nós pode fazer é ir até lá e ajudar a construir um poço limpo, ou um sistema de esgoto. Mas mesmo esse nível intenso de envolvimento pessoal ajudaria apenas algumas pessoas, deixando milhões de outras carentes e desesperadas. Diante de necessidades tão abissais, e dada a parcela ínfima que nós podemos resolver com as nossas próprias mãos, alguém pode ficar tentado a se desligar emocionalmente e perguntar: "Qual é o sentido?"

Para pensar sobre como esses fatores podem influenciar seu próprio comportamento, pergunte-se o seguinte: e se a garota que está se afogando vivesse em uma terra distante que foi atingida por um tsunami e você pudesse, a um custo moderado (muito menor que os mil dólares do seu terno), ajudar a salvá-la de seu destino? Você teria a mesma probabilidade de "mergulhar" com seu dinheiro por essa causa? E se a situação envolvesse um perigo menor e menos imediato para a vida dela? Digamos, por exemplo, que ela corresse o risco de contrair malária. Seu impulso de ajudá-la seria tão intenso assim? E se houvesse muitas, muitas crianças como ela em risco de desenvolver um quadro de diarreia ou de HIV/AIDS (algo que, de fato, ocorre)? Você se sentiria desencorajado pela sua incapacidade de resolver completamente o problema? O que aconteceria com a sua motivação para ajudar?

Se eu fosse um homem de apostas, colocaria meu dinheiro na probabilidade de que o seu desejo de agir para salvar crianças que estão contraindo, aos poucos, uma doença grave em uma terra longínqua, não é tão alto em comparação com o seu desejo de ajudar um parente, amigo ou vizinho que está morrendo de câncer. (Para não achar que estou implicando com você, saiba que eu me comporto da mesma maneira.) Não é que você seja insensível; você é apenas um ser humano. E, quando uma grande tragédia que envolve muitas pessoas ocorre longe de nós, acabamos por compreender a situação de uma perspectiva distanciada, menos afetada. Quando não podemos enxergar os mínimos detalhes, portanto, nosso sofrimento é menos vívido e emocional, e nos sentimos menos impelidos a agir.

Se você parar para pensar a respeito, milhões de pessoas em todo o mundo estão afundando em fome, guerras e doenças todo santo dia. E, apesar do fato de que poderíamos alcançar muito a um custo relativamente baixo, nós não fazemos muito para ajudar, devido a uma combinação de proximidade, vivacidade e efeito gota no oceano.

Thomas Schelling, ganhador do Nobel de economia, fez um excelente trabalho ao descrever a distinção entre uma vida individual e uma estatística:

> Se uma menina de 6 anos com cabelos castanhos precisar de milhares de dólares para uma operação que prolongará sua vida até o fim do ano, os correios ficarão com caixinhas repletas de moedas para salvá-la. Mas deixe informado que, sem uma taxa de serviço, as instalações do hospital de Massachusetts vão se deteriorar e causar um aumento quase imperceptível nas mortes evitáveis — pouquíssimos vão derramar uma lágrima ou considerar pegar seus talões de cheque.[17]

Como o Pensamento Racional Bloqueia a Empatia

Todo esse apelo emocional levanta a seguinte questão: e se pudéssemos tornar as pessoas mais racionais, tal como o Sr. Spock de *Star Trek*? Afinal, Spock era o mais realista da tripulação: sendo racional e sábio, ele perceberia que seria mais sensato ajudar o maior número de pessoas e tomar medidas proporcionais à magnitude real do problema. Será que uma visão mais fria e racional dos problemas nos levaria a doar dinheiro para combater a fome em uma escala maior do que no caso de ajudar a pequena Rokia?

Para testar o que aconteceria se as pessoas pensassem dessa forma, Deb, George e Paul criaram outro experimento interessante. No início desse, eles pediram a alguns dos participantes que respondessem à seguinte pergunta: "Se uma empresa comprou 15 computadores a 1.200 dólares cada, então quanto essa empresa pagou no total?" Não se trata de uma questão matemática complexa; seu objetivo era "preparar" (termo geral que os psicólogos utilizam para colocar as pessoas em um determinado estado mental temporário) os participantes para que pensassem de forma mais calculista. Outro grupo de participantes respondeu a uma pergunta que estimulava suas emoções: "Quando você ouve o nome de George W. Bush, o que sente? Por favor, descreva seu sentimento predominante com uma única palavra."

Depois de responder a essas perguntas iniciais, os participantes receberam informações sobre Rokia, enquanto indivíduo (a condição "identificável"), ou sobre o problema mais geral da escassez de alimentos na África (a condição "estatística"). Em seguida, foram indagados sobre quanto dinheiro doariam para uma determinada causa. Os resultados mostraram que aqueles que foram estimulados emocionalmente deram muito mais dinheiro para Rokia do que para ajudar a combater o problema da escassez de alimentos (assim como no experimento sem "preparação"). A semelhança dos resultados de quando os participantes foram emocionalmente preparados, e de quando não o foram, sugere que, mesmo sem tal preparação, eles confiaram nos seus sentimentos compassivos para tomar decisões referentes à doação (foi por isso que um estímulo emocional a mais não fez diferença — ele já fazia parte do processo de tomada de decisão).

E o que dizer dos participantes que foram "preparados" para um estado de espírito calculista, como o de Spock? Era de se esperar que um pensamento mais calculista os levasse a "corrigir" sua tendência emotiva em relação à Rokia, doando, assim, mais dinheiro para ajudar um número maior de pessoas. Infelizmente, os mais calculistas também perderam a oportunidade, doando a mesma pequena quantia para ambas as causas. Em outras palavras, fazer as pessoas pensarem mais como o Sr. Spock minou qualquer apelo à compaixão e, consequentemente, tornou-as menos inclinadas à doação. (De um ponto de vista racional, isso faz todo o sentido, é claro. Afinal, uma pessoa inteiramente racional não gastaria dinheiro em qualquer coisa ou pessoa que não produzisse um retorno tangível sobre o investimento.)

Achei esses resultados extremamente deprimentes, mas não parou por aí. O experimento original que Deb, George e Paul realizaram com o efeito da vítima identificável — no qual os participantes deram duas vezes mais dinheiro para ajudar Rokia do que para combater a fome — tinha uma terceira condição. Nessa, os participantes receberam tanto as informações individuais de Rokia quanto as informações estatísticas sobre a questão alimentar (sem qualquer 'preparação').

Tente adivinhar a quantia que eles doaram. Será que foi a mesma quantia alta de quando souberam a respeito de Rokia? Ou será que foi o mesmo valor baixo de quando o problema foi apresentado de forma estatística? Um meio-termo, talvez? Com o tom deprimente deste capítulo até aqui, pode ser que você já tenha adivinhado os resultados. Nessa condição "mista", os participantes deram 29% de seus ganhos — valor ligeiramente superior aos 23% dos participantes na condição "estatística" e, todavia, muito menor do que os 48% doados na condição "identificável". Basicamente, acabou sendo difícil para os participantes pensar sobre cálculos, estatísticas e números, e sentir emoções ao mesmo tempo.

Juntos, esses resultados contam uma história triste: quando somos levados a nos preocupar com indivíduos, nossa tendência é agir, mas, quando há muitas pessoas envolvidas, não o fazemos. Um pensamento frio e calculista não aumenta nossa preocupação com problemas gerais; em vez disso, ele abafa a nossa compaixão. Portanto, embora o pensamento racional pareça um bom conselho para aprimorar nossas decisões, pensar como o Sr. Spock pode nos tornar menos altruístas e atenciosos. Como disse Albert Szent-Györgi, o famoso médico e pesquisador: "Fico profundamente comovido se vejo um homem sofrendo, e arriscaria minha vida por ele. Então, falo impessoalmente sobre a possível aniquilação das nossas grandes cidades, com uma centena de milhões de mortos, e sou incapaz de multiplicar o sofrimento de um homem por uma centena de milhões."[18]

Para Onde o Dinheiro Deveria Ir?

Esses experimentos podem fazer parecer que o melhor curso de ação é pensar menos e usar apenas os nossos sentimentos como guias para tomar decisões referentes a ajudar os outros. Infelizmente, contudo, a vida não é tão simples assim. Embora, às vezes, não ajamos quando deveríamos, outras vezes o fazemos em nome de um sofrimento, mesmo quando é irracional (ou inadequado) fazê-lo.

Alguns anos atrás, por exemplo, uma terrier branca de 2 anos chamada Forgea passou 3 semanas sozinha a bordo de um cargueiro à deriva no Pacífico, depois que sua tripulação abandonou o navio. Tenho certeza de que Forgea era adorável e não merecia morrer, mas alguém pode questionar se, no grande esquema das coisas, resgatá-la valia uma missão de resgate que demorou 25 dias e custou 48 mil dólares aos cofres públicos — quantia que poderia ter sido gasta para tratar seres humanos desesperadamente necessitados. Considere, analogamente, o desastroso vazamento de óleo do navio petroleiro *Exxon Valdez*. As estimativas de custo para se limpar e reabilitar um único pássaro eram de cerca de 32 mil dólares e, para cada lontra, 80 mil dólares.[19] De fato, é muito duro ver um cão, um pássaro ou uma lontra sofrendo por causa de erros humanos. Mas realmente faz sentido gastar tanto dinheiro assim com um animal, quando isso implica tirar recursos de outras necessidades públicas como imunização, educação e saúde? Só porque nos preocupamos mais com exemplos vívidos de sofrimento, não significa que essa tendência sempre nos ajude a tomar as melhores decisões, mesmo que só queiramos ajudar.

Incompatibilidade entre dinheiro e necessidade: o número de pessoas (em milhões) afetadas por diferentes tragédias e a quantidade de dinheiro (em milhões de dólares) direcionada para essas

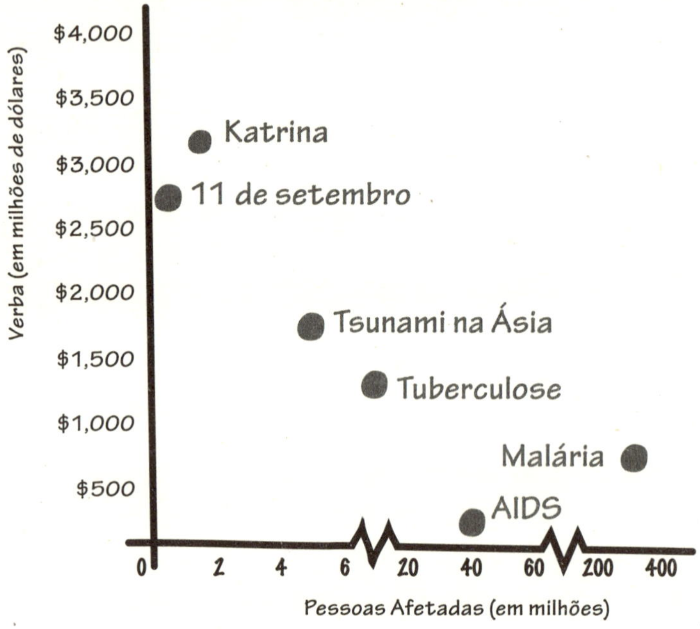

Pense novamente na *American Cancer Society*. Não tenho nada contra o excelente trabalho que eles fazem, é claro; se fosse um negócio, gostaria de parabenizá-lo por sua desenvoltura, sua compreensão da natureza humana e seu sucesso. Mas, no mundo das organizações sem fins lucrativos, há uma certa amargura contra a ACS por ter sido "excessivamente bem-

-sucedida" em obter o apoio entusiástico do público e, consequentemente, deixar outras causas igualmente importantes desfalcadas. (A ACS é tão bem-sucedida que há vários esforços organizados para coibir doações para "a organização sem fins lucrativos mais rica do mundo".[20]) De certa forma, se as pessoas que doam para a ACS realmente não doam tanto assim para outras instituições de caridade que não lidam diretamente com câncer, essas outras causas acabam tornando-se vítimas do sucesso da ACS.

Para refletir sobre o problema da má alocação de recursos em termos mais gerais, considere o gráfico da página anterior.[21] Ele mostra a quantidade de dinheiro doada para ajudar as vítimas em uma variedade de catástrofes (o furacão Katrina, os ataques de 11 de setembro de 2001, o tsunami na Ásia, tuberculose, AIDS e malária) e o número de pessoas diretamente afetadas por essas tragédias.

O gráfico mostra claramente que, à medida que o número de pessoas aumentava, a quantidade de dinheiro doada diminuía. Também podemos ver que mais dinheiro foi enviado para tragédias ocorridas nos EUA (furacão Katrina e o 11 de setembro) do que fora deles (tsunami). Talvez ainda mais preocupante seja o fato de que a prevenção de doenças como tuberculose, AIDS e malária receba pouquíssimos recursos em relação à magnitude desses problemas. Isso ocorre, provavelmente, porque a prevenção visa ajudar pessoas que ainda não estão doentes. Salvar pessoas hipotéticas de doenças em potencial é uma meta abstrata e distante demais para que as nossas emoções floresçam a ponto de nos motivar a abrir nossas carteiras.

Considere outro problema grandioso: as emissões de CO2 e o aquecimento global. Independentemente das suas crenças pessoais sobre o assunto, esse é o tipo de problema mais difícil para se despertar interesse nas pessoas. Na verdade, se tentássemos elaborar um problema exemplar que inspirasse uma indiferença generalizada, provavelmente seria esse. Em primeiro lugar, os efeitos da mudança climática ainda não estão tão próximos para quem vive no hemisfério ocidental: o aumento do nível do mar e a poluição podem afetar as pessoas em Bangladesh, mas ainda não afetam aquelas que vivem no coração da América ou da Europa. Em segundo lugar, o problema não é vívido, e nem mesmo observável — geralmente, não enxergamos as emissões de CO_2 ao nosso redor, ou sentimos que a temperatura está mudando (exceto, talvez, para aqueles que ficam tossindo na poluição atmosférica de Los Angeles). Em terceiro, as mudanças relativamente lentas e pouco dramáticas causadas pelo aquecimento global o tornam difícil de ver ou sentir. Em quarto, qualquer consequência negativa da mudança climática não será imediata; ela chegará à porta da maioria das pessoas em um futuro mais ou menos distante. Todas essas razões explicam porque o documentário *Uma Verdade Inconveniente*, de Al Gore, depende tanto, imageticamente, de ursos polares se afogando e de outras imagens analogamente vívidas: elas constituem uma forma de entrar em contato com as nossas emoções.

Obviamente, o aquecimento global é o garoto-propaganda do efeito "gota no oceano". Podemos até reduzir o tempo no volante, ou trocar todas as nossas lâmpadas por modelos de alta eficiência, mas qualquer ação realizada por qualquer um de nós é pequena demais para ter uma influência significativa no problema central, mesmo se reconhecermos que um grande número de pessoas fazendo pequenas mudanças pode ter um efeito substancial. Com todas essas forças psicológicas trabalhando contra a nossa tendência de agir, é de surpreender que haja tantos problemas crescentes ao nosso redor — problemas que, por sua natureza própria, não suscitam nossa emoção ou motivação?

Como Resolver o Problema das Vítimas Estatísticas?

Quando pergunto aos meus alunos o que eles acham que irá inspirar as pessoas a se levantarem de suas cadeiras, realizarem ações, doarem, protestarem, entre outras coisas, eles tendem a responder que "muitas informações" a respeito da magnitude e da gravidade da situação são provavelmente a melhor forma para inspirar algum tipo de ação. Os experimentos descritos acima, contudo, mostram que esse não é bem o caso. Infelizmente, nossas intuições acerca das forças que motivam o comportamento humano parecem estar erradas. Se seguíssemos o conselho dos meus alunos, descrevendo determinadas tragédias como problemas colossais que afetam muitas pessoas, provavelmente nenhuma ação decorreria disso. Na verdade, poderíamos promover o exato oposto, e acabar suprimindo qualquer resposta compassiva e solidária.

Isso levanta uma questão importante: se somos chamados a agir diante do sofrimento individual e personalizado, mas ficamos anestesiados quando uma crise supera a nossa capacidade imaginativa, que esperança temos de conseguir resolver — nós, os políticos, os legisladores — questões humanitárias em larga escala? É certo que não podemos simplesmente confiar que faremos a coisa certa quando o próximo desastre inevitavelmente ocorrer.

Seria bom (a palavra "bom" não é realmente apropriada aqui) se a próxima catástrofe fosse imediatamente acompanhada por imagens de indivíduos sofrendo — talvez uma criança à beira da morte que ainda pode ser salva, ou um urso polar se afogando. Se essas imagens estivessem disponíveis, incitariam nossas emoções e nos impeliriam a agir; no entanto, as imagens emotivas de desastres frequentemente demoram para aparecer (como foi o caso em Ruanda), ou retratam um sofrimento estatístico, ao invés de identificável (Darfur, por exemplo). E quando, por fim, essas imagens aparecem para o público, a ação pode acabar chegando tarde demais. Dadas todas essas barreiras humanas para resolver problemas significativos, como, então, se livrar dos sentimentos de desespero, impotência e apatia perante um grande sofrimento?

Uma abordagem possível envolveria seguir o mesmo conselho dado aos dependentes químicos: o primeiro passo para superar qualquer vício é reconhecer o problema. Se percebermos que o tamanho da crise faz com que nos importemos menos, e não mais, podemos tentar mudar a nossa maneira de pensar e abordar as questões humanas. Exemplo: da próxima vez que um grande terremoto arrasar uma cidade e você ouvir sobre milhares de pessoas mortas ou feridas, tente pensar especificamente sobre ajudar uma dessas pessoas — uma garotinha que sonha em se tornar médica, um adolescente sorridente com um talento para o futebol, ou uma avó trabalhadora que perdeu a filha e luta para criar o neto. Uma vez que colocamos o problema dessa maneira, nossas emoções são ativadas, e podemos decidir melhor quais medidas devem ser tomadas (essa é uma das razões pelas quais o diário de Anne Frank é tão comovente — é o retrato de uma única vida perdida entre milhões de vidas perdidas). Da mesma forma, você também pode tentar neutralizar o efeito gota no oceano redefinindo a magnitude da crise em sua mente. Em vez de pensar no problema da pobreza e miséria das massas, por exemplo, pense em como ajudar a alimentar uma família de cinco pessoas que está no mapa da fome.

Também poderíamos tentar mudar nossa maneira de pensar adotando a abordagem que tornou a *American Cancer Society* tão bem-sucedida na sua arrecadação de fundos. Vejamos: nossas tendências emocionais, que costumam favorecer situações próximas, singulares e vívidas, podem nos incitar à ação num sentido mais amplo. Tome a sensação psicológica de proximidade, por exemplo. Se alguém da nossa família desenvolver câncer ou esclerose múltipla, podemos nos sentir impelidos a arrecadar dinheiro para pesquisas sobre essas doenças, em particular. Mesmo uma pessoa que admiramos, mas não conhecemos pessoalmente, pode inspirar um sentimento de proximidade análogo. Por exemplo: desde que foi diagnosticado com a doença de Parkinson em 1991, o ator Michael J. Fox tem pressionado em busca de financiamentos para pesquisas e trabalhado para educar o público sobre a doença. Pessoas que adoraram *Caras e Caretas* ou *De Volta Para o Futuro* associam o seu rosto à essa causa e passam a se interessar por ela. Pode soar um pouco egoísta quando Michael J. Fox pede para doadores apoiarem sua fundação, mas a verdade é que isso é bastante eficaz na hora de arrecadar dinheiro para ajudar quem sofre de Parkinson.

Outra abordagem seria criar condutas para o nosso comportamento. Afinal, se nem sempre podemos confiar em nossos corações para nos impulsionar a fazer a coisa certa, podemos pelo menos nos beneficiar da criação de regras de conduta que nos direcionem a tomar o curso de ação correto, mesmo quando nossas emoções não são estimuladas. Na tradição judaica, por exemplo, existe uma "regra" que visa combater o efeito gota no oceano. De acordo com o Talmude: "Se você salva a vida de uma pessoa, é como se tivesse salvado o mundo inteiro."[22] Com esse princípio em mãos, os judeus ortodoxos são capazes de superar a tendência natural de não agir quando tudo o que podemos fazer é resolver uma pequena parte do problema. Além disso, a forma pela qual essa regra é definida ("como se tivesse salvado o mundo inteiro") torna mais fácil imaginar que, ao salvar apenas uma pessoa, podemos realmente estar fazendo algo grandioso.

A mesma abordagem de criar condutas morais bem definidas também pode funcionar nos casos em que princípios humanitários básicos se aplicam. Considere novamente o que aconteceu no massacre de Ruanda. As Nações Unidas demoraram demais para reagir e conseguir impedi-lo, mesmo que isso não exigisse uma grande intervenção (o tenente-general da ONU na região, Roméo Dallaire, de fato pediu 5 mil soldados para impedir o massacre iminente, mas teve seu pedido negado). Ano após ano, ouvimos falar de massacres e genocídios ao redor do mundo, e muitas vezes a cavalaria chega tarde demais. Mas imagine se as Nações Unidas promulgassem uma lei afirmando que toda vez que a vida de um certo número de pessoas estivesse em perigo (pelo julgamento de um líder local próximo à situação, tal como Dallaire), eles enviariam, imediatamente, tropas de observação para a região e convocariam uma reunião do Conselho de Segurança com a exigência de que uma decisão sobre os próximos passos a serem seguidos fosse tomada dentro de 48 horas.* Por meio de tal comprometimento com uma ação rápida e dinâmica, muitas vidas poderiam ser salvas.

É assim que governos e organizações sem fins lucrativos deveriam encarar suas funções. Politicamente, é mais fácil para essas organizações ajudarem causas em que a população já demonstra algum interesse, mas essas geralmente já recebem financiamentos. São as causas não tão atraentes assim — pessoal, social ou politicamente — que geralmente não recebem os investimentos que merecem. Os cuidados de saúde preventivos talvez constituam o melhor exemplo disso. Afinal, ajudar pessoas que ainda não estão doentes, ou que nem nasceram ainda, não é tão inspirador quanto salvar um único urso polar ou uma criança órfã, já que o sofrimento futuro é intangível. Ao intervir onde as nossas próprias emoções falham em nos impelir à ação, os governos e as ONGs podem, de forma geral, fazer uma

* Como muitas entidades políticas, no entanto, a ONU não é tão cheia de vitalidade assim, e raramente dá a cara a tapa. Não ajuda muito o fato de que os cinco membros permanentes do Conselho de Segurança tenham poder de veto sobre praticamente todas as decisões importantes. Mas, em princípio, ela pode ser uma força política em potencial para resolver problemas cruciais, mesmo que as emoções da população não sejam despertadas.

diferença concreta na correção do desequilíbrio das contribuições e ajudas prestadas — e, quem sabe, com um pouco de sorte, reduzir ou eliminar alguns de nossos problemas.

É MUITO TRISTE, de várias formas diferentes, que a única maneira eficaz de fazer as pessoas reagirem ao sofrimento seja por meio de um apelo emocional, e que isso não possa ocorrer através de uma leitura objetiva das necessidades mais amplas e gerais da sociedade. Mas há um lado bom nisso tudo: quando as nossas emoções são despertadas, nós podemos, sim, ser extremamente atenciosos. Uma vez que atribuímos uma face individual ao sofrimento, ficamos muito mais dispostos a ajudar, e vamos muito além do que os economistas esperariam de agentes maximizadores, egoístas e racionais. Diante dessa faca de dois gumes, no entanto, é bom percebermos que simplesmente não fomos projetados para nos preocuparmos com eventos de ampla magnitude, que acontecem em lugares distantes e que envolvem muitas pessoas desconhecidas. Ao compreendermos que nossas emoções são inconstantes, e como as nossas tendências para a compaixão e a empatia funcionam, talvez possamos começar a tomar decisões mais razoáveis e passar a ajudar outras pessoas para além daquelas que ficaram presas em um poço.

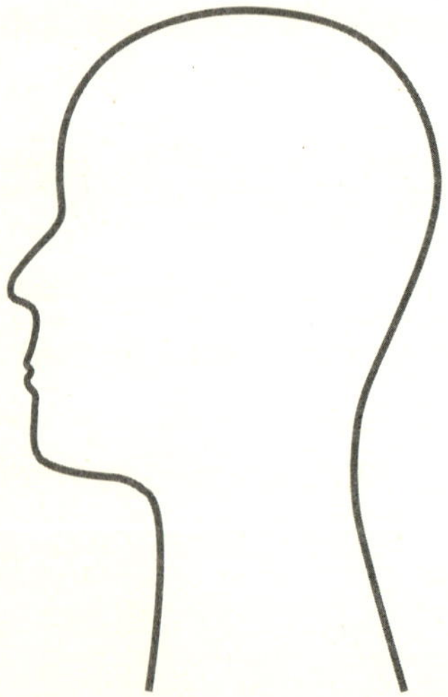

CAPÍTULO 10

Os Efeitos a Longo Prazo de Emoções a Curto Prazo

Por que Não Devemos Agir A Partir de Sentimentos Negativos

Para melhor ou pior, as emoções são transitórias. Um engarrafamento pode incomodar, um presente pode agradar, e uma topada no dedo do pé pode gerar uma sequência de palavrões, mas não ficaremos chateados, felizes ou irritados por muito tempo. No entanto, se reagirmos impulsivamente ao que estamos sentindo num determinado momento, podemos lamentar esse comportamento por um longo tempo. Se enviarmos um e-mail furioso para o nosso chefe, dissermos algo horrível para alguém que amamos, ou comprarmos algo que sabemos que não podemos pagar, pode ser que nos arrependamos do ato assim que o impulso passar (é por isso que a sabedoria popular nos diz para "dormir com a questão", "contar até dez" e "esperar o impulso esfriar" antes de tomar uma decisão). Quando uma emoção — especialmente a raiva — leva a melhor sobre nós, acordamos no dia seguinte, batemos na testa e nos perguntamos: "O que eu estava pensando?!" E, então, nesse momento de clareza, reflexão e possível arrependimento, muitas vezes tentamos nos consolar com a ideia de que pelo menos não faremos *isso* de novo.

Mas será que realmente conseguimos evitar de repetir aquelas ações tomadas no calor do momento?

LEMBRO-ME DE UMA VEZ em que perdi a cabeça durante o meu segundo ano como professor assistente no MIT, dando uma aula de pós-graduação sobre tomadas de decisão. O curso fazia parte do *Systems Designs and Management Program*, que era uma graduação conjunta da Sloan School of Management e da School of Engineering.* Os alunos eram curiosos (em muitos aspectos) e eu gostava de lecionar para eles. Um dia, no entanto, ali pela metade do semestre, sete deles vieram falar comigo sobre um problema de horário.

Eles estavam cursando uma aula de finanças. O professor — irei chamá-lo de Paul — teve que cancelar algumas de suas aulas regulares e, para compensar, agendou algumas aulas de reposição. Infelizmente, essas aulas coincidiram com a segunda metade da minha aula de três horas. Os alunos me disseram que haviam informado a Paul sobre o problema e que ele havia dito a eles, com desdém, para colocarem suas prioridades em ordem — que um curso de finanças era evidentemente mais importante do que algum curso esotérico sobre a psicologia de tomada de decisões.

Eu, é claro, fiquei extremamente aborrecido. Nunca conheci Paul, mas sabia que ele era um professor ilustre e ex-reitor da faculdade. Como eu tinha uma classificação baixa no totem acadêmico, estava em desvantagem

* Faculdades de Administração e de Engenharia, respectivamente. São duas das cinco faculdades que fazem parte do Instituto de Tecnologia de Massachussetts (MIT), em Cambridge.

e não sabia o que fazer. Desejando ser o mais solícito possível para os meus alunos, decidi que eles poderiam sair da minha aula após a primeira hora e meia para atenderem às suas aulas de finanças, e que eu lhes ensinaria a parte que perderam na manhã seguinte.

Na primeira semana, os sete alunos se levantaram e deixaram a sala no meio da aula, como combinado. Nos encontramos no dia seguinte em meu escritório e revisamos a matéria. Não fiquei necessariamente satisfeito com o trabalho extra, mas sabia que não era culpa deles, e que se tratava de um arranjo temporário. Na terceira semana, depois que o grupo saiu para assistir à aula de finanças, fiz uma breve pausa na minha aula. Lembro que me senti particularmente irritado naquele intervalo, enquanto caminhava em direção ao banheiro. Naquele momento, então, notei o grupo de alunos por uma porta aberta e, quando fui espiar, vi Paul no meio de uma apresentação com a mão erguida.

De repente, tive um acesso de aborrecimento. Esse cara irreverente havia desrespeitado o meu tempo e o dos meus alunos, e graças à sua desconsideração, eu tive que passar a gastar tempo extra fazendo minhas próprias sessões de reposição para aulas que eu nem mesmo havia cancelado.

Compelido por essa indignação, fui até ele na frente de todos os alunos e disse: "Paul, estou muito chateado por você ter agendado sua reposição no horário da minha aula."

Ele parecia perplexo. Claramente, não sabia quem eu era ou do que eu estava falando.

"Estou no meio de uma aula aqui", disse ele, irritado.

"Eu sei", respondi. "Mas quero que você saiba que programar suas aulas de reposição no meu tempo de aula não é a coisa certa a se fazer."

Fiz uma pausa. Ele ainda parecia estar tentando entender quem eu era.

"Isso é tudo", continuei. "Agora que eu disse a você como me sinto, podemos deixar isso para trás." Com essa conclusão graciosa, me virei e saí da sala.

Assim que pisei fora dali, percebi que tinha feito algo que provavelmente não deveria, mas pelo menos me senti melhor.

Naquela noite, recebi um telefonema de Dražen Prelec, um membro sênior do corpo docente do meu departamento e um dos principais motivos pelos quais entrei no MIT. Dražen me contou que o reitor da escola, Dick Schmalensee, havia ligado para ele para contar sobre o ocorrido. O reitor perguntou se havia alguma chance de eu me desculpar publicamente na frente de toda a faculdade. "Eu disse a ele que era pouco provável", Dražen prosseguiu, "mas você deve esperar uma ligação do reitor a qualquer momento". De repente, as memórias de ser convocado para a sala do diretor da escola quando eu era mais novo vieram à tona.

Obviamente, recebi um telefonema de Dick no dia seguinte, e marcamos uma reunião logo depois. "Paul está furioso", disse ele. "Ele se sentiu violado por outra pessoa ter entrado em sua aula para confrontá-lo na frente de todos os alunos. Ele quer que você se desculpe."

Depois de compartilhar o meu lado da história com o reitor, admiti que não deveria ter entrado na aula de Paul e agido daquela forma. Ao mesmo tempo, sugeri que Paul também se desculpasse comigo, já que ele interrompeu a minha aula três vezes, ainda que um pouco mais indiretamente. Logo, ficou claro para o reitor que nenhum "sinto muito" partiria de mim.

Eu até tentei mostrar o benefício da situação. "Veja bem", eu disse ao reitor, "você é um economista. Você conhece bem a importância da reputação. De agora em diante, eu tenho a reputação de revidar quando alguém me provoca, e é provável que mais ninguém faça isso comigo novamente.

Isso quer dizer que você não vai precisar lidar com esse tipo de situação no futuro, e isso é uma coisa boa, certo?" A expressão em seu rosto não revelou qualquer admiração pela minha estratégia. Em vez disso, ele apenas me pediu para conversar com Paul (conversa que foi igualmente insatisfatória de ambos os lados, e até um pouco mais, depois que ele indicou que eu poderia ter algum tipo de deficiência social e sugeriu que eu buscasse ajuda profissional para compreender melhor algumas regras de etiqueta).

Meu primeiro ponto em contar essa história é admitir que eu também posso me comportar de maneira inadequada no calor do momento (e tenho alguns exemplos ainda mais extremos disso). Para além disso, essa história ilustra um aspecto essencial de como as emoções funcionam. Claro, eu poderia ter ligado para Paul quando a incompatibilidade de horários se tornou um problema e conversado a respeito, mas não fiz isso. Por quê? Em parte, porque não sabia como agir, mas também porque não me importava tanto. Fora aqueles momentos em que os alunos saíam da minha aula ou quando chegavam ao meu escritório na manhã seguinte para a reposição, eu estava totalmente absorto no trabalho e nem sequer me lembrava de Paul ou ficava pensando sobre os nossos conflitos de horário. Assim, quando vi meus alunos na aula de finanças aquele dia, tudo acabou convergindo em uma tempestade. Fiquei emotivo e fiz algo que não deveria ter feito. (Também confesso que geralmente sou muito teimoso para pedir desculpas.)

Emoções & Decisões

Em geral, as emoções parecem desaparecer sem deixar vestígios. Digamos, por exemplo, que um carro invada a sua pista no trânsito a caminho do trabalho. Você sente raiva, mas respira fundo e não faz nada. Logo, logo, seus pensamentos voltam para a pista, para a música no rádio e para o restaurante em que você poderá comer algo gostoso à noite. Nesses casos, você possui uma abordagem geral própria para tomar decisões (as "decisões", no diagrama a seguir), e, daí em diante, a sua raiva passageira deixa de ter efeito sobre elas. (No diagrama a seguir, as pequenas "decisões" em ambos os lados das "emoções" significam a transitoriedade dessas e a estabilidade das suas estratégias de tomada de decisão.)

Mas Eduardo Andrade (um professor da Universidade da Califórnia em Berkeley) e eu nos perguntamos se os efeitos das emoções ainda poderiam afetar as decisões a serem tomadas em um futuro distante, muito depois de os sentimentos originais associados com o dedo machucado, o motorista abusado, o professor injusto, entre outros aborrecimentos, terem desaparecido.

Nossa lógica básica era a seguinte: imagine que aconteça algo que faça você se sentir feliz e generoso — por exemplo, seu time favorito ganhar o mundial. Nessa mesma noite, você vai jantar na casa da sua sogra e, enquanto está de bom humor, decide, impulsivamente, comprar flores para ela. Um mês depois, as emoções da grande vitória já desapareceram, assim como o dinheiro na sua conta, e é hora de visitar sua sogra novamente. Você pensa em como um bom genro deveria agir, lembra-se daquele ato genuíno de comprar flores, e então o repete. Daí em diante, você passa a repetir esse ritual indefinidamente, transformando-o em um hábito (que, em geral, não é um mau hábito). Ainda que a razão subjacente à sua ação inicial (empolgação pela vitória no jogo) não esteja mais presente, você toma essa ação como uma indicação do que fazer a seguir, e do tipo de genro que você quer ser (o tipo que compra flores para a sogra). Dessa forma, os efeitos daquela emoção inicial acabam influenciando uma longa série de decisões.

Por que isso acontece? Ora, assim como nós captamos sinais e referências de outras pessoas para descobrir o que comer ou vestir, por exemplo, também observamos a nós mesmos pelo espelho retrovisor. Afinal, se em certa medida é provável que imitemos ações de pessoas que não conhecemos tão bem assim (aquilo que chamamos "comportamento de rebanho"), quão mais provável é imitarmos alguém que temos em grande estima — a saber, nós mesmos? Se observarmos que um dia tomamos uma determinada decisão, presumiremos que ela terá sido razoável (e como poderia ser de outra forma?), e então a repetiremos. Chamemos isso de um comportamento de "autorrebanho", já que ele é análogo à maneira pela qual seguimos os outros, mas se aplica a como seguimos o nosso próprio comportamento no passado.*

AGORA, VAMOS OBSERVAR COMO decisões emotivas podem se tornar uma porta de entrada para esse comportamento de autorrebanho. Imagine que você trabalha para uma empresa de consultoria e, entre outras responsabilidades, precise administrar a reunião semanal das equipes. Toda segunda-feira, pela manhã, você pede para o líder de cada projeto descrever os progressos da semana anterior, as metas para a próxima semana etc. À medida que cada equipe atualiza o grupo, você procura por sinergias entre elas. Entretanto, uma vez que essa reunião semanal é também a única

* Para saber sobre outras maneiras pelas quais o autorrebanho nos influencia, consultar o Capítulo 2 de *Previsivelmente irracional*.

ocasião em que todos se reúnem, muitas vezes ela se torna um lugar de socialização e de algum divertimento (ou do que quer que seja considerado divertido entre consultores).

Em uma determinada manhã de segunda, você chega ao escritório uma hora mais cedo e começa a ler uma pilha enorme de correspondências que estava esperando por você. Ao abrir uma das cartas, descobre que já passou o prazo para matricular seus filhos naquela aula de cerâmica. Você está chateado consigo mesmo e, pior ainda, percebe que sua esposa vai censurá-lo por isso (e que vai trazer isso à tona em muitas discussões futuras), o que acaba azedando seu humor.

Alguns minutos depois, e ainda incomodado, você entra na reunião de equipe e encontra todos conversando alegremente sobre nada em particular. Em circunstâncias normais, você não se importaria. Na verdade, você acha que o bate-papo é bom para levantar o moral no escritório. Mas hoje não é um dia normal. Sob influência do seu mau humor, você toma uma DECISÃO (observe que eu coloquei a palavra em caixa alta para salientar o seu componente emocional). Em vez de abrir a reunião com alguma conversa fiada, você prossegue carrancudo e diz: "Quero falar sobre a importância de se tornar mais eficiente e de não perder tempo. Afinal, tempo é dinheiro." Os sorrisos vão murchando à medida que você fala por um minuto inteiro sobre a importância da eficiência. Em seguida, a reunião passa para outros assuntos.

Ao chegar em casa nessa mesma noite, você descobre que sua esposa é mais compreensiva do que o esperado. Ela não lhe censura. As crianças têm muitas atividades extracurriculares, de qualquer maneira. Toda a sua preocupação original é dissipada.

Mas, sem que você saiba, a sua DECISÃO de parar de perder tempo em reuniões abriu um precedente para o seu comportamento futuro. Já que você (como todos nós) é um animal de autorrebanho, tende a olhar para seus comportamentos anteriores como um guia. Portanto, no início das reuniões seguintes, você interrompe o bate-papo, dispensa as gentilezas e vai direto ao assunto. A emoção original referente a um prazo atrasado já desapareceu, mas a sua DECISÃO continua a influenciar, majoritariamente, e por muito tempo, o tom e a atmosfera das reuniões, bem como o seu comportamento como gerente.

Em um mundo ideal, você deveria ser capaz de se lembrar do estado emocional de quando DECIDIU agir como um idiota, e perceber que não precisa continuar a se comportar dessa maneira. Mas a realidade é que nós, seres humanos, temos uma memória muito fraca dos nossos estados emocionais anteriores (você consegue se lembrar de como se sentiu na última quarta-feira, às 15h30?); nós só lembramos *bem* das atitudes que tomamos. E é assim que continuamos tomando as mesmas decisões (mesmo que elas sejam DECISÕES) e agindo da mesma forma. No fundo, uma vez que escolhemos agir a partir das nossas emoções, tomamos DECISÕES de curto prazo que podem afetar aquelas de longo prazo:

decisões ⟹ emoções ⇨ DECISÕES (curto prazo) ⟹ DECISÕES (longo prazo)

Eduardo e eu chamamos essa ideia de cascata emocional. Não sei quanto a você, mas considero bastante assustadora a noção de que as nossas DECISÕES possam permanecer reféns das nossas emoções tanto tempo depois de elas terem desaparecido. Uma coisa é perceber quantas decisões imprudentes nós já tomamos com base no humor do momento — escolhas que jamais faríamos em supostas situações perfeitamente neutras e "racionais". Outra coisa, completamente diferente, é perceber que essas influências emocionais podem continuar a nos afetar por muito, muito tempo.

O Jogo do Ultimato

Para testar a ideia da cascata emocional, Eduardo e eu tivemos que fazer três coisas fundamentais. Primeiro, tínhamos que irritar ou alegrar as pessoas. Essa bagagem emocional temporária prepararia o cenário para a segunda parte do experimento, na qual faríamos os participantes tomarem uma decisão sob a influência dessa emoção. Então, esperaríamos até que seus sentimentos abrandassem e, levando-os a tomar mais algumas decisões, avaliaríamos se as emoções de antes tiveram alguma influência duradoura nas suas escolhas posteriores.

Conseguimos fazer com que os participantes tomassem decisões como parte de uma configuração experimental que os economistas chamam de jogo do ultimato. Nele, existem dois jogadores, o remetente e o destinatário. Na maioria das configurações, os dois se sentam separadamente e suas identidades são mantidas em segredo. O jogo começa quando o experimentador dá ao remetente algum dinheiro — 20 dólares, digamos. O remetente então decide como dividir esse valor entre ele e o destinatário. Qualquer divisão é permitida: ele pode oferecer uma divisão igual, de 10 dólares para cada (10 - 10), pode ficar com mais para si mesmo, digamos, 12 dólares (12 - 8), ou, se estiver se sentindo generoso, pode dar mais dinheiro ao destinatário (8 - 12). Se estiver se sentindo egoísta, pode ser extremamente desigual (18 - 2 ou até mesmo 19 - 1). Assim que o remetente anunciar uma proposta de divisão, o destinatário pode aceitar ou rejeitar a oferta. Se ele aceitar, cada jogador fica com a quantia especificada; se ele rejeitar, contudo, todo o dinheiro volta para o experimentador, e os dois jogadores não recebem nada.

Antes de explicar a nossa própria versão desse jogo, vamos parar por um segundo e pensar sobre o que aconteceria se ambos os jogadores tomassem decisões perfeitamente racionais. Imagine que o experimentador desse 20 dólares ao remetente e que você fosse o destinatário. Digamos, hipoteticamente, que o remetente lhe oferecesse uma divisão de 19 - 1 — ele recebendo 19 dólares, e você, apenas 1. Sendo você um ser perfeitamente racional, poderia muito bem pensar consigo mesmo: "Que diabos! Um trocado é um trocado, e como eu não sei quem é essa outra pessoa, e sendo improvável que a encontre novamente, por que deveria ficar nervoso? Vou aceitar a oferta e ficar 1 dólar mais rico." É isso que você deveria fazer, de acordo com os princípios da economia racional — aceitar qualquer oferta que aumente seu patrimônio.

Claro, muitos estudos em economia comportamental mostraram que as pessoas tomam decisões com base em um senso de imparcialidade e justiça. As pessoas se zangam com a injustiça e, consequentemente, preferem perder algum dinheiro para punir a pessoa que foi injusta (ver o Capítulo 5). Seguindo essas descobertas, a pesquisa com imagens cerebrais mostrou que receber ofertas injustas no jogo do ultimato é algo ligado à ativação na ínsula anterior — uma parte do cérebro associada a experiências emocionais, em geral, as negativas. Não só isso, mas os indivíduos que apresentavam maior atividade na ínsula anterior (e, portanto, reações emocionais mais fortes) também eram mais propensos a rejeitar as ofertas injustas.[23]

Como as nossas reações a ofertas injustas são tão básicas e previsíveis, os remetentes podem antever, aproximadamente, como os destinatários se sentirão em relação a essas ofertas no mundo real — o mundo das decisões irracionais. Pense, por exemplo, em como você esperaria que eu reagisse se você me fizesse uma oferta de 95 - 5. É fato que todos nós já experienciamos ofertas injustas no passado, e podemos muito bem imaginar como nos sentiríamos insultados se alguém nos oferecesse uma divisão de 19 - 1, ou coisa parecida. Essa compreensão de como as ofertas injustas fazem as pessoas se sentirem e agirem é o motivo pelo qual a maioria delas oferece divisões mais próximas de 12 - 8 no jogo do ultimato, e também explica o porquê dessas divisões serem quase sempre aceitas.

Devo observar que há uma exceção interessante a essa regra geral de justiça. Economistas e estudantes que cursam aulas de economia são treinados para esperar que as pessoas se comportem de maneira racional e egoísta. Assim, quando participam do jogo do ultimato, os remetentes "econômicos" pensam que a coisa certa a se fazer é propor uma divisão de 19 - 1; não obstante, uma vez que os destinatários "econômicos" são treinados para pensar que agir racionalmente é a coisa certa a se fazer, eles aceitam a oferta. Quando economistas jogam com não economistas, no entanto, ficam profundamente desapontados quando suas ofertas desiguais são rejeitadas. Dadas essas diferenças, suspeito que você possa decidir por si mesmo que tipo de jogo deseja jogar com economistas racionais e quais preferiria jogar com seres humanos irracionais.

No NOSSO PRÓPRIO JOGO, o valor inicial era de 10 dólares. Os (cerca de) 200 participantes foram informados de que o remetente era apenas um entre eles, mas, na realidade, a divisão desigual de 7,50 - 2,50 partiu de Eduardo e de mim (fizemos isso porque queríamos garantir que todas as ofertas seriam as mesmas e que todas seriam injustas). Agora, se uma pessoa anônima lhe fizesse essa oferta, você aceitaria, ou abriria mão de 2,50 dólares para fazê-la perder 7,50? Antes de responder a essa pergunta, considere como a sua resposta poderia mudar se eu carregasse previamente os seus pensamentos com o que os psicólogos chamam de "emoções incidentais".

Digamos que você faça parte do grupo de participantes na condição "raivosa". Você começa o experimento assistindo a um trecho de um filme chamado *Tempo de Recomeçar.* Nesse trecho, o arquiteto, interpretado por Kevin Kline, é demitido pelo seu chefe idiota depois de 20 anos no emprego. Furioso, ele pega um taco de beisebol e destrói os adoráveis modelos em miniatura das casas que fez para a empresa. Não há como não sentir pena dele.

Quando esse trecho do filme acaba, o experimentador pede para que você escreva uma experiência pessoal semelhante à que acabou de assistir. Você deve se lembrar da época em que era adolescente, trabalhava em uma loja de conveniência e o chefe acusou-o injustamente de roubar dinheiro do caixa; ou daquele momento em que outra pessoa no escritório assumiu o crédito por um projeto que você realizou. Depois de terminar seu texto (e depois que o ranger de dentes despertado por essa memória desagradável desaparecer), você vai para a outra sala, onde um estudante de graduação explica as regras do jogo do ultimato. Você senta e espera receber uma oferta do remetente desconhecido — 7,50 - 2,50. Então, precisa fazer uma escolha: aceitar os 2,50 dólares ou rejeitá-los e não receber nada? E aquela satisfação de se vingar daquele jogador ganancioso e desconhecido?

Considere esta outra alternativa: você faz parte do grupo de participantes na condição "feliz". Vocês tiveram um pouco mais de sorte do que os outros, já que começaram assistindo a um trecho da famosa sitcom norte-americana *Friends.* Nesse trecho, com cerca de cinco minutos, os personagens fazem promessas de Ano Novo que são comicamente impossíveis de serem cumpridas (Chandler Bing, por exemplo, faz a promessa de nunca mais zombar dos seus amigos, mas fica imediatamente tentado a quebrá-la quando descobre que Ross está namorando uma mulher chamada Elizabeth Hornswaggle). Novamente, nesse caso, depois de assistir ao trecho, você deve escrever uma experiência pessoal semelhante, o que não é um problema, já que também deve ter amigos que fazem promessas impossíveis a cada ano que passa. Em seguida, você vai para a outra sala, ouve as instruções do jogo e, em um ou dois minutos, recebe a oferta: "O destinatário recebe 2,50 dólares, e o remetente recebe 7,50." E, agora, você aceitaria?

Como os participantes em cada uma dessas condições reagiram à nossa oferta? Como é de se suspeitar, muitos rejeitaram as ofertas injustas, embora tenham sacrificado parte de seus próprios ganhos no processo. Porém, de forma mais adequada ao objetivo do experimento, descobrimos que as pessoas que se sentiram irritadas com *Tempo de Recomeçar* tinham muito mais chances de rejeitar as ofertas injustas do que aquelas que assistiram a *Friends*.

Se você pensar sobre a influência das emoções em geral, faz todo o sentido querermos retaliar alguém que nos trata de forma injusta. Mas esse experimento mostrou que a resposta retaliatória não surge apenas da injustiça da oferta, propriamente — também teve algo a ver com as emoções que surgiram enquanto os participantes assistiam aos vídeos e escreviam sobre suas próprias experiências. A resposta emocional a esses vídeos, que supostamente era alheia ao jogo do ultimato, teve sua importância à medida que afetou as decisões dos participantes no jogo.

Presume-se que os participantes na condição "raivosa" atribuíram incorretamente suas próprias emoções negativas. Eles provavelmente pensaram algo do tipo "Estou realmente irritado agora... a culpa é desta oferta péssima; dane-se, vou rejeitá-la". Da mesma forma, os participantes na condição "feliz" também atribuíram erroneamente suas emoções positivas, e podem ter pensado algo como "Estou tão feliz agora, deve ser por causa desta oferta de dinheiro grátis; é melhor aceitá-la". E, assim, os membros de cada grupo seguiram suas emoções (irrelevantes) e tomaram suas decisões.

TAIS EXPERIMENTOS mostraram que as emoções nos influenciam ao transformarem decisões em DECISÕES (nenhuma novidade aqui), e que mesmo as emoções irrelevantes podem causar essas DECISÕES. Mas Eduardo e eu realmente queríamos testar até que ponto — e se, de fato — as emoções continuavam a exercer sua influência, mesmo depois de desaparecerem. Queríamos descobrir se as DECISÕES tomadas pelos participantes felizes e irritados — "sob influência" — seriam a fundação de um hábito de longo prazo. A parte mais importante dos nossos experimentos ainda estava por vir.

Mas tivemos que esperar um pouco — isso é, até que as emoções desencadeadas pelos vídeos tivessem tempo de se dissipar — antes de apresentar aos nossos participantes mais algumas ofertas injustas. E como eles, já calmos e menos sentimentais, responderam a isso? Apesar de as emoções referentes aos vídeos terem ficado para trás, pudemos observar o mesmo padrão de DECISÕES de quando elas ainda estavam ativas. Ou seja, aqueles que ficaram com raiva por causa da situação de Kevin Kline rejeitaram as ofertas com mais frequência e continuaram tomando as mesmas DECISÕES, ainda que seus sentimentos já não estivessem mais presentes. Da mesma forma, aqueles que se divertiram com a situação boba de *Friends* aceitaram as ofertas com mais frequência, isso é, continuaram tomando as mesmas DECISÕES, mesmo quando suas emoções positivas já haviam se dissipado. Claramente, nossos participantes estavam invocando suas memórias do jogo mais cedo naquele dia (quando respondiam, em parte, às suas emoções irrelevantes), e acabaram tomando a mesma DECISÃO, a despeito de já estarem distantes daquele estado emocional inicial.

Como Funciona o Autorrebanho

Eduardo e eu decidimos levar nossa experiência um pouco além, invertendo o papel dos participantes para que eles também jogassem como remetentes. O procedimento foi basicamente o seguinte: primeiro, mostramos a eles um dos dois vídeos, o que gerava as emoções pretendidas. Depois, fizemos com que jogassem no papel de destinatários (nesse jogo, eles tomaram DECISÕES influenciados pelas emoções do vídeo) e precisassem aceitar ou rejeitar uma oferta injusta. Em seguida, aguardamos as emoções se dissiparem. Por fim, veio a parte mais importante: eles participaram de um outro jogo do ultimato, mas dessa vez agindo como remetentes, em vez de destinatários. Assim, eles poderiam propor qualquer oferta, e os destinatários poderiam aceitá-la — cada um recebendo a parte proposta —, ou rejeitá-la — ninguém recebendo nada.

Por que inverter os papéis dessa forma? Ora, esperávamos que isso pudesse nos ensinar algo a respeito de como o autorrebanho exerce sua influência nas nossas decisões a longo prazo.

Recuemos por um instante para pensar sobre duas maneiras básicas pelas quais o autorrebanho pode operar.

A versão específica: o autorrebanho surge ao recordarmos ações específicas tomadas no passado, passando a repeti-las sem pensar ("Levei vinho da última vez que fui jantar na casa do Ariely, então vou fazer isso de novo"). Esse tipo de tomada de decisão baseada no passado oferece uma fórmula muito simples — "faça como da última vez" —, mas só se aplica a situações repetidas.

A versão generalizada: outra maneira de pensar sobre o autorrebanho envolve encarar ações passadas como um guia geral para o que fazer a seguir e manter o mesmo padrão básico de comportamento a partir daí. Nesse caso, quando agimos de uma determinada maneira, também nos lembramos das nossas decisões anteriores. Dessa vez, no entanto, no lugar de simplesmente repetir automaticamente aquilo que fizemos antes, interpretamos as nossas decisões de forma mais ampla; elas passam a ser uma indicação do nosso caráter e de nossas preferências gerais, e nossas ações seguem o exemplo ("Dei dinheiro para um pedinte na rua, então devo ser um cara atencioso; talvez devesse virar voluntário em algum abrigo"). Nessa versão do autorrebanho, encaramos nossas ações passadas para nos informar a respeito de quem somos de uma maneira mais geral, e então agimos de acordo.

Agora, pensemos sobre como essa inversão de papéis pode nos dar uma ideia melhor de qual dessas duas versões do autorrebanho desempenha um papel mais importante no nosso experimento. Imagine que você é um destinatário que virou remetente. Você assistiu ao personagem de Kevin Kline sendo tratado como lixo e a decorrente destruição das miniaturas com um taco de beisebol. Como consequência, você acabou rejeitando aquela oferta injusta. Por outro lado, você pode ter se divertido com *Friends* e aceitado a oferta. Em ambos os casos, digamos que o tempo passou e que você já não sente a raiva ou a felicidade iniciais causadas pelos vídeos. De qualquer forma, você agora se encontra na função de remetente. (Vai ficar um pouco complexo, então se prepare.)

Se a versão específica do autorrebanho foi a que operou no experimento anterior, então, nessa versão do experimento, suas emoções iniciais como destinatário não afetariam a sua decisão posterior como remetente. Por quê? Porque, como remetente, você não pode simplesmente confiar em uma fórmula de decisão que lhe diz para “fazer o que fez da última vez”. Afinal, você nunca foi um remetente antes, e está olhando para a situação com outros olhos, além de estar tomando um novo tipo de decisão.

Por outro lado, se a versão generalizada do autorrebanho estava operando e você se encontrava na condição “raivosa”, poderia dizer a si mesmo: “Quando eu estava do lado de lá, me irritei e acabei rejeitando aquela divisão de 7,50 - 2,50, por ser injusta.” (Em outras palavras, você estaria atribuindo, erroneamente, a sua motivação para rejeitar a oferta à injustiça da questão, e não à sua própria raiva.) “A pessoa para a qual vou fazer a oferta”, você pode prosseguir, “deve ser como eu. E já que ela provavelmente rejeitaria uma oferta injusta, vou oferecer algo que considero justo — algo que eu mesmo teria aceitado”.

Se, por outro lado, você tiver assistido ao episódio de *Friends* e acabou aceitando, por conseguinte, a oferta desigual (atribuindo de novo, e erroneamente, a sua reação à oferta, e não ao vídeo e à sua emoção). Como remetente, você poderia pensar: “Aceitei uma divisão de 7,50 - 2,50 porque me senti satisfeito com ela. Como a pessoa para quem vou fazer a oferta agora deve ser como eu, ela provavelmente também a aceitaria, então vou oferecer 7,50 - 2,50.” Esse seria um exemplo do mecanismo generalizado do autorrebanho: lembrar-se das suas ações, atribuí-las a um princípio mais geral e seguir por esse caminho. Você até presume que a sua contraparte agiria de maneira semelhante.

Os resultados dos nossos experimentos, por fim, pesaram a favor da versão generalizada do autorrebanho. As emoções iniciais surtiram efeito muito depois do ocorrido, mesmo quando os papéis foram invertidos. Os remetentes que experimentaram a condição “raivosa” primeiro ofereceram divisões mais equilibradas aos destinatários, enquanto aqueles que estavam na condição “feliz” ofereceram divisões mais injustas.

Além dos efeitos particulares que as emoções têm sobre as decisões, os resultados desses experimentos também sugerem que o autorrebanho generalizado provavelmente desempenha um papel enorme nas nossas vidas. Se fosse apenas a versão específica operando, os efeitos seriam limitados aos tipos de decisões que tomamos repetidamente. Mas a influência da versão generalizada do autorrebanho sugere que as decisões que tomamos com base em uma emoção momentânea também podem influenciar escolhas e decisões relacionadas em outros domínios, mesmo muito depois da DECISÃO original ter sido tomada. Isso significa que, quando nos deparamos com situações novas e estamos prestes a tomar decisões que podem ser usadas posteriormente para o autorrebanho, devemos ter muito cuidado para fazer as melhores escolhas possíveis. Afinal, nossas decisões imediatas não afetam apenas o que está acontecendo no momento presente; elas também podem afetar uma longa cadeia de decisões inter-relacionadas no futuro.

Não o Irrite

Nós procuramos por diferenças de gênero em quase todos os nossos experimentos, mas raramente encontramos alguma.

Isso, é claro, não quer dizer que elas não existam, principalmente no que se refere a como as pessoas tomam suas decisões. Suspeito que, para tipos muito básicos de decisões (como a maioria daqueles que eu estudo), o gênero não desempenhe um papel tão significativo. Entretanto, à medida que examinamos tipos mais complexos, podemos começar a perceber algumas diferenças de gênero.

Quando tornamos a situação do jogo do ultimato mais complexa, por exemplo, esbarramos em uma diferença interessante na maneira pela qual homens e mulheres reagiam às ofertas injustas.

Imagine que você é o destinatário do jogo, e que está recebendo uma oferta injusta de 16 - 4. Como nos outros casos, você pode aceitar a oferta e receber 4 dólares (enquanto sua contraparte recebe 16), ou pode rejeitá-la — e ninguém recebe nada. Só que, além dessas opções, você também pode fazer uma destas duas outras coisas:

1. Aceitar uma oferta de 3 - 3, o que significa que ambos recebem menos do que a oferta original, mas o remetente perde mais. (Como a divisão original era de 16 - 4, você desistiria de 1 dólar, mas a sua contraparte perderia 13.) Ao aceitar esse negócio de 3 - 3, você poderia acabar dando uma lição sobre justiça para a outra pessoa.
2. Aceitar uma oferta de 0 - 3, o que significa que você recebe 3 dólares (1 dólar a menos do que a oferta original), mas pode punir o remetente dando-lhe um total de 0 dólar — mostrando como é a sensação de ficar com a pior parte do acordo.

O que encontramos em termos de diferenças de gênero? Em geral, descobrimos que os homens tinham cerca de 50% mais probabilidades de aceitar a oferta injusta do que as mulheres, tanto na condição "raivosa" quanto na "feliz". As coisas ficaram ainda mais interessantes quando observamos as ofertas alternativas que os participantes aceitaram (3 - 3 ou 0 - 3). Na condição "feliz", não aconteceu muita coisa: as mulheres tinham uma tendência ligeiramente maior para escolherem a oferta equilibrada de 3 - 3, e não houve diferença de gênero quanto à oferta vingativa de 0 - 3. Mas as coisas realmente esquentaram para os participantes que assistiram ao trecho de *Tempo de Recomeçar* e escreveram sobre situações parecidas em suas vidas. Nessa condição — a "raivosa" —, as mulheres optaram, majoritariamente, pela oferta de 3 - 3, enquanto os homens optaram pela oferta vingativa de 0 - 3.

Juntos, esses resultados sugerem que, embora as mulheres sejam mais propensas a rejeitar ofertas injustas desde o início, suas motivações são mais otimistas por natureza. Ao escolher a oferta de 3 - 3 ao invés de 0 - 3, as mulheres estavam tentando ensinar às suas contrapartes uma lição sobre a importância da igualdade e da justiça. Dando o exemplo, elas basicamente estavam dizendo: "Não é melhor que cada um receba partes iguais do dinheiro?" Os homens, por outro lado, optaram pela oferta de 0 - 3 — basicamente, dizendo: "Não estou nem aí."

Você Sabe Canoar?

E o que aprendemos com tudo isso? Que as emoções afetam facilmente as nossas decisões, e que isso pode acontecer mesmo quando elas não têm nada a ver com as decisões em si. Também aprendemos que os efeitos emocionais podem durar mais do que os sentimentos em si e influenciar as nossas DECISÕES de longo prazo.

A notícia mais prática é a seguinte: se não reagirmos enquanto estivermos sentindo uma emoção, não haverá qualquer dano a curto ou longo prazo. No entanto, se reagirmos e tomarmos uma DECISÃO a partir da emoção, não apenas podemos lamentar o resultado imediato, como também criar um novo padrão de DECISÕES duradouro, que continuará a nos desorientar por muito tempo. Por fim, também aprendemos que a nossa tendência para o autorrebanho entra em ação não apenas quando tomamos os mesmos tipos de DECISÕES, mas também quando tomamos decisões "próximas".

Lembre-se também de que o efeito emocional dos vídeos foi bastante moderado e arbitrário. Assistir a um filme sobre um arquiteto zangado não se compara a uma briga na vida real com um cônjuge, nem com receber uma reprimenda do seu chefe ou ser parado por excesso de velocidade.

Consequentemente, as DECISÕES cotidianas que tomamos enquanto estamos chateados ou irritados — ou felizes — podem ter um impacto ainda maior nas nossas DECISÕES futuras.

Acho que os relacionamentos amorosos são o que melhor ilustra o perigo das cascatas emocionais, embora as lições gerais se apliquem a todo tipo de relacionamento. À medida que os casais tentam lidar com seus problemas — seja discutindo sobre dinheiro, filhos ou o que comer no jantar —, eles não apenas discutem sobre os problemas em questão, mas também desenvolvem um repertório comportamental. Esse repertório, então, determina a maneira pela qual eles irão interagir entre si ao longo do tempo. Quando as emoções, por mais irrelevantes que sejam, inevitavelmente se infiltram nessas discussões, elas podem modificar os padrões de comunicação — não apenas a curto prazo, enquanto estivermos sentindo o que quer que seja, mas também a longo prazo. E, como sabemos agora, uma vez que esses padrões se desenvolvem, é muito difícil alterá-los.

Considere, por exemplo, uma mulher que teve um dia ruim no escritório e chega em casa com um caminhão de emoções negativas. A casa está uma bagunça e ela e o marido estão famintos. Quando ela entra pela porta, o marido pergunta, sentado na cadeira ao lado da TV: "Você não ia comprar alguma janta no caminho para casa?"

Sentindo-se sensibilizada, ela levanta a voz: "Olha, eu estive em reuniões o dia todo. Você se lembra da lista de compras que eu lhe dei na semana passada? Você se esqueceu de comprar o papel higiênico e o tipo certo de queijo. Como eu ia fazer berinjela recheada com queijo cheddar? Por que *você* não vai lá e compra o jantar, então?" A partir daí, é uma bola de neve. O casal entra em uma discussão ainda mais profunda, e os dois vão para a cama de mau humor. Mais tarde, sua sensibilidade se desenvolve em um padrão de comportamento mais generalizado ("Bem, eu não teria perdido a entrada se você tivesse me dado mais de cinco segundos para mudar de faixa!"), e o ciclo continua.

Já que é impossível evitar as influências emocionais relevantes ou irrelevantes por completo, há algo que possamos fazer para pelo menos evitar que os relacionamentos se deteriorem dessa forma? Um conselho simples que eu daria é escolher um parceiro que torne essa espiral descendente menos provável. Mas como fazer isso? Claro, você pode fazer centenas de testes de compatibilidade, do astrológico ao estatístico, mas na minha opinião tudo o que você precisa é de um rio, uma canoa e dois remos.

Sempre que vou praticar canoagem, vejo casais discutindo quando, sem querer, encalham ou acabam erguidos em uma rocha. A canoagem parece mais fácil do que realmente é, e pode ser por isso que ela leva os casais a brigarem rapidamente. As discussões ocorrem com muito menos frequência quando encontro um casal para beber, ou quando vou para a casa deles jantar, e não é apenas porque eles estão tentando se comportar da melhor forma (afinal, por que um casal não tentaria manter um bom comportamento no rio?). Acho que isso tem a ver com os padrões de comportamento bem estabelecidos das pessoas em suas atividades normais do dia a dia (discutir veementemente à mesa na frente dos outros é praticamente um tabu na maioria das famílias).

Quando você está em um rio, por outro lado, a situação no geral é bastante nova. Não existe um protocolo definido. O rio é imprevisível, e as canoas tendem a ser levadas ou a virar de maneiras inesperadas. (Essa situação, aliás, é muito parecida com a vida, já que ela também está cheia de estresses e obstáculos novos e surpreendentes a todo tempo.) Há também uma divisão do trabalho confusa entre as partes dianteira e traseira (ou, respectivamente, a proa e a popa, se você preferir os termos técnicos). Esse contexto geral oferece muitas oportunidades para estabelecer e observar novos padrões de comportamento.

O que aconteceria, portanto, quando você e seu parceiro praticassem canoagem juntos? Vocês começariam a culpar um ao outro toda vez que a canoa se "comportasse" mal ("Como você não viu aquela pedra?!")? Você realmente preferiria entrar em um embate que só poderia terminar com um dos dois — ou os dois — pulando na água, nadando até a costa e ficando sem se falar por uma hora? Ou será que, ao atingirem uma pedra, vocês poderiam tentar trabalhar juntos para descobrir quem deveria fazer o quê, e se virar da melhor forma possível?*

Isso quer dizer que, antes de se comprometer com qualquer relacionamento de longo prazo, você deve primeiro explorar seu comportamento conjunto em ambientes que não têm protocolos sociais bem definidos (eu acho, por exemplo, que os casais deviam planejar seus casamentos antes de se decidirem, e somente seguir em frente com o casamento se ainda gostarem um do outro). Significa, também, que vale a pena ficar de olho na deterioração dos padrões de comportamento. Quando observamos os primeiros sinais de alerta, devemos agir rapidamente para corrigir um curso indesejável, antes que esses padrões desagradáveis de lidar com o outro se desenvolvam plenamente.

* Não fiz a pesquisa necessária para validar o meu teste de canoagem, então não posso afirmar com certeza, mas suspeito que teria uma excelente precisão preditiva (e sim, estou perfeitamente ciente da tendência ao excesso de confiança).

Moral da história: tanto nas canoas quanto na vida, cabe a nós mesmos dar um respiro antes de nos DECIDIRMOS a fazer qualquer coisa. Se não o fizermos, essas DECISÕES podem acabar gerando alguns desastres no futuro. Por fim, e enfim, se você algum dia pensar em agendar uma aula de reposição por cima da minha, lembre-se de como eu DECIDI responder da última vez que isso aconteceu. Não estou dizendo que o faria de novo, mas, quando as emoções tomam conta, quem sabe?

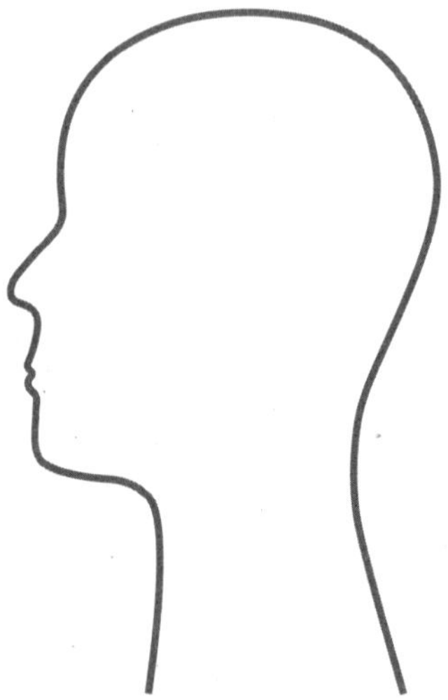

CAPÍTULO 11

Lições a Respeito do Irracional

Por que Precisamos Examinar Tudo

Nós, seres humanos, gostamos da ideia de que somos seres objetivos, racionais e lógicos. Temos orgulho do "fato" de tomarmos decisões com base na razão. Geralmente, quando decidimos investir nosso dinheiro, comprar uma casa, escolher escolas para os nossos filhos, ou algum tipo de tratamento médico, supomos que as escolhas que fazemos são as corretas.

Isso, às vezes, é verdadeiro, mas também é fato que as nossas tendências cognitivas muitas vezes nos desencaminham, especialmente quando temos que fazer escolhas importantes, difíceis e dolorosas. Para ilustrar isso, permita-me contar uma história pessoal sobre várias tendências minhas que resultaram em uma decisão importante — uma cujo resultado me afeta todos os dias.

Como você já sabe, fiquei bastante prejudicado depois do meu acidente. Entre outras partes carbonizadas do meu corpo, a minha mão direita foi queimada até os ossos em alguns lugares. Três dias depois de dar entrada no hospital, um dos meus médicos entrou no quarto e disse que o meu braço direito estava tão inchado que a pressão estava impedindo o fluxo sanguíneo para a minha mão. Ele avisou que teria que operar imediatamente se quiséssemos ter alguma chance de salvá-la. Então, com muita habilidade, organizou uma bandeja com o que me pareceram dezenas de bisturis e explicou que, a fim de reduzir a pressão, ele teria que cortar a pele para drenar o líquido e conseguir desinflamar a região. Ele também disse que, como o meu coração e meus pulmões não estavam funcionando muito bem, precisaria realizar a operação sem anestesia.

O que se seguiu foi um tipo de tratamento médico um tanto medieval. Uma das enfermeiras manteve o meu braço e ombro esquerdos no lugar, enquanto a outra usou todo o seu peso para pressionar o meu braço e ombro direitos. Eu observei enquanto o bisturi perfurava minha pele e avançava devagar desde o meu ombro, rasgando lentamente até o cotovelo. Era como se o médico estivesse me abrindo com uma enxada velha e enferrujada. A dor era inimaginável; eu arfava em busca de ar. Achei que fosse morrer ali mesmo. Então, ele começou a cortar novamente; dessa vez, começando pelo cotovelo e descendo lentamente até o pulso.

Eu implorei para que eles parassem, gritando: "Vocês vão me matar!" Mas não importava o que eu dissesse, nem o quanto eu implorasse, eles não pararam. "Por favor, não aguento mais!", gritei uma vez, e depois outra, enquanto eles me seguravam com mais força. Eu não conseguia me controlar.

Finalmente, o médico me disse que estava quase terminando, e que o resto passaria depressa. Então, ele me deu uma ferramenta para me ajudar a atravessar aquela tortura: a contagem. Ele me pediu para contar até dez, o mais devagar que conseguisse. Um, dois, três... naquele mar de dor, a contagem lenta era tudo o que eu tinha para me apoiar. Quatro, cinco, seis... a dor passeava pelo meu braço enquanto ele era cortado novamente.

Sete, oito, nove... nunca me esquecerei da sensação de ter a carne rasgada, da angústia excruciante, de esperar... o máximo que eu conseguisse... antes de gritar "DEZ!".

O médico parou. As enfermeiras me soltaram. Me senti como um antigo guerreiro que nobremente conquistou seu sofrimento enquanto era rasgado, parte por parte, membro por membro. Eu estava exausto. "Muito bom", o médico disse. "Fiz quatro incisões em seu braço, do ombro até o pulso; agora faltam apenas mais alguns cortes, e então *realmente* teremos terminado."

Meu guerreiro imaginário foi subitamente derrotado. Eu tinha usado toda a minha energia para me convencer a aguentar o maior tempo possível, certo de que a contagem até dez traria, consigo, o fim de tudo aquilo. Percebi a nova dor iminente — que parecia controlável alguns segundos antes — com verdadeiro pavor. Como eu poderia sobreviver àquilo de novo?

"Por favor, eu faço qualquer coisa, mas pare com isso!", implorei, mas aparentemente eu não tinha voto ali. Elas me seguraram com mais força ainda. "Espera, espera..." arrisquei uma última vez, mas o médico começou a fazer cortes em cada um dos meus dedos. Retomei a contagem — dessa vez regressiva —, gritando toda vez que chegava a zero, e assim repetidamente, até ele finalmente parar. Minha mão estava inacreditavelmente sensibilizada e a dor era interminável, mas pelo menos eu estava consciente e vivo. Por fim, sangrando e chorando, fui liberado para descansar.

NAQUELA ÉPOCA, eu não entendia a importância dessa operação, nem de que forma a contagem poderia ajudar uma pessoa sob tamanha pressão.* O cirurgião que operou meu braço estava tentando, corajosamente, salvá-lo,

* Em alguns experimentos que conduzi com atletas muitos anos depois, descobri que a contagem ajuda a aumentar a resistência, e que a contagem regressiva é ainda mais útil, nesse e em outros aspectos.

inclusive indo contra o conselho de outros médicos. Certamente, ele me causou um grande sofrimento naquele dia, um que marcaria a minha memória por anos a fio. No entanto, seus esforços foram absolutamente bem-sucedidos.

Vários meses depois, um novo conjunto de médicos me disse que o meu braço, resgatado a duras penas, não estava indo muito bem e que seria melhor amputá-lo abaixo do cotovelo. Eu repudiei a ideia veementemente, mas eles apresentaram seus argumentos de uma maneira fria e racional: disseram que substituir meu braço por um gancho reduziria drasticamente as dores diárias, além do número de operações às quais eu teria que me submeter. Que o gancho seria relativamente confortável no início e que, uma vez adaptado a ele, seria mais funcional do que a minha mão prejudicada. Também disseram que eu poderia escolher uma prótese menos *à la* Capitão Gancho, embora fosse um tipo menos funcional.

Foi uma decisão muito difícil. Apesar da falta de funcionalidade e da dor que eu suportava todos os dias, eu não queria perder um braço. Simplesmente não conseguia vislumbrar a vida sem ele, ou com um gancho/pedaço de plástico cor de pele em seu lugar. No fim das contas, decidi ficar com meu braço debilitado, limitado e eviscerado, e tentar tirar dele o melhor proveito possível.

Pulemos para 2010. Durante os últimos 20 anos, venho produzindo muito material por escrito, principalmente na forma de trabalhos acadêmicos, mas não consigo digitar fisicamente por muito tempo. Posso digitar cerca de uma página por dia e responder a alguns e-mails com frases curtas, no máximo; se eu tento ultrapassar essa marca, acabo sentindo uma dor muito intensa na mão que pode durar horas, ou até dias. Não consigo nem levantar os dedos nessas ocasiões — quando tento, parece que as juntas estão sendo arrancadas. Pelo menos pude aprender a confiar na ajuda de assistentes competentes e em softwares de reconhecimento de voz, além de descobrir como conviver com a dor diária.

É DIFÍCIL, A PARTIR DA minha perspectiva atual, afirmar que tomei a decisão certa ao manter o meu braço. Dadas as suas limitações, a dor que experimentei — e que ainda experimento — e tudo aquilo que aprendi sobre tomadas de decisão falhas, suspeito que ficar com o braço tenha sido, do ponto de vista do custo-benefício, um erro.

Observemos, portanto, as tendências que me influenciaram. Primeiramente, diria que foi difícil para mim aceitar a recomendação dos médicos por causa de duas forças psicológicas em jogo: o efeito dotação e a aversão à perda. Sob influência dessas tendências, costumamos tanto superestimar aquilo que possuímos quanto considerar a desistência desse algo como uma perda. E, sendo as perdas psicologicamente dolorosas, precisamos de muita motivação extra para estarmos dispostos a desistir de algo. O efeito dotação, portanto, fez com que eu supervalorizasse o meu braço simplesmente porque ele era meu e porque eu estava apegado, enquanto a aversão à perda tornou difícil para mim desistir dele, ainda que houvesse sentido nisso.

Uma segunda influência irracional é aquela conhecida como tendência ao status quo. De modo geral, tendemos a querer manter as coisas como estão; mudar é algo difícil e doloroso, e, se pudermos escolher, preferimos não fazê-lo. No meu caso em particular, preferi não tomar nenhuma atitude (em parte porque temia me arrepender por uma mudança) e conviver com o meu braço, por mais danificado que ele estivesse.

Uma terceira peculiaridade humana teria a ver com a irreversibilidade da decisão. Acontece que fazer escolhas comuns já é difícil o suficiente, mas tomar decisões irreversíveis é algo especialmente complicado. Pensamos bem na hora de comprar uma casa ou escolher uma carreira porque não sabemos muito do que o futuro reserva para nós. Mas, e se você soubesse que sua decisão ficaria gravada em pedra e que nunca mais poderia mudar de emprego ou de casa? É muito assustador ter que tomar uma decisão sabendo que precisará viver com o seu resultado pelo resto da vida. No meu caso, tive dificuldades com a ideia de que, uma vez realizada a cirurgia, minha mão desapareceria para sempre.

Por fim, quando pensei a fundo na possibilidade de viver sem um antebraço e uma mão, me perguntei se algum dia conseguiria me adaptar. Qual seria a sensação de usar um gancho ou uma prótese? Como as pessoas olhariam para mim? O que aconteceria quando eu apertasse a mão de alguém, escrevesse um bilhete ou fizesse amor?

Se eu fosse um ser perfeitamente racional e calculista, sem qualquer traço de apego emocional ao meu braço, não teria me incomodado com nada disso — efeito dotação, aversão à perda, tendência ao status quo ou a irreversibilidade da minha decisão. Eu teria sido capaz de prever com precisão o que o futuro com um braço artificial reservaria para mim e, como consequência, provavelmente seria capaz de enxergar a minha situação pelo mesmo viés que aqueles médicos. Se eu fosse assim tão racional, poderia muito bem ter seguido os seus conselhos e, muito provavelmente, me adaptado ao novo aparato (como aprendemos no Capítulo 6). No entanto, eu não fui, e acabei mantendo o meu braço — abrindo espaço para mais operações, além de uma redução da flexibilidade e dores constantes.

Tudo isso soa como aquelas histórias que os mais velhos contam ("Se naquela época eu soubesse do que sei agora, a vida teria sido muito diferente" etc.). E você pode muito bem estar se perguntando: se a decisão foi equivocada, por que não amputar agora mesmo?

Pois bem. Novamente, existem algumas razões irracionais para isso. Em primeiro lugar, a simples ideia de voltar ao hospital para qualquer tipo de tratamento ou operação me deprime profundamente. Mesmo hoje em dia, sempre que eu visito alguém no hospital, os cheiros me trazem lembranças da minha experiência — e, com elas, vem um pesado fardo emocional. (Como você pode imaginar, uma das coisas que mais me preocupa nessa vida é a perspectiva de ficar hospitalizado por um longo período de tempo.) Em segundo lugar, a despeito de eu entender, e inclusive poder analisar, algumas das minhas tendências de decisão, ainda as possuo; elas nunca param completamente de exercer influência sobre mim (e isso é algo para se ter em mente ao tentar se tornar um melhor tomador de decisões). Terceiro, depois de investir anos de esforços para fazer minha mão funcionar da melhor maneira possível, convivendo com dores diárias e descobrindo como trabalhar dentro dessas limitações, posso dizer que sou uma vítima daquilo que chamamos de falácia dos custos irrecuperáveis. Olhando para trás, para todos esses esforços, fico extremamente relutante em simplesmente descartá-los e mudar de decisão.

A quarta razão é que, vinte e poucos anos após a minha lesão, eu consegui racionalizar a minha escolha. Como já observei aqui, as pessoas são máquinas de racionalização formidáveis; no meu caso, fui capaz de contar a mim mesmo diversas histórias sobre o porquê da minha decisão ter sido a correta. O fato de eu sentir cócegas intensas quando alguém toca no meu braço direito, por exemplo, serviu para me convencer de que essa sensação única me proporcionava uma maneira maravilhosa de experimentar o mundo do contato físico.

Finalmente, há uma razão racional para eu ter mantido meu braço: ao longo dos anos, muitas coisas mudaram — inclusive eu mesmo. Enquanto adolescente, e antes do acidente, eu poderia ter percorrido muitos caminhos diferentes. Como resultado das minhas lesões, no entanto, tenho seguido por caminhos pessoais, amorosos e profissionais que se encaixam, em alguma medida, com as minhas limitações e habilidades, e acabei descobrindo maneiras de funcionar dessa maneira. Se, aos 18 anos, eu decidisse substituir meu braço por um gancho, essas limitações e habilidades teriam sido diferentes. Talvez eu pudesse ter operado um microscópio e, consequentemente, me tornado um biólogo. Mas agora, conforme vou me aproximando da meia-idade, e diante dos meus investimentos para organizar a minha vida tal como ela é, fica muito mais difícil realizar mudanças substanciais.

Moral da história: é muito difícil tomar decisões importantes e realmente significativas, dessas que mudam as nossas vidas, porque somos todos suscetíveis a uma gama formidável de tendências cognitivas. Há mais dessas tendências do que nós percebemos a princípio, e elas vêm nos visitar com mais frequência do que gostaríamos de admitir.

Lições da Bíblia e das Sanguessugas

Nos capítulos anteriores, vimos como a irracionalidade atua em diferentes áreas das nossas vidas: nossos hábitos, nossas escolhas amorosas, nossas motivações no trabalho, como doamos dinheiro, como somos apegados a coisas e ideias, nossa capacidade de adaptação, nosso desejo de vingança. Creio que possamos resumir a nossa ampla gama de comportamentos irracionais com duas lições gerais e uma conclusão:

1. Temos muitas tendências irracionais.
2. Muitas vezes, não temos consciência de como essas irracionalidades nos influenciam, o que significa que não compreendemos por completo o que, exatamente, impulsiona os nossos comportamentos.

Portanto, nós — e com isso quero dizer você, eu mesmo, as empresas, os legisladores etc. — precisamos duvidar de nossas intuições. Se continuarmos seguindo-as, ou o senso comum, ou tomando sempre o rumo mais fácil ou habitual apenas porque "as coisas sempre foram assim", continuaremos a cometer deslizes, resultando em muito tempo, esforço, desgosto e dinheiro a cair pelos mesmos velhos (e muitas vezes equivocados) buracos. No entanto, se aprendermos a nos questionar e a testar nossas crenças, realmente poderemos descobrir quando e como estamos errados, além de melhorar as maneiras pelas quais amamos, vivemos, trabalhamos, inovamos, administramos e governamos.

Então, como poderíamos testar nossas intuições? Temos um método antigo e respaldado para isso — um cujas raízes são tão antigas quanto a Bíblia. No capítulo 6 do Livro dos Juízes, encontramos um cara chamado Gideão tendo uma conversinha com Deus. Gideão, sendo um sujeito cético, não estava certo de que era realmente com Deus que estava falando, ou se tratava-se apenas de uma voz imaginária em sua cabeça. Assim, ele pediu ao Invisível para verter um pouco de água sobre um pedaço de lã. "Se queres salvar Israel por meio da minha mão", disse ele à Voz, "porei na terra batida este velo de lã; se o orvalho cair só no velo, e toda a terra ficar seca, reconhecerei nisso que salvarás Israel pela minha mão, como prometeste."

O que Gideão está propondo aqui é um teste: se é realmente com Deus que ele está falando, Ele (ou Ela) deve ser capaz de molhar a lã, enquanto mantém o resto do solo seco. E o que acontece? Gideão se levanta na manhã seguinte, descobre que a lã está molhada e espreme uma tigela inteira de água para fora dela. Mas Gideão é um experimentalista inteligente; ele não tem certeza de que aquilo não aconteceu apenas por acaso, se esse padrão de umidade ocorre com frequência ou se acontece toda vez que ele deixa uma lã no chão durante a noite. O que ele precisa é de uma condição controlada. Por isso, ele pede a Deus para que seja indulgente consigo novamente, só que dessa vez para executar a experiência de uma maneira diferente: "Não se acenda a tua ira contra mim. Deixa-me fazer só mais um pedido. Permite-me fazer mais um teste com a lã. Desta vez, faze ficar seca a lã e o chão coberto de orvalho". A condição controlada de Gideão acabou sendo bem-sucedida. Eis que o resto da terra ficou coberto de orvalho e a lã, seca. Gideão tem todas as provas de que precisa e aprendeu uma habilidade de pesquisa muito importante.

Em contraste com o experimento cuidadoso de Gideão, considere a forma como a medicina foi praticada por milhares de anos. A medicina, há muito tempo, é uma profissão cuja sabedoria é passada adiante para as gerações seguintes; os primeiros praticantes da Antiguidade trabalhavam de acordo com as suas próprias intuições, combinadas com a sabedoria herdada. Esses médicos antigos não eram treinados para duvidar de suas intuições, nem para fazer experimentos; eles simplesmente confiavam em seus mestres. Uma vez que seu período de aprendizagem era concluído, portanto, eles passavam a confiar em seu próprio conhecimento (e muitos médicos ainda agem dessa forma). Consequentemente, eles continuavam fazendo as mesmas coisas repetidamente, mesmo diante de evidências questionáveis.*

* Isso não quer dizer que os profissionais médicos não tenham desenvolvido tratamentos maravilhosos ao longo dos séculos; eles o fizeram. A questão é que, sem experimentação suficiente, eles continuaram se valendo de tratamentos ineficazes ou perigosos por muito tempo.

Considere, por exemplo, o uso medicinal de sanguessugas. Por centenas de anos, elas foram usadas para sangria — um procedimento que, acreditava-se, ajudava a reequilibrar os quatro humores (sangue, fleuma, bile negra e bile amarela). Em consequência disso, acreditava-se que o uso de criaturas sugadoras de sangue semelhantes a lesmas curava tudo, desde dores de cabeça até a obesidade, de hemorroidas a laringite, de distúrbios oculares a distúrbios mentais. No século XIX, o comércio de sanguessugas estava em franca expansão; durante as Guerras Napoleônicas, a França importou milhões e milhões dessas criaturas. Na verdade, a demanda por sanguessugas medicinais era tão alta que o animal quase entrou em extinção.

Agora, se você fosse um médico francês no século XIX que tivesse acabado de iniciar suas práticas, você "saberia" que as sanguessugas funcionavam porque, bem, elas vinham sendo utilizadas com "sucesso" por séculos a fio. Seu conhecimento, então, foi reforçado por outro médico que já "sabia" que as sanguessugas funcionavam — seja por experiência própria ou por sabedoria adquirida. Seu primeiro paciente chega — um homem com dores no joelho. Você coloca uma sanguessuga viscosa na coxa do homem, logo acima do joelho, para aliviar a pressão. A sanguessuga suga o sangue do homem, drenando a pressão acima da articulação (ou pelo menos é o que você acha). Assim que o procedimento termina, você manda o homem para casa e recomenda uma semana de descanso. Se ele parar de reclamar, você presume que o tratamento foi um sucesso.

Infelizmente, para os dois, não havia os benefícios da tecnologia moderna naquela época, então não tinha como você saber que um rasgo na cartilagem era o verdadeiro responsável pelas dores. Também não havia muitas pesquisas a respeito da eficácia do descanso, da influência da atenção de uma pessoa vestindo um jaleco branco ou das muitas outras formas do efeito placebo (sobre o qual escrevi mais extensamente em *Previsivelmente Irracional*). Claro, isso não faz dos médicos pessoas ruins; pelo contrário, eles são pessoas boas e atenciosas. A razão pela qual a maioria deles escolheu sua profissão é para ajudar a tornar as pessoas mais saudáveis e felizes. Ironicamente, no entanto, é essa bondade e esse desejo de ajudar cada um dos seus pacientes que torna tão difícil para eles sacrificar parte do bem-estar de seus pacientes em prol de um experimento.

Se você fosse esse médico do século XIX, acha que faria um experimento para testar suas crenças? Qual seria o custo de tal experimento em termos de sofrimento humano? Para o bem de um experimento controlado, você teria que desviar um grande grupo de pacientes no tratamento de sanguessugas para uma condição controlada (talvez usando alguma criatura que se parecesse com, e que doesse como, uma sanguessuga, mas que não sugasse sangue). Que tipo de médico designaria pacientes para esse grupo controlado, privando-os de um tratamento tão útil? Pior ainda, que tipo de médico planejaria uma condição controlada que incluísse todo o sofrimento associado ao tratamento, mas excluísse a parte que realmente deveria ajudar, apenas para descobrir se o tratamento era tão eficaz quanto ele pensava?

A questão é que é muito antinatural para as pessoas — mesmo aquelas treinadas em uma área como a medicina — assumir os custos associados à realização de experimentos, especialmente quando possuem um forte pressentimento de que o que estão fazendo ou propondo é benéfico. É aqui que entra a Food and Drug Administration (FDA).* A FDA exige evidências de que os medicamentos sejam comprovadamente seguros e eficazes. Por mais complicado, caro e complexo que seja o processo, a FDA continua sendo a única agência a exigir que as organizações que lidam diretamente com ela realizem experimentos para comprovar a eficácia e a segurança dos tratamentos propostos. Graças a esses experimentos, agora sabemos que alguns remédios infantis para tosse trazem mais riscos do que benefícios, que cirurgias para

* "Órgão de Administração de Alimentos e Medicamentos", em tradução livre (N. do T).

dores lombares são em grande parte inúteis, que angioplastias coronárias e *stents* não prolongam, de fato, a vida dos pacientes, e que as estatinas, apesar de realmente reduzirem o colesterol, não são eficazes para prevenir doenças cardíacas. Além disso, estamos tomando ciência de muitos outros tratamentos que não funcionam tão bem quanto esperávamos originalmente.* As pessoas podem até reclamar da FDA, e certamente o fazem; contudo, as evidências acumuladas revelam que estamos em melhores condições quando somos forçados a realizar experimentos controlados.

A IMPORTÂNCIA DOS experimentos como uma das melhores formas de aprender o que realmente funciona, ou não, parece incontroversa. Não chego a ver pessoas querendo abolir os experimentos científicos em prol de confiar mais fortemente em intuições e sentimentos, mas me surpreende que a importância dos primeiros não seja reconhecida mais amplamente, especialmente quando se trata de decisões importantes nos negócios ou em políticas públicas. Francamente, fico surpreso, muitas vezes, com a audácia das suposições feitas por empresários e políticos, juntamente com sua convicção aparentemente ilimitada de que suas intuições estão corretas.

Mas políticos e empresários são apenas pessoas com as mesmas tendências cognitivas que todos nós, e os tipos de decisões que eles tomam são tão suscetíveis a erros de julgamento quanto as decisões médicas, por exemplo. Não deveria estar clara, portanto, a dimensão da necessidade por experimentos sistemáticos, tanto nos negócios quanto na política?

Certamente, se eu fosse investir em uma empresa, preferiria escolher uma que testasse sistematicamente suas premissas básicas. Imagine como uma empresa poderia ser mais lucrativa se, por exemplo, seus líderes real-

* Dois livros excelentes sobre essa temática dos enganos médicos são *Stabbed in the Back* e *Worried Sick*, ambos de Nortin Hadler.

mente entendessem a raiva dos clientes, e o quanto um pedido de desculpas verdadeiro poderia aliviar sua frustração (como vimos no Capítulo 5). Os funcionários poderiam ser muito mais produtivos se os gerentes seniores compreendessem a importância de se orgulhar do seu trabalho (como vimos no Capítulo 2). E imagine só como as empresas poderiam ser mais eficientes (sem mencionar os grandes benefícios de RP) se parassem de pagar bônus exorbitantes aos seus executivos e considerassem mais seriamente a relação entre pagamento e desempenho (como vimos no Capítulo 1).

Adotar uma abordagem mais experimental também pode ter repercussões nas políticas governamentais. Parece que o governo muitas vezes aplica políticas gerais a tudo, desde resgates bancários a programas de climatização doméstica, desde o agronegócio até a educação, e sem muita experimentação envolvida. Um resgate bancário de 700 bilhões de dólares é realmente a melhor maneira de se apoiar uma economia vacilante? Será que pagar estudantes por boas notas, por comparecimento às aulas e por um bom comportamento é a maneira certa para se motivar aprendizados de longo prazo? Acrescentar informações calóricas nos menus ajuda as pessoas a fazerem escolhas mais saudáveis (até agora, os dados sugerem que não)?

As respostas não são claras. Mas não seria bom se percebêssemos que, apesar de toda a confiança e fé que temos em nossos próprios julgamentos, as nossas intuições são apenas isso — intuições? Que precisamos coletar mais dados empíricos sobre como as pessoas realmente se comportam se quisermos melhorar nossas políticas públicas e instituições? Parece-me que, antes de gastar bilhões em programas cuja eficiência é um tanto questionável, seria muito mais inteligente fazer alguns pequenos experimentos primeiro e, se tivermos tempo, talvez alguns maiores.

Como Sherlock Holmes já observou: “É um erro capital teorizar antes de se ter os dados.”

A ESTA ALTURA, espero que esteja claro que, se colocarmos os seres humanos em um espectro entre o hiper-racional Sr. Spock e o falível Homer Simpson, estaremos mais perto de Homer do que gostaríamos de imaginar. Ao mesmo tempo, espero que você também reconheça o lado positivo da irracionalidade: que algumas das maneiras pelas quais somos — positivamente — irracionais também fazem parte daquilo que nos torna maravilhosamente humanos (nossa capacidade de encontrar significado no trabalho, de nos apaixonar pelas nossas próprias criações e ideias, de nos adaptar a novas circunstâncias, de confiar nos — e cuidar dos — outros, e assim por diante). Olhar para a irracionalidade a partir dessa perspectiva sugere que, em vez de lutar por uma racionalidade perfeita, precisamos avaliar as imperfeições que nos beneficiam, reconhecer aquelas que gostaríamos de superar e projetar o mundo ao nosso redor de forma a tirar proveito das nossas incríveis habilidades, ao mesmo tempo em que superamos limitações. Da mesma forma que utilizamos cintos de segurança para nos proteger de acidentes, e casacos para evitar que nossos corpos esfriem, precisamos conhecer nossas limitações quando se trata da nossa capacidade de pensar e raciocinar — especialmente ao tomar decisões importantes enquanto indivíduos. Uma das melhores maneiras de descobrir os nossos erros e as diferentes maneiras de superá-los é realizando experimentos, reunindo e examinando dados, comparando o efeito das condições experimentais e controladas e vendo o que acontece. Como Franklin Delano Roosevelt disse uma vez: "O país exige uma experimentação audaz e persistente. É uma questão de bom senso pegar um método e testá-lo: se falhar, admitir isso com sinceridade e testar outro. Mas, acima de tudo, testar algo."[24]

Espero que você tenha gostado deste livro. Espero também, e ainda mais vivamente, que você duvide da sua intuição e execute seus próprios experimentos em um esforço para tomar decisões melhores. Pergunte. Explore. Olhe embaixo das pedras. Questione o seu comportamento, o da sua empresa, o dos seus funcionários e também o de outras empresas, além do de órgãos, políticos e governos, é claro. Ao fazer isso, podemos, todos nós, descobrir maneiras de superar algumas das nossas próprias limitações, e essa é, afinal, a grande esperança das ciências sociais.

FIM

P.S.: Na verdade, não. Esses são apenas os primeiros passos na exploração do nosso lado irracional, e a jornada à frente é longa e emocionante.

Irracionalmente,

Dan

Agradecimentos

Uma das coisas mais maravilhosas da vida acadêmica é que podemos escolher nossos colaboradores para cada projeto, e essa é uma área na qual eu me orgulho de fazer as melhores escolhas possíveis. Ao longo dos anos, tive a sorte de poder trabalhar com alguns pesquisadores incríveis, muitos deles meus amigos. Sou profundamente grato a essas pessoas maravilhosas pelo seu entusiasmo, coragem, criatividade e também por sua amizade e generosidade. As pesquisas inclusas neste livro são, em grande parte, um produto de seus esforços — você pode ver, nas próximas páginas, suas breves biografias —, embora quaisquer erros e omissões sejam responsabilidade minha.

Além da minha gratidão direta para com os meus colaboradores, também gostaria de agradecer ao grupo mais amplo, que envolve pesquisadores de psicologia, economia, administração, e cientistas sociais em geral. Tenho o privilégio de poder conduzir minhas próprias investigações como parte desta agenda comum. O mundo das ciências sociais é um lugar empolgante: a todo tempo, novas ideias são geradas, dados coletados e teorias revisadas (algumas mais do que outras). Isso é resultado do trabalho árduo de muitos indivíduos brilhantes, apaixonados por refinar a nossa compreensão da natureza humana. Eu aprendo coisas novas com meus colegas todos os dias, e também sou frequentemente lembrado do quanto eu ainda não sei (para uma lista de referências e leituras adicionais, consulte o fim do livro).

No processo de escrita deste livro, fui levado a perceber o quão distante estou de conseguir escrever bem, e, portanto, os meus mais profundos agradecimentos vão para Erin Allingham, que me ajudou a escrevê-lo; Bronwyn Fryer, que me ajudou a ver com mais clareza; e Claire Wachtel, que me ajudou a manter tudo sob perspectiva, e ainda com um senso de humor raro entre os editores. E muito obrigado à equipe HarperCollins: Katherine Beitner, Katharine Baker, Michael Siebert, Elliott Beard e Lynn Anderson, que mantiveram a experiência colaborativa, envolvente e divertida. Também recebi comentários e sugestões proveitosos de Aline Grüneisen, Ania Jakubek, Jose Silva, Jared Wolfe, Kali Clark, Rebecca Waber e Jason Bissey. Sophia Cui e meus amigos da McKinney, que me deram um direcionamento criativo inestimável, e a equipe da Levine Greenberg Literary Agency que estava lá para me auxiliar de todas as maneiras possíveis. Um agradecimento muito especial também vai para a pessoa que torna a minha vida extremamente caótica e agitada em algo possível e viável: Megan Hogerty.

Por fim, um sentimento geral de gratidão para a minha querida esposa, Sumi. Eu costumava achar que era fácil viver comigo, mas a cada ano que passa percebo mais e mais como isso deve ser difícil, e também o quão maravilhoso é viver com você. Sumi, vou trocar as lâmpadas queimadas esta noite, assim que chegar em casa. Quer dizer, é provável que eu chegue atrasado, então talvez só consiga fazer isso amanhã. Quer saber...? Eu com certeza resolvo isso até o fim de semana. Prometo.

Com amor,

Dan

Lista de Colaboradores

Eduardo Andrade

Eduardo e eu nos conhecemos em um programa de verão no Centro de Estudos Avançados da Universidade de Stanford. Aquele foi um verão mágico, tanto acadêmica quanto socialmente. Eduardo tinha um escritório ao lado do meu, e íamos passear pelas colinas para conversar. O foco principal de sua pesquisa são as emoções e, ao fim do verão, já tínhamos algumas ideias relacionadas à questão da tomada de decisão e das emoções, nas quais começamos a trabalhar. Eduardo é brasileiro, e sua habilidade para assar carnes e fazer drinks deixaria seu país orgulhoso. Atualmente, ele é professor da Universidade da Califórnia, em Berkeley.

Racheli Barkan

Racheli (ou, mais oficialmente, só Rachel) e eu nos tornamos amigos há muitos anos, quando éramos ambos estudantes de graduação. Ao longo do tempo, conversamos sobre iniciar vários projetos de pesquisa juntos, mas só o fizemos, de fato, quando ela passou um ano na Duke. Ao que parece, o café é um ingrediente importante para traduzir ideias em ações; nos divertimos muito durante sua visita e obtivemos progresso em vários projetos. Racheli é incrivelmente bem instruída, inteligente e perspicaz, e eu gostaria que pudéssemos passar mais tempo juntos. Atualmente, ela é professora da Universidade Ben-Gurion, em Israel.

Zoë Chance

Zoë é uma força de criatividade e bondade. Falar com ela é quase como estar em um parque de diversões — você sabe que será uma experiência empolgante e interessante, mas é difícil prever qual direção seus comentários tomarão. Junto ao seu amor pela vida e pela humanidade, Zoë é a mistura ideal de pesquisadora e amiga. Atualmente, é doutoranda em Harvard.

Hanan Frenk

Quando eu era estudante de graduação, cursei as aulas de fisiologia cerebral de Hanan. Foi uma das minhas primeiras aulas, e mudou a minha vida. Além da matéria, em si, foi a atitude de Hanan em relação à pesquisa e a abertura para questionamentos que me inspirou a me tornar um pesquisador. Ainda me lembro de muitas das suas perspectivas sobre pesquisas e sobre a vida, e continuo a viver de acordo com a maioria delas. Para mim, Hanan é o professor ideal. Atualmente, leciona na Universidade de Tel Aviv, em Israel.

Jeana Frost

Jeana foi uma das minhas primeiras alunas de pós-graduação no Media Lab do MIT. Ela é criativa, eclética e possui uma ampla gama de interesses e habilidades que parece extrair do nada. Iniciamos muitos projetos juntos referentes a sistemas de informação, encontros online e recursos de tomada de decisão; durante esse processo, acabei aprendendo sobre como os designers pensam, experimentam e descobrem. Jeana, atualmente, é uma empreendedora digital.

Ayelet Gneezy

Conheci Ayelet há muitos anos em um piquenique organizado por amigos em comum. Tive uma primeira impressão muito positiva dela, e meu apreço só aumentou com o tempo. Ayelet é uma pessoa maravilhosa e uma grande amiga, então é um pouco estranho que os temas em que decidimos colaborar juntos tenham sido a desconfiança e a vingança. O que quer que tenha nos levado a explorar esses tópicos acabou se revelando muito útil tanto acadêmica quanto pessoalmente. Ayelet é, atualmente, professora da Universidade da Califórnia, em San Diego. (Se você encontrar algum outro Gneezy nesta lista de colaboradores, não é por se tratar de um sobrenome comum.)

Uri Gneezy

Uri é uma das pessoas mais sarcásticas e criativas que já tive a oportunidade de conhecer. Essas habilidades permitem que ele desenvolva pesquisas importantes e úteis sem esforço, e rapidamente. Alguns anos atrás, eu levei Uri para o Burning Man; enquanto estávamos lá, ele se encaixou completamente na atmosfera da situação. No caminho de volta, ele perdeu uma aposta e, como consequência, precisaria dar um presente para uma pessoa aleatória todos os dias, durante um mês. Infelizmente, uma vez de volta à civilização, ele foi incapaz de fazê-lo. Atualmente, é professor da Universidade da Califórnia, em San Diego.

Emir Kamenica

Conheci Emir por meio de Dražen e logo passei a apreciar seu conjunto de habilidades e a profundidade de seu pensamento econômico. Conversar com Emir sempre me deu a sensação de como devem ter sido as discussões entre os filósofos europeus no século XVIII — sem pressa, e em grande parte pelo bem da própria discussão, o que por sua vez me evocava uma espécie de pureza. Suspeito que, agora que ele já não é mais um estudante de graduação, a vida tenha mudado, mas ainda aprecio essas discussões e conversas. Emir, atualmente, leciona na Universidade de Chicago.

Leonard Lee

Leonard ingressou no programa de doutorado do MIT para trabalhar em tópicos relacionados ao comércio eletrônico. Como ambos trabalhamos muitas horas a fio, começamos a fazer intervalos juntos tarde da noite, o que nos deu a chance de trabalhar juntos em alguns projetos de pesquisa. Essa colaboração tem sido ótima até aqui. Leonard tem energia e entusiasmo infinitos, e o número de experimentos que pode realizar durante uma semana normal equivale ao que outras pessoas fazem em um semestre inteiro. Além disso, ele é uma das pessoas mais simpáticas que já conheci, com a qual é sempre um prazer conversar e trabalhar. Atualmente, é professor na Universidade Columbia.

George Loewenstein

George é um dos meus primeiros colaboradores, e também um dos mais duradouros. Além disso, é a minha maior referência. Na minha opinião, trata-se do pesquisador mais criativo e completo em economia comportamental. Ele tem uma habilidade incrível de observar o mundo ao seu redor e identificar nuances de comportamento que são importantes para nossa compreensão da natureza humana, bem como para a política. George é atualmente, e apropriadamente, o Herbert A. Simon de Economia e Psicologia na Universidade Carnegie Mellon.

Nina Mazar

Nina veio ao MIT por alguns dias para obter algum feedback sobre a sua pesquisa, mas acabou ficando por cinco anos. Durante esse tempo, nos divertimos muito trabalhando juntos, e passei a contar bastante com a sua presença. Nina ignora obstáculos, e sua disposição para enfrentar grandes desafios nos levou a realizar alguns experimentos particularmente difíceis no interior da Índia. Por muitos anos, esperei que ela jamais decidisse partir; infelizmente, no entanto, essa hora chegou: atualmente, ela é professora da Universidade de Toronto. Em uma realidade alternativa, Nina é uma estilista de alta costura em Milão, na Itália.

Daniel Mochon

Daniel é uma rara combinação de inteligência, criatividade e capacidade para fazer as coisas acontecerem. Nos últimos anos, temos trabalhado em alguns projetos diferentes, e sua visão e habilidades continuam a me surpreender. Uma coisa que lamento é ter me mudado quando ele estava prestes a terminar seu trabalho de conclusão de curso no MIT; gostaria que tivéssemos tido mais oportunidades para conversar e colaborar. Daniel, atualmente, cursa pós-doutorado na Universidade de Yale.

Mike Norton

Mike apresenta uma mistura interessante de brilhantismo, autodepreciação e sarcasmo. Ele tem uma perspectiva única da vida e acha quase todos os tópicos interessantes. Frequentemente, penso em projetos de pesquisa como jornadas; já com Mike, participo de aventuras que seriam impossíveis com qualquer outra pessoa. Além do mais, ele também é um cantor fantástico; se tiver a oportunidade, peça para ele cantar sua versão de "Only Fools Rush In", do Elvis. Atualmente, é professor em Harvard.

Dražen Prelec

Dražen é uma das pessoas mais inteligentes que já conheci e um dos principais motivos pelos quais entrei no MIT. Penso em Dražen como a realeza acadêmica: ele sabe o que está fazendo, é seguro de si e tudo o que toca vira ouro. Eu até esperava que, por osmose, conseguiria um pouco de seu estilo e de sua profundidade, mas ter meu escritório ao lado do dele não foi suficiente para isso. Dražen é, atualmente, professor do MIT.

Stephen Spiller

Stephen iniciou sua carreira acadêmica como aluno de John Lynch. John também foi meu orientador de doutorado. Essencialmente, portanto, Stephen e eu somos parentes acadêmicos, e sinto até como se ele fosse meu irmão mais novo (apesar de ser muito mais alto do que eu). Ele é inteligente, criativo, e foi um privilégio vê-lo avançar em suas empreitadas acadêmicas. Stephen é, atualmente, aluno de doutorado na Universidade Duke e, se seus orientadores tivessem voz no assunto, nunca o teríamos deixado ir embora.

Notas

1. Adam Smith, *A Riqueza das Nações* (Nova Cultural, 1988, Coleção "Os Economistas"). Disponível em: https://edisciplinas.usp.br/pluginfile.php/4881/mod_resource/content/3/CHY%20A%20Riqueza%20das%20Na%C3%A7%C3%B5es.pdf.

2. George Loewenstein, "Because It Is There: The Challenge of Mountaineering... for Utility Theory", *Kyklos* 52, no. 3 (1999): 315–343.

3. Laura Shapiro, *Something from the Oven: Reinventing Dinner in 1950s America* (Nova York: Viking, 2004).

4. www.foodnetwork.com/recipes/sandra-lee/sensuous-chocolatetruffles-recipe/index.html.

5. Mark Twain, *Europe and Elsewhere* (Nova York: Harper & Brothers Publishers, 1923).

6. http://tierneylab.blogs.nytimes.com.

7. Richard Munson, *From Edison to Enron: The Business of Power and What It Means for the Future of Electricity* (Westport, Conn.: Praeger Publishers, 2005), 23.

8. James Surowiecki, "All Together Now", *The New Yorker*, 11 de abril de 2005.

9. www.openleft.com/showDiary.do?diaryId=8374, 21 de setembro de 2008.

10. Disponível completo em: www.danariely.com/files/ hotel.html.

11. Albert Wu, I-Chan Huang, Samantha Stokes e Peter Pronovost, "Disclosing Medical Errors to Patients: It's Not What You Say, It's What They Hear", *Journal of General Internal Medicine* 24, no. 9 (2009): 1012–1017.

12. Kathleen Mazor, George Reed, Robert Yood, Melissa Fischer, Joann Baril e Jerry Gurwitz, "Disclosure of Medical Errors: What Factors Influence How Patients Respond?" *Journal of General Internal Medicine* 21, no. 7 (2006): 704–710.

13. www.vanderbilt.edu/News/register/Mar11_02/story8.html.

14. www.businessweek.com/magazine/content/07_04/b4018001.htm.

15. http://jamesfallows.theatlantic.com/archives/2006/09/the_boiled frog_myth_stop_the_l.php#more.

16. Andrew Potok, *Ordinary Daylight: Portrait of an Artist Going Blind* (Nova York: Bantam, 2003).

17. T. C. Schelling, "The Life You Save May Be Your Own", in *Problems in Public Expenditure Analysis*, ed. Samuel Chase (Washington, D.C.: Brookings Institution, 1968).

18. Ver Paul Slovic, "'If I Look at the Mass I Will Never Act': Psychic Numbing and Genocide", *Judgment and Decision Making* 2, no. 2 (2007): 79–95.

19. James Estes, "Catastrophes and Conservation: Lessons from Sea Otters and the *Exxon Valdez*", *Science* 254, no. 5038 (1991): 1596.

20. Samuel S. Epstein, "American Cancer Society: The World's Wealthiest 'Nonprofit' Institution", in *International Journal of Health Services* 29, no. 3 (1999): 565–578.

21. Catherine Spence, “Mismatching Money and Need”, in Keith Epstein, “Crisis Mentality: Why Sudden Emergencies Attract More Funds than Do Chronic Conditions, and How Nonprofits Can Change That”, *Stanford Social Innovation Review*, spring 2006: 48–57.

22. Babylonian Talmud, Sanhedrin 4:8 (37a).

23. A. G. Sanfey, J. K. Rilling, J. A. Aronson, L. E. Nystrom, and J. D. Cohen, “The Neural Basis of Economic Decision-Making in the Ultimatum Game”, *Science* 300 (2003): 1755–1758.

24. Franklin D. Roosevelt, discurso na Universidade de Oglethorpe, 22 de maio de 1932.

Bibliografia e Leituras Adicionais

Segue uma lista de artigos e livros nos quais os capítulos deste livro se basearam, além de algumas sugestões de leituras adicionais referentes aos seus respectivos tópicos.

Introdução:
Lições da Procrastinação e Alguns Efeitos Colaterais Médicos

Leituras Adicionais

George Akerlof, "Procrastination and Obedience", *The American Economic Review* 81, no. 2 (Maio de 1991): 1–19.

Dan Ariely e Klaus Wertenbroch, "Procrastination, Deadlines, and Performance: Self-Control by Precommitment", *Psychological Science* 13, no. 3 (2002): 219–224.

Stephen Hoch e George Loewenstein, "Time-Inconsistent Preferences and Consumer Self-Control", *Journal of Consumer Research* 17, no. 4 (1991): 492–507.

David Laibson, "Golden Eggs and Hyperbolic Discounting", *The Quarterly Journal of Economics* 112, no. 2 (1997): 443–477.

George Loewenstein, "Out of Control: Visceral Influences on Behavior", *Organizational Behavior and Human Decision Processes* 65, no. 3 (1996): 272–292.

Ted O'Donoghue e Matthew Rabin, "Doing It Now or Later", *American Economic Review* 89, no. 1 (1999): 103–124.

Thomas Schelling, "Self-Command: A New Discipline", in *Choice over Time*, ed. George Loewenstein e John Elster (Nova York: Russell Sage Foundation, 1992).

Capítulo 1: Pagando Mais por Menos: Por que as Grandes Bonificações Nem Sempre Funcionam

Baseado em

Dan Ariely, Uri Gneezy, George Loewenstein e Nina Mazar, "Large Stakes and Big Mistakes", *The Review of Economic Studies* 76, vol. 2 (2009): 451–469.

Racheli Barkan, Yosef Solomonov, Michael Bar-Eli, e Dan Ariely, "Clutch Players at the NBA", manuscrito, Universidade Duke, 2010.

Mihály Csíkszentmihályi, *Flow: The Psychology of Optimal Experience* (Nova York: Harper and Row, 1990).

Daniel Kahneman e Amos Tversky, "Prospect Theory: An Analysis of Decision under Risk", *Econometrica* 47, no. 2 (1979): 263–291.

Robert Yerkes e John Dodson, "The Relation of Strength of Stimulus to Rapidity of Habit-Formation", *Journal of Comparative Neurology and Psychology* 18 (1908): 459–482.

Robert Zajonc, "Social Facilitation", *Science* 149 (1965): 269–274. Robert Zajonc, Alexander Heingartner, e Edward Herman, "Social Enhancement and Impairment of Performance in the Cockroach", *Journal of Personality and Social Psychology* 13, no. 2 (1969): 83–92.

Leituras adicionais

Robert Ashton, "Pressure and Performance in Accounting Decision Setting: Paradoxical Effects of Incentives, Feedback, and Justification", *Journal of Accounting Research* 28 (1990): 148–180.

John Baker, "Fluctuation in Executive Compensation of Selected Companies", *The Review of Economics and Statistics* 20, no. 2 (1938): 65–75.

Roy Baumeister, "Choking Under Pressure: Self-Consciousness and Paradoxical Effects of Incentives on Skillful Performance", *Journal of Personality and Social Psychology* 46, no. 3 (1984): 610–620.

Roy Baumeister e Carolin Showers, "A Review of Paradoxical Performance Effects: Choking under Pressure in Sports and Mental Tests", *European Journal of Social Psychology* 16, no. 4 (1986): 361–383.

Ellen J. Langer e Lois G. Imber, "When Practice Makes Imperfect: Debilitating Effects of Overlearning", *Journal of Personality and Social Psychology* 37, no. 11 (1979): 2014–2024.

Chu-Min Liao e Richard Masters, "Self-Focused Attention and Performance Failure under Psychological Stress", *Journal of Sport and Exercise Psychology* 24, no. 3 (2002): 289–305.

Kenneth McGraw, "The Detrimental Effects of Reward on Performance: A Literature Review and a Prediction Model", in *The Hidden Costs of Reward: New Perspectives on the Psychology of Human Motivation*, ed. Mark Lepper and David Greene (Nova York: Erlbaum, 1978).

Dean Mobbs, Demis Hassabis, Ben Seymour, Jennifer Marchant, Nikolaus Weiskopf, Raymond Dolan e Christopher Frith, "Choking on the Money: Reward-Based Performance Decrements Are Associated with Midbrain Activity", *Psychological Science* 20, no. 8 (2009): 955–962.

Capítulo 2: O Sentido do Trabalho: O Que Legos Podem Nos Ensinar sobre a Alegria do Trabalho

Baseado em

Dan Ariely, Emir Kamenica, e Dražen Prelec, "Man's Search for Meaning: The Case of Legos", *Journal of Economic Behavior and Organization* 67, nos. 3–4 (2008): 671–677.

Glen Jensen, "Preference for Bar Pressing over 'Freeloading' as a Function of Number of Unrewarded Presses", *Journal of Experimental Psychology* 65, no. 5 (1963): 451–454.

Glen Jensen, Calvin Leung e David Hess, " 'Freeloading' in the Skinner Box Contrasted with Freeloading in the Runway", *Psychological Reports* 27 (1970): 67–73.

George Loewenstein, "Because It Is There: The Challenge of Mountaineering… for Utility Theory", *Kyklos* 52, no. 3 (1999): 315–343.

Leituras Adicionais

George Akerlof e Rachel Kranton, "Economics and Identity", *The Quarterly Journal of Economics* 115, no. 3 (2000): 715–753.

David Blustein, "The Role of Work in Psychological Health and WellBeing: A Conceptual, Historical, and Public Policy Perspective", *American Psychologist* 63, no. 4 (2008): 228–240.

Armin Falk e Michael Kosfeld, "The Hidden Costs of Control", *American Economic Review* 96, no. 5 (2006): 1611–1630.

I. R. Inglis, Björn Forkman e John Lazarus, "Free Food or Earned Food? A Review and Fuzzy Model of Contrafreeloading", *Animal Behaviour* 53, no. 6 (1997): 1171–1191.

Ellen Langer, "The Illusion of Control", *Journal of Personality and Social Psychology* 32, no. 2 (1975): 311–328.

Anne Preston, "The Nonprofit Worker in a For-Profit World", *Journal of Labor Economics* 7, no. 4 (1989): 438–463.

Capítulo 3: O Efeito IKEA: Por que Nós Superestimamos o Que Fazemos

Baseado em

Gary Becker, Morris H. DeGroot e Jacob Marschak, "An Experimental Study of Some Stochastic Models for Wagers", *Behavioral Science* 8, no. 3 (1963): 199–201.

Leon Festinger, *A Theory of Cognitive Dissonance* (Stanford, Calif.: Stanford University Press, 1957).

Nikolaus Franke, Martin Schreier e Ulrike Kaiser, "The 'I Designed It Myself' Effect in Mass Customization", *Management Science* 56, no. 1 (2009): 125–140.

Michael Norton, Daniel Mochon e Dan Ariely, "The IKEA Effect: When Labor Leads to Love", manuscript, Harvard University, 2010.

Leituras Adicionais

Hal Arkes e Catherine Blumer, "The Psychology of Sunk Cost", *Organizational Behavior and Human Decision Processes* 35, no. 1 (1985): 124–140.

Neeli Bendapudi e Robert P. Leone, "Psychological Implications of Customer Participation in Co-Production", *Journal of Marketing* 67, no. 1 (2003): 14–28.

Ziv Carmon e Dan Ariely, "Focusing on the Forgone: How Value Can Appear So Different to Buyers and Sellers", *Journal of Consumer Research* 27, no. 3 (2000): 360–370.

Daniel Kahneman, Jack Knetsch e Richard Thaler, "Anomalies: The Endowment Effect, Loss Aversion, and Status Quo Bias", *Journal of Economic Perspectives* 5, no. 1 (1991): 193–206.

Daniel Kahneman, Jack Knetsch e Richard Thaler, "Experimental Tests of the Endowment Effect and the Coase Theorem", *The Journal of Political Economy* 98, no. 6 (1990): 1325–1348.

Jack Knetsch, "The Endowment Effect and Evidence of Nonreversible Indifference Curves", *The American Economic Review* 79, no. 5 (1989): 1277–1284.

Justin Kruger, Derrick Wirtz, Leaf Van Boven e T. William Altermatt, "The Effort Heuristic", *Journal of Experimental Social Psychology* 40, no. 1 (2004): 91–98.

Ellen Langer, "The Illusion of Control", *Journal of Personality and Social Psychology* 32, no. 2 (1975): 311–328.

Carey Morewedge, Lisa Shu, Daniel Gilbert e Timothy Wilson, "Bad Riddance or Good Rubbish? Ownership and Not Loss Aversion Causes the Endowment Effect", *Journal of Experimental Social Psychology* 45, no. 4 (2009): 947–951.

Capítulo 4: A Tendência do "Não Inventado Aqui": Por que as "Minhas" Ideias São Melhores Que as "Suas"

Baseado em

Zachary Shore, *Blunder: Why Smart People Make Bad Decisions* (Nova York: Bloomsbury USA, 2008).

Stephen Spiller, Rachel Barkan e Dan Ariely, "Not-Invented-by-Me: Idea Ownership Leads to Higher Perceived Value", manuscript, Duke University, 2010.

Leituras Adicionais

Ralph Katz e Thomas Allen, "Investigating the Not Invented Here (NIH) Syndrome: A Look at the Performance, Tenure, and Communication Patterns of 50 R&D Project Groups", *R&D Management* 12, no. 1 (1982): 7–20.

Jozef Nuttin, Jr., "Affective Consequences of Mere Ownership: The Name Letter Effect in Twelve European Languages", *European Journal of Social Psychology* 17, no. 4 (1987): 381–402.

Jon Pierce, Tatiana Kostova e Kurt Dirks, "The State of Psychological Ownership: Integrating and Extending a Century of Research", *Review of General Psychology* 7, no. 1 (2003): 84–107.

Jesse Preston e Daniel Wegner, "The Eureka Error: Inadvertent Plagiarism by Misattributions of Effort", *Journal of Personality and Social Psychology* 92, no. 4 (2007): 575–584.

Michal Strahilevitz e George Loewenstein, "The Effect of Ownership History on the Valuation of Objects", *Journal of Consumer Research* 25, no. 3 (1998): 276–289.

Capítulo 5: Em Defesa da Vingança: O Que Nos Faz Buscar Justiça?

Baseado em

Dan Ariely, "Customers' Revenge 2.0", *Harvard Business Review* 86, no. 2 (2007): 31–42.

Ayelet Gneezy e Dan Ariely, "Don't Get Mad, Get Even: On Consumers' Revenge", manuscrito, Duke University, 2010.

Keith Jensen, Josep Call e Michael Tomasello, "Chimpanzees Are Vengeful but Not Spiteful", *Proceedings of the National Academy of Sciences* 104, no. 32 (2007): 13046–13050.

Dominique de Quervain, Urs Fischbacher, Valerie Treyer, Melanie Schellhammer, Ulrich Schnyder, Alfred Buck e Ernst Fehr, "The Neural Basis of Altruistic Punishment", *Science* 305, no. 5688 (2004): 1254–1258.

Albert Wu, I-Chan Huang, Samantha Stokes e Peter Pronovost, "Disclosing Medical Errors to Patients: It's Not What You Say, It's What They Hear", *Journal of General Internal Medicine* 24, no. 9 (2009): 1012–1017.

Leituras Adicionais

Robert Bies e Thomas Tripp, "Beyond Distrust: 'Getting Even' and the Need for Revenge", in *Trust in Organizations: Frontiers in Theory and Research*, ed. Roderick Kramer e Tom Tyler (Thousand Oaks, Calif.: Sage Publications, 1996).

Ernst Fehr e Colin F. Camerer, "Social Neuroeconomics: The Neural Circuitry of Social Preferences", *Trends in Cognitive Sciences* 11, no. 10 (2007): 419–427.

Marian Friestad e Peter Wright, "The Persuasion Knowledge Model: How People Cope with Persuasion Attempts", *Journal of Consumer Research* 21, no. 1 (1994): 1–31.

Alan Krueger e Alexandre Mas, "Strikes, Scabs, and Tread Separations: Labor Strife and the Production of Defective Bridgestone/Firestone Tires", *Journal of Political Economy* 112, no. 2 (2004): 253–289.

Ken-ichi Ohbuchi, Masuyo Kameda e Nariyuki Agarie, "Apology as Aggression Control: Its Role in Mediating Appraisal and Response to Harm", *Journal of Personality and Social Psychology* 56, no. 2 (1989): 219–227.

Seiji Takaku, "The Effects of Apology and Perspective Taking on Interpersonal Forgiveness: A Dissonance-Attribution Model of Interpersonal Forgiveness", *Journal of Social Psychology* 141, no. 4 (2001): 494–508.

Capítulo 6: Sobre Adaptação: Por que Nos Acostumamos com as Coisas (Mas Nem Todas, e Nem Sempre)

Baseado em

Henry Beecher, "Pain in Men Wounded in Battle", *Annals of Surgery* 123, no. 1 (1946): 96–105.

Philip Brickman, Dan Coates e Ronnie Janoff-Bulman, "Lottery Winners and Accident Victims: Is Happiness Relative?" *Journal of Personality and Social Psychology* 36, no. 8 (1978): 917–927.

Andrew Clark, "Are Wages Habit-Forming? Evidence from Micro Data", *Journal of Economic Behavior & Organization* 39, no. 2 (1999): 179–200.

Reuven Dar, Dan Ariely e Hanan Frenk, "The Effect of Past-Injury on Pain Threshold and Tolerance", *Pain* 60 (1995): 189–193.

Paul Eastwick, Eli Finkel, Tamar Krishnamurti e George Loewenstein, "Mispredicting Distress Following Romantic Breakup: Revealing the Time Course of the Affective Forecasting Error", *Journal of Experimental Social Psychology* 44, no. 3 (2008): 800–807.

Leif Nelson e Tom Meyvis, "Interrupted Consumption: Adaptation and the Disruption of Hedonic Experience", *Journal of Marketing Research* 45 (2008): 654–664.

Leif Nelson, Tom Meyvis e Jeff Galak, "Enhancing the TelevisionViewing Experience through Commercial Interruptions", *Journal of Consumer Research* 36, no. 2 (2009): 160–172.

David Schkade e Daniel Kahneman, "Does Living in California Make People Happy? A Focusing Illusion in Judgments of Life Satisfaction", *Psychological Science* 9, no. 5 (1998): 340–346.

Tibor Scitovsky, *The Joyless Economy: The Psychology of Human Satisfaction* (Nova York: Oxford University Press, 1976).

Leituras Adicionais

Dan Ariely, "Combining Experiences over Time: The Effects of Duration, Intensity Changes and On-Line Measurements on Retrospective Pain Evaluations", *Journal of Behavioral Decision Making* 11 (1998): 19–45.

Dan Ariely e Ziv Carmon, "Gestalt Characteristics of Experiences: The Defining Features of Summarized Events", *Journal of Behavioral Decision Making* 13, no. 2 (2000): 191–201.

Dan Ariely e Gal Zauberman, "Differential Partitioning of Extended Experiences", *Organizational Behavior and Human Decision Processes* 91, no. 2 (2003): 128–139.

Shane Frederick e George Loewenstein, "Hedonic Adaptation", in *Well-Being: The Foundations of Hedonic Psychology*, ed. Daniel Kahneman, Ed Diener e Norbert Schwarz (Nova York: Russell Sage Foundation, 1999).

Bruno Frey, *Happiness: A Revolution in Economics* (Cambridge, Mass.: MIT Press, 2008).

Daniel Gilbert, *Stumbling on Happiness* (New York: Knopf, 2006). Jonathan Levav, "The Mind and the Body: Subjective Well-Being in an Objective World", in *Do Emotions Help or Hurt Decision Making?* ed. Kathleen Vohs, Roy Baumeister e George Loewenstein (Nova York: Russell Sage, 2007).

Sonja Lyubomirsky, "Hedonic Adaptation to Positive and Negative Experiences", in *Oxford Handbook of Stress, Health, and Coping*, ed. Susan Folkman (Nova York: Oxford University Press, 2010).

Sonja Lyubomirsky, *The How of Happiness: A Scientific Approach to Getting the Life You Want* (Nova York: Penguin, 2007).

Sonja Lyubomirsky, Kennon Sheldon e David Schkade, "Pursuing Happiness: The Architecture of Sustainable Change", *Review of General Psychology* 9, no. 2 (2005): 111–131.

Capítulo 7: Quente ou Frio? Adaptação, Acasalamento Preferencial e o Mercado de Beleza

Baseado em

Leonard Lee, George Loewenstein, James Hong, Jim Young e Dan Ariely, "If I'm Not Hot, Are You Hot or Not? PhysicalAttractiveness Evaluations and Dating Preferences as a Function of One's Own Attractiveness", *Psychological Science* 19, no. 7 (2008): 669–677.

Leituras Adicionais

Ed Diener, Brian Wolsic e Frank Fujita, "Physical Attractiveness and Subjective Well-Being", *Journal of Personality and Social Psychology* 69, no. 1 (1995): 120–129.

Paul Eastwick e Eli Finkel, "Speed-Dating as a Methodological Innovation", *The Psychologist* 21, no. 5 (2008): 402–403.

Paul Eastwick, Eli Finkel, Daniel Mochon e Dan Ariely, "Selective vs. Unselective Romantic Desire: Not All Reciprocity Is Created Equal", *Psychological Science* 21, no. 5 (2008): 402–403.

Elizabeth Epstein e Ruth Guttman, "Mate Selection in Man: Evidence, Theory, and Outcome", *Social Biology* 31, no. 4 (1984): 243–278.

Raymond Fisman, Sheena Iyengar, Emir Kamenica e Itamar Simonson, "Gender Differences in Mate Selection: Evidence from a Speed Dating Experiment", *Quarterly Journal of Economics* 121, no. 2 (2006): 673–697.

Günter Hitsch, Ali Hortaçsu e Dan Ariely, "What Makes You Click? — Mate Preferences in Online Dating", manuscript, University of Chicago, 2010.

Capítulo 8: Quando um Mercado Falha: Um Exemplo de Encontro Virtual

Baseado em

Jeana Frost, Zoë Chance, Michael Norton e Dan Ariely, "People Are Experience Goods: Improving Online Dating with Virtual Dates", *Journal of Interactive Marketing* 22, no. 1 (2008): 51–61.

Fernanda Viégas e Judith Donath, "Chat Circles", paper presented at SIGCHI Conference on Human Factors in Computing Systems: The CHI Is the Limit, Pittsburgh, Pa., 15–20 de maio de 1999.

Leituras Adicionais

Steven Bellman, Eric Johnson, Gerald Lohse e Naomi Mandel, "Designing Marketplaces of the Artificial with Consumers in Mind: Four Approaches to Understanding Consumer Behavior in Electronic Environments", *Journal of Interactive Marketing* 20, no. 1 (2006): 21–33.

Rebecca Hamilton e Debora Thompson, "Is There a Substitute for Direct Experience? Comparing Consumers' Preferences after Direct and Indirect Product Experiences", *Journal of Consumer Research* 34, no. 4 (2007): 546–555.

John Lynch e Dan Ariely, "Wine Online: Search Costs Affect Competition on Price, Quality, and Distribution", *Marketing Science* 19, no. 1 (2000): 83–103.

Michael Norton, Joan DiMicco, Ron Caneel e Dan Ariely, "AntiGroupWare and Second Messenger", *BT Technology Journal* 22, no. 4 (2004): 83–88.

Capítulo 9: Sobre Empatia e Emoção: Por que Ajudamos uma Pessoa Que Precisa de Ajuda, Mas Não Muitas Delas

Baseado em

Deborah Small e George Loewenstein, "The Devil You Know: The Effects of Identifiability on Punishment", *Journal of Behavioral Decision Making* 18, no. 5 (2005): 311–318.

Deborah Small e George Loewenstein, "Helping *a* Victim or Helping *the* Victim: Altruism and Identifiability", *Journal of Risk and Uncertainty* 26, no. 1 (2003): 5–13.

Deborah Small, George Loewenstein e Paul Slovic, "Sympathy and Callousness: The Impact of Deliberative Thought on Donations to Identifiable and Statistical Victims", *Organizational Behavior and Human Decision Processes* 102, no. 2 (2007): 143–153.

Peter Singer, "Famine, Affluence, and Morality", *Philosophy and Public Affairs* 1, no. 1 (1972): 229–243.

Peter Singer, *A Vida Que Podemos Salvar* (Gradiva, 2011).

Paul Slovic, "Can International Law Stop Genocide When Our Moral Institutions Fail Us?" *Decision Research* (2010; forthcoming).

Paul Slovic, " 'If I Look at the Mass I Will Never Act': Psychic Numbing and Genocide", *Judgment and Decision Making* 2, no. 2 (2007): 79–95.

Leituras Adicionais

Elizabeth Dunn, Lara Aknin e Michael Norton, "Spending Money on Others Promotes Happiness", *Science* 319, no. 5870 (2008): 1687–1688.

Keith Epstein, "Crisis Mentality: Why Sudden Emergencies Attract More Funds than Do Chronic Conditions, and How Nonprofits Can Change That", *Stanford Social Innovation Review*, spring 2006: 48–57.

David Fetherstonhaugh, Paul Slovic, Stephen Johnson e James Friedrich, "Insensitivity to the Value of Human Life: A Study of Psychophysical Numbing", *Journal of Risk and Uncertainty* 14, no. 3 (1997): 283–300.

Karen Jenni e George Loewenstein, "Explaining the 'Identifiable Victim Effect,'" *Journal of Risk and Uncertainty* 14, no. 3 (1997): 235–257.

Thomas Schelling, "The Life You Save May Be Your Own", in *Problems in Public Expenditure Analysis*, ed. Samuel Chase (Washington, D.C.: Brookings Institution, 1968).

Deborah Small e Uri Simonsohn, "Friends of Victims: Personal Experience and Prosocial Behavior", edição especial sobre pesquisas de transformações do consumidor, *Journal of Consumer Research* 35, no. 3 (2008): 532–542.

Capítulo 10: Os Efeitos a Longo Prazo de Emoções a Curto Prazo: Por que Não Devemos Agir a Partir de Sentimentos Negativos

Baseado em

Eduardo Andrade e Dan Ariely, "The Enduring Impact of Transient Emotions on Decision Making", *Organizational Behavior and Human Decision Processes* 109, no. 1 (2009): 1–8.

Leituras Adicionais

Eduardo Andrade e Teck-Hua Ho, "Gaming Emotions in Social Interactions", *Journal of Consumer Research* 36, no. 4 (2009): 539–552.

Dan Ariely, Anat Bracha e Stephan Meier, "Doing Good or Doing Well? Image Motivation and Monetary Incentives in Behaving Prosocially", *American Economic Review* 99, no. 1 (2009): 544–545.

Roland Bénabou e Jean Tirole, "Incentives and Prosocial Behavior", *American Economic Review* 96, no. 5 (2006): 1652–1678. Ronit Bodner e Dražen Prelec, "Self-Signaling and Diagnostic Utility in Everyday Decision Making", in *Psychology of Economic Decisions*, vol. 1, ed. Isabelle Brocas e Juan Carrillo (New York: Oxford University Press, 2003).

Jennifer Lerner, Deborah Small e George Loewenstein, "Heart Strings and Purse Strings: Carryover Effects of Emotions on Economic Decisions", *Psychological Science* 15, no. 5 (2004): 337–341.

Gloria Manucia, Donald Baumann e Robert Cialdini, "Mood Influences on Helping: Direct Effects or Side Effects?" *Journal of Personality and Social Psychology* 46, no. 2 (1984): 357–364.

Dražen Prelec e Ronit Bodner. "Self-Signaling and Self-Control", in *Time and Decision: Economic and Psychological Perspectives on Intertemporal Choice*, ed. George Loewenstein, Daniel Read e Roy Baumeister (Nova York: Russell Sage Press, 2003).

Norbert Schwarz e Gerald Clore, "Feelings and Phenomenal Experiences", in *Social Psychology: Handbook of Basic Principles*, ed. Tory Higgins and Arie Kruglansky (Nova York: Guilford, 1996).

Norbert Schwarz e Gerald Clore, "Mood, Misattribution, and Judgments of Well-Being: Informative and Directive Functions of Affective States", *Journal of Personality and Social Psychology* 45, no. 3 (1983): 513–523.

Uri Simonsohn, "Weather to Go to College", *The Economic Journal* 120, no. 543 (2009): 270–280.

Capítulo 11: Lições a Respeito do Irracional: Por que Precisamos Examinar Tudo

Leituras Adicionais

Colin Camerer e Robin Hogarth, "The Effects of Financial Incentives in Experiments: A Review and Capital-Labor-Production Framework", *Journal of Risk and Uncertainty* 19, no. 1 (1999): 7–42.

Robert Slonim e Alvin Roth, "Learning in High Stakes Ultimatum Games: An Experiment in the Slovak Republic", *Econometrica* 66, no. 3 (1998): 569–596.

Richard Thaler, "Toward a Positive Theory of Consumer Choice", *Journal of Economic Behavior and Organization* 1, no. 1 (1980): 39–60.

Índice